羊场兽药科学使用与羊病防治技术

李观题　李　娟　编著

中国农业科学技术出版社

图书在版编目（CIP）数据

羊场兽药科学使用与羊病防治技术 / 李观题，李娟编著 . —北京：中国农业科学技术出版社，2013. 9
ISBN 978 – 7 – 5116 – 1271 – 7

Ⅰ. ①羊…　Ⅱ. ①李…②李…　Ⅲ. ①羊病 – 兽用药 – 用药法 ②羊病 – 防治　Ⅳ. ①S859. 79②S858. 26

中国版本图书馆 CIP 数据核字（2013）第 075526 号

责任编辑　张国锋
责任校对　贾晓红　郭苗苗

出 版 者　中国农业科学技术出版社
北京市中关村南大街 12 号　邮编：100081
电　　话　（010）82106636（编辑室）（010）82109704（发行部）
（010）82109709（读者服务部）
传　　真　（010）82106631
网　　址　http://www. castp. cn
经 销 者　各地新华书店
印 刷 者　北京富泰印刷有限责任公司
开　　本　787 mm ×1 092 mm　1/16
印　　张　17
字　　数　338 千字
版　　次　2013 年 9 月第 1 版　2015年3月第2次印刷
定　　价　35. 00 元

内容简介

本书编著者积累三十余年的畜牧兽医实践工作经验，理论联系实际，全面系统又深入浅出地介绍了羊场兽医科学用药的基础知识以及羊场常见病的防治技术。本书引用了国内一些兽医临床上的科研成果，内容丰富、立意新颖，针对性和可操作性强，在理论和实用两方面都有其独到之处，是羊场兽医、羊场业主和基层畜牧兽医技术人员必备的工具书，亦可供畜牧兽医院校师生及畜牧兽医主管部门技术干部学习参考。

序 言

羊的疾病是阻碍养羊业健康发展的大敌，特别是我国不少地区养羊生产饲养水平落后，饲养环境恶劣，疫病控制更加困难，羊的疫病问题已成为制约羊场规模养殖效益的重要因素。因此，疫病防控问题一直是困扰养羊业发展，特别是影响羊场规模养殖效益的重大难题之一。然而，在现代的畜牧业生产中，特别是现代羊场的规模养羊中，很多兽医和羊场业主对兽药的使用和对羊病防治技术，无论是在专业知识上还是兽医临床实践上，都有待进一步提高。我们也要承认，中国的养羊生产者特别是规模养羊业主，缺乏养羊专业知识的培训和规模养羊兽药的科学使用及疫病防治技术的培训，而且中国的基层兽医人员也更缺乏这方面的培训和学习，这正是中国养羊业落后的一个原因。为此，作者根据自己的兽医工作的实践经验，也依据自己从事畜牧、兽医、饲料工作三十多年的认知和体会，本着实用、可学、易懂、先进、科学、规范和标准的原则，在参阅有关科技文献、吸取先进科研成果的基础上，编著了这本《羊场兽药科学使用与羊病防治技术》。

本书作者受过正规专业教育，并长期从事畜牧兽医一线工作，有着丰富的畜牧兽医实践经验和较高的专业理论水平，对养羊生产和技术及饲养模式有一定研究，并对我国目前养羊业存在的突出问题有独到见解和清晰的认识。近几年作者先后编著出版了《马头山羊标准化高效饲养技术》《标准化规模养羊技术与模式》《如何提高羊场养殖效益》，并带着极大的责任感、使命感，以科学、认真、实用、规范和标准为编著目的，完成了此书。该书涵盖了兽药基础理论、科学用药方法以及常见羊病诊断、治疗及综合防控技术措施等，内容丰富、全面，可为羊场兽医提供科学的兽药使用方法及羊病综合防治技术指导，也可供畜牧兽医及动物疫病防控管理部门和基层畜牧兽医科技工作者学习参考。

齐德生

华中农业大学动物科技学院教授、博士生导师

2013 年 4 月 6 日

前　言

兽医学在我国历史悠久，据考证在原始社会的甲骨文中就有对畜病的记载。“兽医”一词首创于周朝，据《周礼天宫》记，医分疾医（内科），疡医（外科），食医（营养科）和兽医。兽医之职是疗兽病（动物内科），疗兽疡（动物外科），并据病之所宜，以五谷养之。兽医是天官的官位，在古代中国兽医是官位兼治病，地位非常崇高。而在西方，兽医师亦是饱学之士，很受人尊敬。从古至今兽医早已对社会发展做出了一定的贡献，社会的发展也早已打破了兽医“劁猪骟马”的工作范畴。无论是动物疫病防控、人畜共患病的防治，还是动物源性食品卫生安全，兽医都在其中发挥了重要作用。

作者从事畜牧兽医工作已有三十多年，也更深知兽医工作的重要性。作者高中毕业后在农村从事过“赤脚兽医”及公社兽医站兽医达五年之久，后来又考入郧阳地区农校专业学习畜牧兽医知识，毕业后又从事畜牧、兽医、饲料工作三十多年。之所以要编著本书，也是作者几十年在畜牧兽医及饲料工作的一个总结吧！特别是作者在十堰市畜牧良种场任场长几年及从事十余年的饲料和畜产品安全监管工作，更深知兽医工作和兽药监管的重要性。当前，我国不少地区兽医专业人才缺乏，部分从业人员素质不高，兽医专业知识不足，对兽药使用不规范，更缺乏对羊病的综合防控技术能力。为此，作者在一定的调查研究基础上，根据羊场兽医的临床实际需要与目的，从三个部分编著了此书。第一部分是兽药的基本知识，此内容主要介绍羊场兽药的科学使用的基本知识，包括兽药的标准，兽药的包装和贮藏的要求，以及兽药的作用与影响兽药作用的因素等。第二部分是兽药的种类，在此主要介绍兽药使用的基本要求。第三部分是羊病的种类及综合防控措施与兽医临床诊断治疗技术，在此部分主要介绍羊的主要疾病，兽医临床上的诊治方法及技术。作者本着内容丰富、规范和标准，易学实用的目的来编著此书，期望能为羊场兽医及业主提供有益的帮助和一定的指导作用以及为基层兽医人员和疾病防控技术干部起到一定的参考价值。

由于时间仓促以及作者水平所限，本书编著过程中难免出现差错和纰漏，敬请读者批评指正。

李观题

2013 年 2 月 25 日夜

目　　录

第一章 羊场兽药科学使用的基本知识

第一节 兽药的定义和范围及来源

一、兽药的定义和范围

根据《兽药管理条例》（国务院令第404号），兽药是指用于预防、治疗、诊断动物疾病或者有目的地调节动物生理机能的物质（含药物饲料添加剂）。主要包括：血清制品、疫苗、诊断制品、微生态制品、中药材、中成药、化学药品、抗生素、生化药品、放射性药品及外用杀虫剂、消毒剂等。此外，它还包括能促进动物生长繁殖和提高生产性能的物质。

二、兽药的来源

（一）天然兽药

天然兽药是指那些未经加工或仅经过简单加工的物质，如中草药、动物药、矿物药和微生物发酵产生的抗生素，以及生物药品等。也就是说，天然兽药是存在于自然界的物质，经加工精制或提炼而作为药用。

1. 中草药

中草药这类药物指来自植物的中草药，利用植物的根、茎、叶、皮、花、果实和种子等经过加工而制成的，如黄连、甘草、人参等。

2. 矿物药

来自矿物的矿物药或叫无机药物，通常包括天然的矿物质和经加工精制而成的物质，前者如芒硝、石膏、硫黄等，后者有硫酸钠、硫酸镁、氯化钠等。

3. 动物药

动物药是指来源于动物的药用物质，是利用动物的整体或部分组织器官或排泄物，经过加工或提炼而制成的，如全虫、蜈蚣、鸡内金、鳖甲、牛黄等。

4. 抗生素类药物

抗生素类药物是从生物（如微生物）产生或提炼出来的一种化学物质，主要用来对抗致病微生物，如青霉素、链霉素等。

5. 生物药品

生物药品也叫生物药物，是利用细胞工程、基因工程等新技术，以及利用现代微生物学和免疫学技术生产制造出来的药物，如酶制剂、生长激素、干扰素、疫苗、血清、抗毒素等，这类药物主要在预防和治疗传染病方面起着重要作用。

（二）人工合成和半合成兽药

人工合成和半合成兽药指由人工合成的有机化工产品，或是在天然化学物质的基础上加入某些化学基因后合成的兽药，如磺胺类药物、氟喹诺酮类药物、敌百虫和半合成的新青霉素等。

第二节　兽药的剂型和剂量

一、兽药的剂型

（一）制剂

制剂指根据药典、药品规范或处方手册等收藏的处方制成具有一定浓度和规格的、便于使用的制品，如土霉素片、恩诺沙星注射液等。

（二）剂型

兽药制剂的形态、类别称为剂型。兽药的剂型种类繁多，为了便于应用，一般将剂型进行分类。按药物形态可分为液体剂型、固体剂型、半固体剂型和气体剂型。

1. 液体剂型的种类和特征

（1）注射剂　也叫针剂，是指灌封于特制容器中的专供注射用的无菌溶液、混悬液、乳浊液或粉针剂。也就是说，注射剂必须用注射法给药的一种剂型，如5%葡萄糖注射液、硫酸庆大霉素注射液、普鲁卡因青霉素注射液、青霉素钠粉针等。注射剂作用迅速、可靠，不受pH值、酶、食物等影响，无首过效应，可发挥全身或局部靶向作用，适用于不宜内服药物和不能内服的患病动物。

（2）溶液剂　指不挥发性药物的澄明液体制剂。溶液剂的溶质一般为非挥发性的低分子化学物质。溶剂多为水，也可为乙醇、植物油或其他液体。药物在溶剂中完全溶解，不含任何沉淀物质，可供内服或外用。药物制成溶剂后，以量取替代了称取，使取量更方便和准确，特别是对小剂量药物或毒性较大的药物更适宜方便服用。如氯化钠溶液、氧氟沙星溶液等，而且某些药物只能以溶液形式存在，如过氧化氢溶液、氨溶液等。

（3）合剂　指两种或两种以上药物的澄明溶液或均匀混悬液，也称为可溶或不溶性药物制成的液体，多供内服。内服合剂的目的在于通过消化道的吸收后起局部或全身作用。合剂可分为溶液型合剂、混悬型合剂、胶体型合剂、乳剂型合剂。如胃蛋白酶合剂、复方甘草合剂、复方龙胆合剂等。

（4）煎剂及浸剂　为生药（中草药）的水浸出剂。煎剂是将生药（中草药）加水煎煮一定时间，去渣内服的液体制剂，中药汤剂为煎剂的一种；浸出剂是将生药（中草药）用沸水、温水或冷水浸泡一定时间，去渣后使用的剂型。一般要求煎煮及浸泡的时间都有一定规定。

（5）酊剂及醑剂　指生药或化学药物用不同浓度的乙醇浸出或溶解而制成的澄清液体制剂，如龙胆酊、橙皮酊、碘酊等。也可用流浸膏稀释制成，供内服或外用。酊剂的浓度随药材性质而异，除另有规定外，要求含毒性药的酊剂每 100 毫升相当于原药材 10 克，其他酊剂，每 100 毫升相当于原药材 20 克。酊剂溶剂中含有较多乙醇，兽医临床上应用有一定的局限性，幼龄动物、孕畜等不宜内服使用。醑剂是挥发性药物的浓乙醇溶液。挥发性药物多半为挥发油。凡用于制备芳香水剂的药物一般都可以制成醑剂，供外用或内服，如樟脑醑等。

（6）乳剂与搽剂　乳剂指两种以上不相混合的液体，加入乳化剂后制成的均匀乳状液体。乳剂的特点是增加了药物表面积，以促进吸收及改善药物对皮肤、黏膜的渗透性。乳剂根据连续相和分散相不同，分成油包水型乳剂和水包油型乳剂，除了这两类乳剂之外还有复合乳剂。搽剂指刺激性药物的油性、皂性或醇混悬液或乳状液。搽剂可分为溶液型、混悬型、乳化型等，如松节油搽剂、樟脑搽剂等。搽剂外用涂搽皮肤表面，有镇痛消炎等作用，但一般不用于破损的皮肤。

（7）流浸膏剂　是将生药的醇或水浸出液经浓缩后的液体剂型。除特别规定外，流浸膏剂每 1 毫升相当于原药 1 克，如甘草流浸膏、马钱子流浸膏等。

2. 固体剂型的种类和特征

（1）散剂　指粉碎较细的一种或一种以上的药物均匀混合而成的干燥粉末状剂型。散剂供内服，如健胃散；也可供外用，如消炎粉等。

（2）片剂　指一种或多种药物与适量的赋形剂混合后，用压片机压制成扁平或两面稍凸起的小圆形片状制剂，如敌百虫片、大黄苏打片、土霉素片等。

（3）丸剂　指一种或一种以上药物均匀混合，加水及赋形剂制成的圆球状内服固体制剂。中药丸剂分蜜丸、水丸等，宜临用前配制。

（4）胶囊剂　指将药粉或药液装于空胶囊中制成的一种剂型，供内服或腔道塞用，如诺氟沙星胶囊、鱼肝油胶丸、消炎止痛胶囊等。

（5）可溶性粉　是由一种或几种药物与助溶剂、助悬剂等辅料组成的可溶性粉末，投入饮水中使药物溶解，均匀分散，供动物饮用后防病治病。

（6）颗粒剂　将药物与适宜的辅料制成具有一定粒度的干燥颗粒状制剂，主要供内服用。

（7）预混剂　将一种或几种药物与适宜的载体（如碳酸钙、麸皮、玉米粉等），均匀混合制成供添加于饲料用的粉末制剂也叫饲料药物添加剂。如莫能菌素钠预混剂、杆菌肽锌预混剂等。

3. 半固体剂型的种类和特征

（1）软膏剂　指药物和适宜的基质混合制成的具有适当稠度的膏状外用制剂。软膏剂具有保护、润滑皮肤及起局部治疗作用，如鱼石脂软膏。供眼科用的灭菌软膏称眼膏剂，如四环素眼膏。

（2）糊剂　指大量粉末状药物与脂肪性或水溶性基质混合制成的一种外用制剂。糊剂含药物粉末超过25%，如氧化锌糊剂。

（3）舔剂　将药物与适宜的辅料混合，制成的粥状或糊状的内服剂型。

（4）浸膏剂　指生药的浸出液经浓缩后的膏状或粉状的半固体或固体剂型。除特别规定外，浸膏剂的浓度每克相当于原药2~5克，如甘草浸膏、大黄浸膏等。

4. 气体剂型的种类和特征

气体剂型目前常用的是气雾剂，是将药物与抛射剂共同装封于具有阀门系统的耐压容器中，利用雾化器喷出的微粒状制剂，供呼吸道吸入给药、皮肤黏膜给药或空间消毒。

二、兽药的剂量

（一）兽药剂量的表示法

1. 剂量的计量单位

我国目前一律采用法定计量单位，如克、毫克、升、毫升等。通常根据药物的性状不同采用不同的表示方法。

（1）重量单位　固体、半固体剂型药物的常用单位是：千克（kg）、克（g）、毫克（mg）、微克（μg）；1 000克（g）=1千克（kg）、1 000毫克（mg）=1克（g）、1 000微克（μg）=1毫克（mg）。

（2）容量单位　升（L）、毫升（ml）为液体剂型药物的常用剂量单位，其中以“毫升”作为基本单位或主单位。1 000毫升（ml）=1升（L）。

（3）单位、国际单位　单位（U）、国际单位（IU）是某些抗生素、抗毒素（抗毒血清）、疫苗、激素和维生素等的常用剂量单位。这些药物需经生物检定其作用强弱，同时与标准品比较，以确定检品药物一定量中含多少效价单位。每种抗生素的效价与重量之间有特定转换关系。如青霉素 1 毫克等于 1 667个国际单位，或 1 国际单位等于 0. 6 微克。青霉素钠 1 毫克等于 1 559国际单位，或 1 国际单位等于 0. 625 微克。在兽药上抗生素的效价通常以重量或国际单位表示，效价是评价抗生素效能的标准，也是衡量抗生素活性成分含量的尺度。凡剂量按国际协议的标准检品测得的效价单位，均称为国际单位（IU）。

（4）含量单位　百分含量（%）：指 100 份液体或固体物质中所含药物的份数，如 100 毫升溶液中含有药物若干克（克/100 毫升）、100 克制剂中含有药物若干克（克/100 克）、100 毫升溶液中含有药物若干毫升（毫升/100 毫升）。

（5）比例浓度（1∶X）　指 1 克固体或 1 毫升液体药物加溶剂配成 X 毫升溶液，如 1∶2 000的洗必泰溶液。在兽药中如溶剂的种类未指明时，都是指的蒸馏水。

2. 治疗剂量

治疗剂量有一次量（即一次的用量）、一日量（即一日内应用数次的总用量）及一个治疗疗程的治疗量（即持续数日、数周的总用量）。而在一般的书籍、资料中，治疗剂量多记载一次量，而一日量及一个疗程量如果没有记载，这就必须根据药物的特性，羊体的特点（如日龄、品种、性别等）、机体对药物的敏感程度及疾病的严重程度等，才能确定合理的一日量及一个疗程量。在兽医临床上，一次量常以一定的剂量范围表示。如青霉素钠（青霉素 G 钠），肌内注射，一次量每只羊为 2 万 ~3 万单位。具体应用时要考虑每只羊各方面的因素，从而决定其剂量的低限和高限。虽然青霉素毒性低，但少数家畜可发生过敏反应，严重者出现过敏性休克，如不急救，常致死亡。再如青霉素钾 100 万单位（0. 625 克）和青霉素钠 100 万单位（0. 6 克）分别含钾离子 1. 5 毫摩尔（0. 066 克）和钠离子 1. 7 毫摩尔（0. 039 克），大剂量注射可能出现钾血症和高钠血症，对肾功能减退或心功能不全病羊会产生不良后果，用大剂量青霉素钾静脉注射尤为禁忌。

3. 个体给药剂量的表示

羊个体给药时，其剂量常用“剂量/只”表示，即每只羊应用药物的一次量。在兽医临床上，个体给药的剂量用“剂量/千克体重”表示，即每千克体重需用药物的剂量。应用时要根据个体的体重，计算出总的用药量。如链霉素，粉针，每支 100 万国际单位（1 克），用注射用水稀释，羊每次每千克体重 10 毫克，每天 2 次。兽医临床实践中羊体重可用下列体重估测法公式估测：

$$\frac{(\text{胸围/厘米})^2 \times (\text{体长/厘米})}{300} = \text{体重/千克}$$

（二）药物的用量

兽药的剂量，是指药物产生防治疾病作用所需的用量。兽医临床上要使药物产生一定的效应，就必须给予一定的剂量。在一定范围内，剂量越大，药物在动物体内的浓度越高，作用也就越强。当剂量增加至开始出现效应的药量，称为最小有效量；比最小有效量大，并对动物机体产生明显效应，但并不引起毒性反应的剂量，称为有效量或治疗量；治疗量达到最大的治疗作用但尚未引起毒性反应的剂量称为极量；超过有效量或极量并能引起毒性反应的剂量称为中毒量；能引起毒性反应的最小剂量，称为最小中毒量；比中毒量大并能引起死亡的剂量称为致死量。在兽医临床上，把最小有效量与最小中毒量之间的范围，称为安全范围或安全度。这个范围愈大，用药也愈安全；这个范围愈近，则用药也愈不安全。也就是说，兽药在兽医临床的常用量或治疗量应比最小有效量大，比极量小，这样的用药剂量是最安全的。

第三节　兽药的质量标准与质量规定及不合格兽药的判断标准

一、兽药的质量标准

我国兽药质量标准共分为二大类，即国家标准与专业标准。根据《兽药管理条例》规定，兽药的质量标准以国家标准为主。

（一）国家标准

兽药的国家标准是指国家对兽药质量规格及检验方法所作的技术规定，是兽药生产、经营、使用、检验和监督部门共同遵循的法定技术依据，由中国兽药典委员会制定，农业部审批发布。国家标准有《中华人民共和国兽药典》《中华人民共和国兽药规范》（以下分别简称《中国兽药典》及《中国兽药规范》）。《中国兽药典》是国家对兽药质量管理的技术规范，已出 1990 年版、2000 年版、2005 年版和 2010 年版。1990 年版与 2000 年版《中国兽药典》都分为一、二部，一部收载化学制品、抗生素、生物制品和各类制剂，二部收载中药材、中药成方制剂。2010 年版《中国兽药典》在设计上与 2005 年版类似，分为三部，共收载品种 1 828种，配套丛书《兽药使用指南》增加了中药卷。《中国兽药规范》是兽药典颁布施行前有关兽药的国家标准，它最早于 1968 年颁布施行，1978 年正式出版，1992 年出第 2 版。兽药规范也分两部，收载范围与兽药典相似。

国家标准对兽药的质量规格和检验方法等作了明确规定，详细记载了各种药物的名称、性状、鉴别方法、杂质限量及其检查方法、含量范围和定量方法、作用与用途、剂型剂量、贮藏方法等。这些规定是判断兽药质量的准则，具有法律的作用。凡不符合《中国兽药典》和《中国兽药规范》规定要求的兽药，不能销售和使用。

（二）专业标准

专业标准由中国兽药监察所制定、修订，农业部审批发布，如《兽药质量标准》《进口兽药质量标准》等。

二、兽药的质量规定

兽药的质量必须符合国家标准与专业标准。兽药的质量包括内在质量、外观质量和包装质量。

（一）内在质量

《兽药管理条例》规定，生产兽药所需的原料、辅料，应当符合国家标准或者所生产兽药的质量要求。内在质量是指兽药的活性成分以及含量是否在标准规定的范围内，内在质量一般依靠理化分析测定。

（二）外观质量

外观质量主要指兽药有无变色、析出结晶、沉淀、结块和潮解，一般可用肉眼观察辨别。兽药的外观变化也间接反映了内在质量的变化，可直接预示了兽药使用的效果。

（三）包装质量

包装质量是指兽药包装的好坏及其严密程度，它对兽药的内在、外观质量也有一定影响。在一定程度上讲，包装质量差可造成有效期的缩短。《兽药管理条例》规定，直接接触兽药的包装材料和容器应当符合药用要求。

三、不合格兽药的判断标准

虽然所有兽药必须来自具有生产许可证和产品批准文号并通过 GMP 认证的生产企业，但市场上也往往出现不合格兽药。所谓不合格兽药主要指假兽药和劣兽药。

（一）假兽药的判断标准

根据《兽药管理条例》规定，有下列情形之一的为假兽药：以非兽药冒充兽药或所含成分的种类、名称与兽药国家标准不符合的。而且有下列情形之一的，按照假兽药处理：国务院兽医行政管理部门规定禁止使用；依照《兽药管理条例》规定应当经审查批准而未经审查批准即生产、进口的，或者依照《兽药管理条例》

规定应当抽查检验、审查核对而未经抽查检验、审查核对即销售、进口的；变质的；被污染的；所标明的适应证或者功能主治超过规定范围的。

（二）劣兽药的判断标准

根据《兽药管理条例》规定，有下列情形之一的为劣兽药：成分含量不符合兽药国家标准或者不标明有效成分的；不标明或者更改有效期或者超过有效期的；不标明或者更改产品批号的；其他不符合兽药国家标准，但不属于假兽药的。

第四节　兽药包装和标签与说明书的基本要求

一、兽药包装的基本要求

《兽药管理条例》明确规定：兽药包装应当按照规定印有或者贴有标签，附具说明书，并在显著位置注明“兽用”字样。直接接触兽药的包装材料和容器应当符合药用要求。兽药分装的包装必须注明兽药名称、规格、生产企业名称、批准文号、产品批号、分装单位和分装批号，并附有说明书。规定有效期的兽药，分装后必须注明有效期。无论何种兽药包装材料应符合质量及卫生要求，按规定加贴标签和说明书。

二、兽药标签和说明书的基本要求

《兽药管理条例》规定：兽药的标签和说明书经国务院兽医行政管理部门批准并公布后，方可使用。兽药的标签或者说明书，应当以中文注明兽药的通用名称、成分及其含量、规格、生产企业、产品批准文号（进口兽药注册证号）、产品批号、生产日期、有效期、适应证或者功能主治、用法、用量、休药期、禁忌、不良反应、注意事项、运输贮存保管条件及其他应当说明的内容，有商品名称的还应当注明商品名称。

兽药通用名必须采用法定兽药质量标准。兽药国家标准、专业标准名称、剂型名称应与现行《中国兽药典》一致。商品名称指兽药管理部门批准的某一兽药产品的专有商品名称。商品名实行企业自愿原则，一个产品仅准予使用一个商品名，不得同时使用两个或两个以上商品名。

除以上规定的内容外，兽用处方药的标签或者说明书还应当印有国务院兽医行政管理部门规定的警示内容，其中，兽用麻醉药品、精神药品、毒性药品和放射性药品还应当印有国务院兽医行政管理部门规定的特殊标志；兽用非处方药的标签或者说明书还应当印有国务院兽医行政管理部门规定的非处方药标志。

为加强兽药监督管理，规范兽药标签和说明书的内容、印制和使用，保障兽药使用的安全有效，农业部根据《兽药管理条例》制定了《兽药标签和说明书管理办法》（中华人民共和国农业部令第22号）和《兽药标签和说明书编写细则》（中华人民共和国农业部公告第242号），对兽药标签和说明书规定了基本要求。

第五节　兽药贮藏与保管的基本要求与方法

一、影响兽药质量稳定性的因素

药品化学变化会影响兽药质量的稳定性，如氧化、光解、水解、脱水及异构化等，但依据化学反应动力学原理，避光保存、降低温度和防止吸湿等措施有利于减缓和降低化学变化，一般来说，在兽药的生产、贮藏、运输及使用过程中，一些人为因素（包括生产工艺与管理、包装材料的选择与包装方法、贮藏管理方法）和自然因素（空气、光照、温度、湿度、微生物、虫鼠等）两者可以相互影响，使兽药质量发生生物性、理化性的改变，影响兽药的质量。因此，加强兽药的贮藏和保管，是保证兽药质量的一个关键环节。

二、兽药的贮藏与保管条件要求

（一）根据兽药质量标准要求提出的具体规定

由于兽药各种药物之间的成分、化学性质、剂型不同等原因，它们各自的稳定性均有差异。而且，药物在贮藏期间由于外界环境因素的作用，导致兽药的稳定性发生变化，药物的性质会受到一定影响，因此，必须根据兽药的质量标准要求提出的具体规定执行。《中国兽药典》及《兽药质量标准》对兽药的贮藏条件都有明确的规定，这些条件包括光线、温度、湿度、包装形式等。贮藏保管条件在兽药标签、说明书中也有相应的描述。如遮光（指不透明的容器包装，如棕色瓶或黑色包裹的无色透明、半透明容器）、密闭（将容器密闭，以防止尘土及异物进入）保存；密封（将容器密封，以防止风化、吸潮、挥发和异物进入）保存；密闭在阴凉（指不超过20℃）干燥处保存等。

（二）根据兽药有效期规定

有效期系指兽药在规定的贮藏条件下能保证其质量的期限。过了有效期，兽药必须按规定作销毁处理，不得使用。因此，兽药不宜贮藏太久时间。有些兽药因理化性质不太稳定，易受外界因素的影响，贮存一定时间后，会使含量（效价）下降或毒性增加。为了保证用药安全有效，对这些兽药都规定了有效期。即使没有规定有效期的兽药，贮存过久，也会使质量发生变化。

（三）根据兽药的贮藏和保管条件规定

兽药在贮藏时，一般要求温度不得超过30℃，相对湿度等于或小于（用≤表示）75%，特殊兽药按具体规定执行，要求防止霉变和虫蛀。为了达到贮藏条件要求，平时要求注意药品的养护，对药品要采取避光、温度与湿度控制、防虫、防鼠等措施。羊场兽药要有专人保管，保管人员要熟悉各种兽药的理化性质和规定的贮藏条件，按“先进先出，先产先出，近期（失效期）先出”的原则，确定各批号兽药的出库顺序，保证兽药始终保存在良好环境状态，从而也保证了兽药的质量稳定。

三、不同兽药的贮藏与保管方法

（一）注射剂的贮藏保管

注射剂在贮存期的保管，应根据药物的理化性质，并结合其溶液和包装容器的特点，以及药典规定的条件，要综合考虑贮藏与保管条件和方法。

1. 水溶液注射剂

水溶液注射剂一般应避光贮存，特别是遇光易变质的注射剂，如对氨基水杨酸钠、维生素类等注射剂，在保管中注意采取各种遮光措施，防止紫外线照射。此外还有中草药注射剂，由于其含有一些不易除尽的杂质（如树脂、鞣质）或所含成分（如醛、酚、苷类）性质不稳定，故在贮存过程中可因条件的变化易发生氧化、水解、聚合等反应，会逐渐出现混浊而沉淀，也会因温度的改变（高温或低温）可促使其析出沉淀。因此，中草药注射液一般都应避光、避热、防冻保存，并注意“先产先出”使用。

水溶液注射剂因以水为溶剂，包括水混悬剂注射剂、乳浊型注射剂，故在低温下易冻结，冻结后体积膨胀，往往使容器破裂。即使少数注射剂受冻后容器没有破裂，但药品质量也会发生变异，不可药用。因此，水溶液注射剂在冬季应注意防冻，兽药库房温度一般应保持0℃以上。当然对浓度较大的注射剂，由于冰点较低，如25%和50%葡萄糖注射液，一般在－13～－11℃才会发生冻结，故羊场要根据各地气候及仓库温度情况适当掌握贮存条件和保管方法。

2. 油溶液注射剂

油溶液注射剂的溶剂是植物油，由于内含不饱和脂肪酸，遇日光、空气或贮存温度过高，其颜色会逐渐变深而发生氧化酸败，故油溶液注射剂一般都应避光、避热保存。

3. 注射用粉针

注射用粉针有两种包装，一种为小瓶装，另一种为安瓿装。小瓶包装的封口若为胶塞铝盖封口的注射用粉针，在保管过程中应注意防潮，贮存于干燥处，也不能放入冰箱内，并且不得倒置，以防药物与橡皮塞长时间接触而影响药物质量。有效期规定的应注意“先产先出，近期先出”的原则保管使用。安瓿装的注射用粉针是熔封的，不易受潮，故一般比小瓶装的稳定，但安瓿装的注射用粉针应根据药物本身性质进行保管。

（二）片剂的贮藏保管

片剂系指药物或提取物经加工压制成片状的口服或外用制剂。片剂除含有主要药物外，还加有一定的辅料，如淀粉等赋形剂，因此，极易吸湿、松片、裂片，以致黏结、霉变等。在湿度较大时，淀粉等辅料易吸收水分，可使片剂发生松散、发霉、变质等现象；其次温度、光照也能导致某些片剂生效。所以，片剂的贮藏保管，不但要考虑所含原料药物的性质，而且要考虑所含原料药物的性质，而且要结合片剂的剂型、辅料及包装等，综合考虑。片剂的贮藏保管要求是密封贮藏，置于兽药室内凉爽、通风、干燥及避光处保存。贮存片剂的兽药室，空气相对湿度以60%～70%为宜，最高不得超过80%。相对湿度超过80%时，则应注意防潮、防热措施。

（三）生物制品的贮藏保管

羊用生物制品主要包括供预防用的疫苗和类毒素，供治疗和紧急预防用的免疫血清、抗毒素、干扰素、免疫增强剂等。羊用生物制品多是用微生物或其代谢产物所制成，从化学成分上看，多具有蛋白质特性，而且有的生物制品本身就是活的微生物。生物制品一般都怕热、怕光，有的还怕冻，保存条件直接会影响到生物制品的质量。生物制品最适宜的保存条件是2～10℃的干燥避光处。温度越高，保存时间越短。活疫苗除干燥制品不怕冻结外，其他制品一般不能在0℃以下保存。生物制品的保管必须按其说明书要求进行。

（四）限制药的保管

限制药也叫限制性剧药，主要包括麻醉药、毒药、剧药和危险药品。

1. 麻醉药、毒药和剧药的保管

麻醉药有吗啡、盐酸哌替啶（度冷丁）等；毒药系指药理作用剧烈，安全范围小，极量与致死量非常接近，容易引起中毒或死亡的药品，如硫酸阿托品、洋地黄苷等；剧药系指药理作用剧烈，极量与致死量比较接近，对机体容易引起严重危害的药品，如盐酸普鲁卡因、甲硫酸新斯的明、巴比妥、苯巴比妥等。对麻醉药、毒药和剧药，必须用专库、专柜、专人加锁保管，并有明显标记，每个品种须单独存放，各品种间留有适当间距。

2. 危险药品的保管

危险药品系指遇光、热、空气等易爆炸、自燃、助燃或有腐蚀性、刺激性的药品。包括爆炸品如苦味酸；易燃液体如乙醚、乙醇、松节油等；易燃固体如硫黄、樟脑等；腐蚀药品如盐酸、浓氨溶液、苯酸等。危险药品必须贮存在危险品仓库内，按危险品的特性分类存放，并要间隔一定距离，禁止与其他药品混放。危险药品仓库要远离火源，还要配备消防设备。

（五）预混剂的贮藏保管

预混剂指一种或两种以上的药物与适宜的基质均匀混合制成的粉末状或颗粒状制剂，作为药物添加剂的一种剂型，专供于混饲给药，如杆菌肽锌预混剂、伊维菌素预混剂等。

预混剂在贮存过程中，温度、湿度、空气及微生物等对其质量均有一定影响，其中以湿度影响最大。预混剂吸湿后可引起药物结块、变质或受到微生物污染等，由于预混剂吸湿性比较显著，因此，在保管中防潮是关键。一般预混剂均应在干燥处密闭、低温、避光保存，同时还要结合药物的性质、散剂剂型和包装的特点考虑。

第六节　羊场如何购买兽药

羊场购买兽药要对兽药产品作一般检查，检查的内容主要是兽药经营门店证件及兽药来源、外包装及兽药制剂外观是否符合相关要求。

一、查看兽药经营门店证件及兽药来源和保存条件

（一）查看 GSP 认证

根据农业部《兽药经营质量管理规范》要求，2012 年 3 月 1 日起，强行全面实施兽药经营质量管理规范（GSP）。自 2012 年 3 月 1 日起没有通过 GSP 认证的兽药经营单位，不得从事兽药经营。

（二）查看《兽药经营许可证》及其他证件

查看兽药经营门店是否已办理兽药经营许可证、营业执照、从业人员上岗资格证。

（三）查看兽药产品备案准入证明

兽药生产及代理商在进入市场销售前，应主动到当地县级以上畜牧兽医主管部门审查备案，凭主管部门核发的备案准入证明销售兽药。

（四）查看兽药来源

兽药应由正规兽药厂生产或在我国农业部依法登记注册的外国兽药生产企业。所有兽药必须来自具有生产许可证和产品批准文号并通过 GMP 认证的生产企业。未经审查批准即生产、进口，或者未经抽查检验、审查核对即销售、进口的兽药不能购买。

（五）查看保存条件

兽药保存分常温、冷冻贮藏。如果贮藏方法不当，轻则降低药效，重则使药物无法使用。对保存条件较差的兽药经营门店，其兽药保存就有问题，最好不要到这样的兽药经营门店购买兽药。

二、查看兽药的外包装及有关文件号证明和标示

（一）查看包装外观

兽药生产包装应符合兽药质量要求，购买兽药前要查看兽药封口是否严密。用塑料袋封装的，应检查封口是否严密封闭；用玻璃瓶封装的，应注意检查瓶盖是否密封，有无松动和裂缝，瓶塞有无明显的针孔。出现任何封装问题的兽药，都不能购买和使用。

（二）查看是否是兽用药

兽药外包装上，必须在醒目的位置上注明“兽用”或“兽药”字样，盒内的标签或说明书上也应标明，没有标明的或人用药不能作为兽药使用。

（三）查看兽药产品包装标记

1. 查看文件号证明及有关标示

所有兽药产品必须有批准文号、生产许可证号、有效期、合格证明和批次号。正规兽药厂家均申请有注册商标（图案、图画、文字等），并在包装上标明“注册商标”字样或注册标记。一般要重点查看批准文号、合格证和有效期。

（1）查看批准文号　兽药产品批准文号是农业部根据兽药国家标准、生产工艺和生产条件，批准兽药企业生产兽药产品时核发的兽药批准证明文件。兽药标签和包装上无兽药批准文号或用文件编号或其他编号冒充兽药批准文号的，不能购买使用。

（2）查看合格证　拆开兽药外包装后，要注意查看内包装箱（袋）上是否有说明书和产品质量合格证。合格证上应有企业质检专用章、质检员签章、装箱日期。没有产品合格证的兽药，不是正规厂家的产品，不能使用。

（3）查看有效期　有效期系指兽药产品的使用期限，必须按规定在兽药标签和说明书上予以标注。不标明或超过了有效期或已达到失效期的，即为过期兽药，即使没有任何眼观质量问题也不宜购买使用。

2. 有中文标明的产品名称、生产厂名及地址和特别提示

（1）查看兽药名称　兽药标签和说明书上标注的兽药通用名称应与兽药国家标准中收载的兽药名称相一致。标注商品名称须经农业部核准，不得只标注兽药的商品名。也就是说，所有兽药应根据兽药产品的特点和使用要求，需要标明产品规格及中文注明的所含主要成分的名称和含量，并注明“兽用”。

（2）查看特别提示和是否是禁用的兽药　羊场在购买兽药时应注意有些兽药标有（剧）、（限制）、（毒）等特别提示，在剂量使用等方面要严格按规定执行。此外，还要查看是否属于部分国家及地区明令禁用或重点监控的兽药及其他化合物清单。如β－兴奋剂类、呋喃唑酮、氯霉素等，均属于国家禁止使用的兽药；盐酸黄连素注射液等，属于淘汰兽药；还有兽药地方标准废止品种，如呋喃西林等属于禁用兽药；抗生素、合成抗菌药中头孢哌酮等，解热镇痛类中如盐酸地酚诺酯等，复方制剂中的注射用的抗生素与安乃近等。我国农业部公告第560号，根据《兽药管理条例》和农业部第426号公告规定，公布了首批《兽药地方标准废止目录》。凡是国家宣布禁用、淘汰、废止的兽药，均禁止销售及使用。此外，在购买兽药时还要查看兽药停药期规定。

三、查看兽药的外观质量

兽药外观质量应符合其品种规定，如散剂、粉剂、预混剂的外观应干燥、疏松、混合均匀、色泽一致。如果药物发黏、霉变、有异味、变色等则不宜使用。注射剂澄明度不符合规定、变色、有异样物，容器有裂纹或瓶塞松动，混悬注射液振摇后分层较快或有凝块，冻干制品已失真空的均不宜使用。在实践中，对主要兽药制剂的查看标准有以下几个方面。

（一）针剂的查看标准

水针剂主要查看澄明度、色泽、有无裂瓶、漏气、沉淀、混浊和装量差异等现象；粉针应重点检查溶解后的澄明度。

（二）片剂的查看标准

片剂兽药要查看色泽、斑点、潮解、发霉、裂片、粘瓶、溶化及片重差异等。

（三）散剂的查看标准

散剂主要查看有无结块、异常黑点、霉变及重量差异等。

第二章 兽药的作用及影响兽药作用的因素

第一节 兽药的作用

一、药物作用的基本形式

兽药的作用是指药物与机体之间的相互影响，即药物对动物机体（也包括病原体）的影响或机体对药物的反应。也就是说药物进入或接触动物机体后，能促进动物体表与内部环境的生理功能改变，或抑制入侵机体的病原体，协助机体提高抗病能力，达到防治疾病的效果，称为药物的作用。可见，药物的作用也是药理效应，其结果表现为机体生理、生化功能的改变，可引起生理机能的加强（兴奋）或减弱（抑制），此即药物作用的两种基本形式。药物所以能治疗疾病，就是通过兴奋或抑制作用调节和恢复机体被病理因素破坏的平衡。也由于药物剂量的增减，兴奋或抑制作用可以相互转化，同时，动物机体用药后也会产生与防治疾病无关的结果，甚至对机体产生有毒性或对环境有危害的有害作用。可见，药物对动物机体可产生有益作用，也能产生毒副作用或其他不良作用，这就是药物作用的两重性。

二、药物作用的基本方式

药物可通过不同的方式对动物机体产生作用，其基本方式有以下几种。

（一）局部作用与吸收作用

从药物作用的范围来看，药物在用药局部发挥作用时，称为局部作用。局部作用往往指药物接触的部位，如碘酊擦于皮肤局部，有消毒杀菌皮肤局部的作用。药物被动物机体吸收后产生的作用称为吸收作用。由于药物被动物机体吸收后，能分布到全身多数组织与器官，能发挥广泛的作用，因此，吸收作用又可称为全身作用，也叫全身反应，如吸入麻醉药产生的全身麻醉作用；用安钠咖经内服或注射被动物机体吸收后，能兴奋大脑皮层，改善心脏功能和利尿。

（二）直接作用与间接作用

从药物作用发生的顺序（原理）上来看，药物与所接触的组织器官发生反应，称为直接作用，也称为原发作用。通过直接作用的结果，产生继发性作用称为间接作用。如洋地黄毒苷（强心药）被动物机体吸收后，直接作用于心脏，加强了心肌收缩力，改善了全身血液循环，这是洋地黄毒苷的直接作用；而又由于全身循环改善，肾血流量增加，尿量也增多，使心衰性水肿减轻或消除，这是洋地黄毒苷的间接作用。

（三）药物作用的选择性

药物对动物机体不同组织与器官的敏感性表现有明显的差别，也就是药物被动物机体吸收后对所有的组织与器官并不产生同等强度的作用，对某一组织或器官作用特别强，对其他组织或器官的作用很弱或几乎无作用，这种现象称为药物作用的选择性。药物作用的选择性是治疗疾病作用的基础，选择性高，针对性又强，能产生很好的治疗效果，可以较准确地治疗某种疾病或某一症状，且副作用又较少；反之，选择性低的药物，针对性又不强，副作用也较多。当然，有的药物选择性较低，但应用范围较广，如广谱抗生素、广谱驱虫药等，可以治疗混合感染，也有其有利之处。

三、药物作用的类型

（一）药物的治疗作用

用药的目的在于防治疾病，药物在治疗剂量时对病羊产生良好影响，能达到预期疗效，使其恢复健康，称为治疗作用。根据药物作用达到的治疗效果，可分为对因治疗和对症治疗。兽医临床上针对病因的治疗称为对因治疗，或称治本，也就是说对因治疗是指药物作用能清除原发致病因子的药物，如用抗生素药物杀灭动物体内的致病微生物，控制感染，用解毒药促进体内毒物的消除等。而针对疾病表现的症状进行的治疗称为对症治疗，或称治标。也就是说应用药物以消除或改善症状的称为对症治疗。在羊场兽医临床上，当病羊病因不明，但机体已出现某些症状时，如体温升高、呼吸困难、心力衰竭、休克等情况，就必须进行有效的对症治疗，以防止症状进一步发展，并为进行对因治疗争取时间。因此，对因治疗和对症治疗各有其特点，相辅相成。在兽医临床上，往往采取综合治疗的方法，即使用消灭病原体的药物如抗生素，又使用解除各种严重症状（高热、咳嗽等）的药物如解热退烧，止咳药等作辅助治疗，以防止疾病进一步发展。但在一般情况下，首先要考虑对因治疗，但对一些严重的症状，甚至可能危及病羊生命，如当病羊出现休克、心力衰竭等情况，就必须立即采取有效的对症治疗，此时对症治疗要比对因治疗更为迫切，待症状缓解后再考虑对因治疗。因此，在兽医临床有些情况下，则要对因治疗和对症治疗同时进行，即所谓标本兼治后，才能取得最佳的疗效。

（二）药物不良反应

药物的作用应是一分为二的，“是药都有三分毒”，药物除对动物机体有治疗作用外，还能产生与治疗无关的或有害的作用，统称为药物的不良反应，主要有副作用、毒性作用和变态反应。

1. 副作用

副作用是指药物在治疗剂量时所产生的，而与治疗目的无关的作用或危害不大的不良反应。产生副作用的原因是药物选择性低，作用范围大，药理效应广泛，利用其中一个作用为治疗目的时，其他作用便成了副作用。在兽医临床上，副作用是在用药前可以预料到的。如用阿托品治疗肠痉挛时，系利用其松弛平滑肌作用，而抑制腺体分泌引起的口腔干燥便成了副作用。副作用一般是可预见的，也往往很难避免，但在羊场兽医临床用药时应设法纠正为宜。兽医临床用药时一定要注意，虽然抗胆碱药（如硫酸阿托品，654 -2 等）具有抑制平滑肌收缩的作用，但反刍动物给药后可抑制瘤胃及食管的收缩，使瘤胃内所产生的气体不能及时排出，而易造成前胃消化弛缓和瘤胃臌气。因此，羊场兽医临床上对于抗胆碱药，除作为某些农药中毒（有机磷酸酯类、氨基甲酸酯类农药中毒）的生理拮抗药外，应少用为宜。

2. 毒性反应

用药剂量过大或用药时间过长而引起的不良反应称为毒性反应，它是药物对动物机体的损害作用。大多数药物都有一定的毒性，只不过动物机体对毒性反应的性质和程度不同而已。一般来说，药物的毒性作用，常因用量过大或应用时间过长引起。毒性反应可能在用药后立即发生，称为急性毒性，其原因多由用药剂量过大所引起；有的长期用药蓄积后逐渐产生，称为慢性毒性。毒性作用的表现因药而异，一般常见损害神经系统、消化系统、生殖系统、血液、心血管和肝脏、肾脏功能，严重者可致死亡。少数药物还能产生特殊毒性，即致癌、致畸、致敏、致突变反应等作用，也属毒性作用。此外，有些药物在常用剂量时也能产生毒性，如氯霉素可抑制骨髓造血机能，氨基糖苷类有较强的肾毒性等。羊场兽医临床上，在用药前只要注意药物的作用、病羊的体况、用药的剂量和疗程，一般是可以避免毒性作用产生的。

3. 变态反应

变态反应又称过敏反应，是动物机体免疫反应的一种特殊表现。因药物多为外来异物，很多药物多为小分子，不具抗原性，只有少数药物是半抗原，在动物体内与蛋白质结合成全抗原，才会引起免疫反应。如抗生素、磺胺类药等与血浆蛋白或组织蛋白结合后形成全抗原，便可引起机体体液性或细胞性免疫反应。变态反应仅见于少数个体，与药物剂量无关，反应性质各不相同，在动物中时有发生，也许由于缺乏细致的观察和记录，在兽医临床上很难预知。

（三）兽药的其他不良作用

兽药可以预防和治疗动物疾病，但也会产生毒副作用，更能产生危害人类及公共卫生安全的不良作用。兽药的应用不仅与动物的安全有关，而且已日益涉及公众健康问题。动物性食品中的药物残留量虽然很低，但对环境卫生和人体健康的潜在危害却甚为严重，因而已引起人们越来越多的关注。

1. 兽药残留

食用动物应用兽药后，常常出现兽药及其代谢物或杂质在动物细胞、组织或器官中蓄积与贮存的现象，称为兽药残留。食用动物产品中的兽药残留对人体健康的影响，主要表现为变态反应、细菌耐药性、特殊毒性作用、一般毒性作用和激素（样）作用。

（1）变态反应　现已证实，虽然许多抗菌药物被用作治疗药或饲料药用添加剂，但只有少数抗菌药物能致敏易感的个体。因青霉素、磺胺类药、四环素及某些氨基糖苷类药物，具有半抗原或抗原性，能刺激机体内抗体的形成，这些药物残留所致的变态反应，在人所发生的食物源性疾病中所占的比例甚小，只引起少数人发生变态反应，主要临床表现为皮疹、瘙痒、光敏性皮炎、头痛等。

（2）细菌耐药性　指有些细菌菌株对通常能抑制其生长繁殖的某种浓度的抗菌药物产生了耐受性。研究表明，随着抗菌药物的不断应用，细菌中的耐药菌株数量也在不断增加。动物在反复接触某一种抗菌药物的情况下，其体内的敏感菌受到选择性的抑制，从而使耐药菌株大量繁殖。同时，动物的耐药病原体及耐药性还可通过动物源性食品向人体转移，而给临床上感染性疾病的治疗造成困难，而且还可能引起人体过敏，甚至导致癌症、畸胎等严重后果。

（3）特殊毒性作用　现已发现许多兽药具有特殊毒性作用，主要包括致畸作用、致突变作用（又称诱变作用）、致癌作用和生殖毒性作用，而且许多致突变物亦具有致癌性。人们尤其关注的是具有潜在致癌活性的动物用药，因为这些药物在动物产品中的残留可进入人体。因此，药物及环境中的化学药品可引起基因突变或染色体畸变而造成对人类的潜在危害，已越来越引起人们的广泛关注。

（4）一般毒性作用　主要指药物对心血管系统、神经系统、消化系统、呼吸系统和泌尿系统呈现的毒性作用。最典型的是饲喂盐酸克伦特罗（俗称“瘦肉精”）的食品动物，在屠宰前如果没有休药期，则动物的内脏会含较高浓度的药物残留，那么人体在食入100～200克肝脏或肺脏后，则很快会引起心跳加快、口干、冷汗、肌肉震颤和四肢无力等急性毒性作用。

（5）激素（样）作用　在几十年前，具有激素样活性的化合物已作为同化剂用于畜牧生产，以促进动物生长，提高饲料转化率。然而，从同化激素的作用性质来看，其残留会影响人体内的正常性激素功能，并具有一定的致癌性。从动物试验结果来分析，同化性激素残留对人的影响可能表现为儿童早熟、儿童发育异常、儿童异性趋向、肿瘤等。

2. 污染环境

在现代畜牧业生产中，由于广泛应用某些饲料药物添加剂（特别是有机砷制剂），以及应用酚类消毒药、含氯杀虫药等，都可导致水源、土壤污染。此外，动物又是“三废（工业废水、废气、废渣）”所致环境污染的首要受害者，有害污染物在食用动物产品中残留，又会损害人的健康。

第二节　兽药在动物体内作用过程

药物进入动物机体后，在对动物机体产生效应的同时，药物本身也受机体的作用而发生变化，通过吸收、分布、代谢和排泄等基本过程对动物机体产生作用。事实上这个过程在药物进入动物机体后是相继发生、同时进行的，其中，药物在动物体内的吸收、分布、排泄称为药物的转运。药物的体内过程直接影响药物到达作用部位的浓度和有效浓度的维持时间，因而它与药物的起效时间、作用的强弱和持续时间的长短有着密切关系。因此，为了充分发挥药物疗效和减少不良反应，羊场兽医临床上用药时要充分了解药物在体内过程的特点。

一、吸收

药物从用药部位转至血液循环的过程称为吸收。除静脉注射药物直接进入血液外，其他给药途径都要通过生物膜的转运。药物吸收的快慢、吸收量的多少、难易等受到药物的理化性质、给药途径、剂型和吸收部位的环境等影响。

二、分布

分布是指药物从全身循环转运到各器官、组织的过程。由于各组织器官和药物的特性不同，多数药物在动物体内的分布是不均匀的，而且常处于动态平衡，并随着药物的吸收与排泄不断变化着。影响药物分布的因素有药物的理化特性、局部组织的血流量、药物与血浆蛋白的结合情况、组织屏障和药物与组织的亲和力等。

三、代谢

代谢又称为生物转化，药物在动物体内经化学变化生成更有利于排泄的代谢产物的过程称为生物转化。药物在动物体内的转化方式主要有氧化、还原、分解及结合四种反应。经试验证明，各种药物在动物体内的代谢过程各不相同，有的药物只经过氧化、还原、分解过程，有的药物则各种过程都要经过，还有一些药物则完全不经过代谢而以原形药物排出体外。药物经过生物转化部分的多少，不同药物或不同种属动物有很大差别。多数药物经过代谢，其药理作用被减弱或完全丧失，但也有少数药物只有经过代谢，才能发挥药理作用。

药物的代谢过程主要器官是肝脏，这是因为肝脏中存在着与药物代谢关系密切的微粒体酶与系统，由于它们可使药物代谢，故又称肝脏微粒体药物代谢酶，简称肝药酶。某些药物可使肝药酶的活性增强或减弱，能提高肝药酶的活性或能加速肝药酶合成的药物称为药酶诱导剂，如水合氯醛等；能抑制肝药酶活性或减少肝药酶合成的药物称为药酶抑制剂，如氯霉素等。经试验证实，影响药物生物转化的主要因素有遗传因素、药酶诱导剂与抑制剂、病理因素等。

四、排泄

排泄是指药物的代谢产物或原形通过各种途径从体内排出的过程。排泄是药物在体内的最后过程，大多数药物都通过生物转化和排泄两个过程从体内消除，但极性药物和低脂溶性的化合物主要从排泄消除，有少数药物则主要以原形排泄，如青霉素等。肾脏是大多数药物排泄的重要器官，也有少数药物主要由胆汁排出，此外还可通过乳腺、肺、唾液、汗腺排泄少部分药物。影响药物排泄的主要因素有尿液pH、病理因素以及药物的理化性质等。

第三节　影响兽药作用的因素

药物的作用是药物与动物机体相互作用的综合表现，许多因素都可能干扰或影响药物作用的强度，有时甚至还能改变药物作用的性质。因此，在羊场兽医临床用药时，一要掌握各种兽药品种固有的药理作用，二要了解影响药物作用的各种因素。只有做到这两个方面，才能更合理地运用药物防治羊的疾病，达到理想的防治效果。

一、动物方面的因素

（一）种属差异

多数药物对各种动物一般都具有类似的作用。但由于动物品种繁多，各种动物的解剖、生理特点以及进化水平等的不同，对同一药物的反应可以表现出很大差异。在大多数情况下主要表现为量的差异，即作用的强弱和维持时间的长短不同。如反刍动物对二苯胺噻唑比较敏感，小剂量即可出现肌肉松弛和镇静作用，而猪对此药不敏感，就是较大剂量也达不到理想的肌肉松弛和镇静效果；再如对乙酰氨基酚，羊等动物是安全有效的解热药，但用于猫即使很小剂量也会引起明显的毒性反应。

（二）生理因素

生理因素主要表现在不同年龄、性别、怀孕或哺乳期以及病理状态下的动物对同一药物的反应往往有一定差异，这与机体器官组织的功能状态，尤其与肝药物代谢酶系统有着密切的关系。由于老龄和幼龄动物的药酶活性较低，对药物的敏感性较高，故用药剂量应适当减少。除了作用于生殖系统的某些药物外，一般药物对不同性别动物的作用并无差异。但怀孕期母羊对拟胆碱药、泻药或能引起子宫收缩加强的药物比较敏感，可能引起流产、早产等，故羊场兽医在临床上对此类兽药的使用必须慎重。此外，肝脏、肾脏功能障碍，脱水、营养缺乏或过剩等病理状况下的动物，可影响药物的生物转化和排泄，严重者可能引起毒性反应。

（三）个体差异

个体差异主要表现为少数个体对药物的高敏性或耐受性。同种动物在基本条件相同的情况下，有少数个体对药物特别敏感，称高敏性；另有少数个体则特别不敏感，称耐受性。高敏性个体对药物特别敏感，应用很小剂量，即能产生毒性反应；耐受性个体对药物不敏感，必须给予大剂量才能产生应有的疗效。这种个体之间的差异，在最敏感和最不敏感之间约差 10 倍。产生个体差异的主要原因是动物对药物的吸收、分布、代谢和排泄的差异，其中代谢是最重要因素。也有研究表明，药物代谢酶的多态性是影响药物作用个体差异的最重要因素之一。因不同个体之间酶活性可能存在很大的差异，从而造成药物代谢速率上的差异，主要表现在相同剂量的药物在不同的个体中，有效血药浓度、作用强度和作用持续时间有很大差异。

二、药物方面的因素

（一）兽药的质量

1. 药物的品质

兽药的质量是决定药物能否发挥预期作用的关键。由于现在国内的兽药市场很不成熟，法律法规不是很健全，兽药行业门槛也低。在原料药的分装过程中、在成品药的生产工艺中，难免会出现质量问题。个别药物的有效成分往往较低，还有很多兽药生产厂家的产品标准很难采信，成分往往与标准成分相差很大，药物的效果也就很难保证，造成了劣质兽药在市场上占有一定的比重。

2. 药物的贮藏与运输

兽药作为一种化学制品，对贮藏、运输条件有较高的要求，也需要有特殊的条件。兽药对温度、湿度、光照、氧气等都很敏感，一旦暴露于空气中就会出现失效现象。在现实中，很多兽药经营门店和羊场养殖者对兽药的贮藏很粗放。许多兽药贮藏不当，极易产生失效。而且现在的兽药运输主要通过物流的手段，对兽药没有很好的保护措施，难免会出现温度过高，湿度过大，包装破损的现象，也使兽药的品质很难保证。

（二）药物选择错误

1. 羊病诊断错误

由于兽医人员中许多从业者的专业素质不是很高，于是难免在羊病的诊断中出现错误，因此，也造成了用药没有效果。

2. 药物的选择不正确

兽医人员中很多从业者对药物的药理药性很模糊，对兽药的性质不是很熟悉，在用药时想当然地用药，不能做到对症下药，造成疗效不理想。还有很多羊场养殖者遇到羊发病就盲目投药。其实很多药物都是非常有针对性的，都有各自的作用范围。如抗生素，可分为抗革兰阳性菌、抗革兰阴性菌和抗霉形体等各个种类，应用药物时如果没有将羊病与药物的药理药性结合起来，其结果是可想而知的。因此，羊场兽药在选择药物时一定要了解药物的药理药性，才能有效避免药物的不正确选择。

（三）动物机体不正常

1. 羊场管理粗放不科学造成羊病发生

现在羊的多数疾病是由管理因素引起的。兽医临床实践已证实，治疗羊疾病的同时必须改善饲养管理条件，如果饲养管理条件没有得到改善，治疗的效果不会很好。如有的羊场经营者在氨气扑鼻的羊舍中，向兽医抱怨治疗呼吸道疾病的药物没有效果。实际上氨气正是引起呼吸道疾病的诱因，不想办法消除氨气，呼吸道疾病用多少药物也没有效果。因此，羊场经营者一定要明白，羊的疾病多由管理因素引起，治疗羊疾病在使用药物的同时，必须改善饲养管理条件，消除疾病的诱因，药物才能发挥效果。

2. 处于病态的羊对药物的吸收有限

兽药在治疗羊疾病中起到一定作用，有一个前提条件是必需的，即羊机体必须能正常有效地吸收药物。羊在病态的条件下，血液循环受到一定影响，对营养物质、药物的吸收都大受影响，对很多药物只能吸收一点点，血药浓度很低，自然药效难以保证。因此，有经验的兽医在临床上应用药物时相应添加一些解表药物，同时还将药物的用量适当加大，以保证疗效。

（四）联合用药及药物相互作用

兽医临床上同时使用两种以上的药物治疗疾病，称为联合用药。其目的是提高疗效，消除或减轻某些毒副作用，适当联合应用抗菌药物也可减少耐药性的产生。特别是目前羊场羊群发病多是混合感染或继发感染，在用药时就得多方面考虑，使用的药物也经常是两种或多种连用，这对羊疾病的治疗也是很有好处，但是，如果忽视了药物间的相互作用往往会适得其反。一些兽医临床用药经验也证实，几种药物间互相影响，其效果还不如用一种药物理想。最常见的就是酸性药物与碱性药物混合使用，降低了药物的疗效。现实的兽医临床也确实存在药物的配伍禁忌没有引起足够重视的现象。

（五）药剂质量和剂型

不同质量的药物制剂，乃至同一药厂不同批号的制剂，都会影响药物的吸收以及机体血药浓度，进而影响药物作用的快慢和强弱。因此，药剂质量直接影响药物的生物利用度，对药效的发挥关系重大。剂型对药物作用的影响，如传统的剂型水溶液、片剂、散剂、注射剂等，也主要表现为吸收快慢、多少的不同，从而影响药物的生物利用度。如内服溶液剂比片剂吸收的速率要快很多，因为片剂在胃液中有一个溶解过程，药物的有效成分要从赋形剂中溶解释放出来，这就受许多因素的影响；再如气体剂型比液体剂型吸收得快，气体剂型吸入后从肺泡吸收，起效快。

（六）剂量

药物的剂量是决定药效的重要因素。羊场兽药临床用药时，除根据《中国兽药典》及《中国兽药规范》等决定用药剂量外，还要根据兽药的理化性质、毒副作用和羊病的病情发展的需要适当调整剂量，才能更好地发挥药物的治疗作用。此外，羊场兽医临床用药治疗羊疾病时，为了安全用药，必须随时注意观察羊对药物的反应，并及时调整剂量，尽可能做到剂量个体化。特别在规模化饲养条件下的羊场，给群体羊用药时，则应注意使饲料药物添加剂与配合精饲料充分混合均匀，以防饲料药物添加剂混合不均匀而导致个别或少数羊超量采食而中毒。羊场兽医临床用药时还要注意，同一药物在不同剂量或浓度时，其作用有质与量的差别。如碘酊在低浓度（2%）时表现杀菌作用（作消毒药），而在高浓度时（10%）则表现为刺激作用（刺激药）。但也有少数药物，随着剂量或浓度的不同，作用的性质会发生变化，如人工盐小剂量是健胃作用，大剂量则表现为下泻作用。

三、给药方案

给药方案包括给药剂量、途径、时间、间隔和疗程。在一定程度上讲，给药方案也是羊场兽医临床一个规范性操作程序，反映了一个兽医技术水平的高低程度。药物的剂量是决定药效的重要因素，给药途径不同也影响生物利用度和药效出现的快慢。除根据羊的疾病治疗需要选择给药途径外，还要根据兽药的性质，如肾上腺素内服无效，必须注射给药。许多药物在适当的时间应用，可以提高药效，如健胃药在羊饲喂30分钟前投服，效果较好；驱虫药应在空腹时给予服用，才能保证药效。一般口服药在空腹时给予，吸收较快。因此，给药时间也是决定药物作用的重要因素。一般大多数药治疗羊疾病时必须重复给药，当然有些药物给药一次即奏效，如解热镇痛药等，但大多数药物必须按一定的剂量和时间间隔给药一段时间，才能达到治疗效果，这就是疗程。一般要求抗菌药物有充足的疗程才能保证稳定的疗效，如抗生素药物一般要求2～3天为一个疗程，磺胺类药物则要3～5天为一个疗程。为了避免耐药性，不能给药1～2次出现药效就停药，否则在剂量不足或疗程不够的情况下，病原体很容易产生耐药性。在羊场兽医临床上为了比较彻底地治疗羊疾病，必须坚持给药到症状好转或病原体被消灭后，才停止给药，必要时，可继续第2个疗程。

四、饲养管理和环境方面的因素

药物的作用是通过羊的机体来表现的，因此机体的功能状态与药物的作用有密切的关系。在一定程度上讲，羊机体的健康状态对药物的效果可产生直接或间接的影响。但是，羊机体的健康如何主要取决于饲养管理水平。饲养管理水平高低直接影响到羊群的健康和用药效果。饲养方面要做到饲料营养全面，根据羊场羊群不同生长时期的需要合理搭配日粮的营养成分，以免出现营养不良或营养过剩，即防止营养不平衡状况出现。管理方面应考虑羊场羊群规模的大小，防止羊群密度过大，特别是舍饲养羊，更要注意通风、采光和羊群的活动空间，要为羊群的健康生长创造一个较好的环境条件。上述要求对羊场患病羊更有必要。羊场兽医临床治疗羊疾病时一定要明白，羊疾病的恢复，单纯依靠药物是不行的，一定要配合良好的饲养管理，加强护理，提高羊机体的抵抗力，才能使药物的作用得到更好的发挥。动物机体的健康状态对药物的效应可以产生直接或间接的影响，因此，药物的作用与羊的饲养管理及外界环境因素有着密切的关系。通风不良、空气污染、舍内氨气及有害气体过重，可增加羊的应激反应，加重羊疾病过程，影响药效，这在用药治疗羊病时尤其要注意的问题。

第三章 羊场兽医科学给药方法和安全用药原则及注意的事项

第一节 羊场兽医科学给药方法与技术

兽医临床实践已证实，不同的给药方法和技术会直接影响药物的吸收速度、药效出现的时间、药物作用的程度以及药物在动物体内维持及排出的时间。因此，羊场兽医在用药时，应根据羊的生理特点或病理状况，结合兽药的性质，科学地选择用药方法与技术。

一、内服给药方法与技术

（一）混饲给药

将兽药均匀混入羊用精料补充料中，让羊群吃料时能同时吃进药物，称为混饲给药。此法简便易行，适用于羊场羊群投药。不溶于水的药物用此法更为适宜。应用此法时，要注意以下 3 点。

1. 药物剂量要准确

在进行羊用精料补充料给药时，应按照精料补充料给药剂量，准确、认真计算所用药物剂量。若按羊只每千克体重给药，应按照要求把药物拌入精料补充料内。此外，还要求羊群在规定时间内，将混饲药物饲料采食干净，一般不能超过两个小时，因有些药物在饲料中时间过长会影响药效。有些适口性差的药物，混饲给药时要少添多喂。

2. 药物与饲料要混合均匀

在药物与羊用精料补充料混合时，必须搅拌均匀，尤其是一些安全范围较小的药物，一定要均匀混合。为保证药物与精料补充料混合均匀，通常采用分级混合法。即把全部要用的药物量先加到少量精料补充料中，充分混合后，再加到一定量精料补充料中，再充分混匀，然后再拌入到计算所需的精料补充料中。

3. 避免不良作用

混饲给药的精料补充料中，不能有对药效有影响的物质，而且精料补充料中添加的药物最好是经过包被的预混剂，如黄霉素预混剂、伊维菌素预混剂，禁止用原料兽药直接添加到混合饲料中。此外，精料补充料在添加药物的同时，添加诱食剂也可。大群羊用药前，最好先做小批羊用药后的毒性及药效试验，避免不良作用发生。

（二）混水给药

当羊场羊群暴发疾病，病情严重需要紧急用药，或者羊群发病后采食量过小等情况下，或者因病不能吃料但还能饮水的羊，可以采用混水给药。混水给药就是将药物溶解于饮水中，让羊群通过饮水获得一定剂量的药物。有些疫苗也可用此法投服。但要注意的是禁止将原料兽药直接添加到饮水中。由于羊群在饮水时往往有部分损失，用药剂量应适当加大，但要注意用药后羊群有无不良反应，同时还要注意以下几点。

1. 适当停水并计算药量与药液浓度

混水给药须注意根据羊只或羊群可能饮水的量，计算药量与药液浓度。羊群在给药前，一般应停止饮水半天，以保证每只羊能饮到一定量的水。

2. 注意水质和药效

饮用水要清洁无污染，不能含有任何对药效有影响的物质，所用药物应易溶于水，并注意药物的适口性。有些药物不能在水中添加，如氟苯尼考难溶于水，恩诺沙星有苦味。有苦味的药物加在水中或饲料中影响羊的采食和饮水而影响药物的摄入。因此，使用有苦味的药物时要注意用药途径。羊饮水给药时间一般为2~3天，不宜过长。有些药物在水中时间长了易被破坏变质，此时应限时饮用药液，以防止药物失效。

3. 槽位充足

要有充足的清洁的饮水槽，以保证每只羊在规定时间内获得足量饮水。

（三）灌服给药

给羊灌服药物可采用长颈瓶投药法、药板投药法、胃管投药法和灌肠给药法。

1. 长颈瓶投药法

此法适用于稀释后的溶液。将配制好的药液装入长颈的酒瓶或塑料瓶内，由一个人拉住羊后，保定并抬高羊的头部，并使口角与角根呈水平状态。灌药者右手持药瓶，左手用食指、中指自羊右口角伸入口中，轻轻压住舌面，羊口即张开。然后右手将药瓶口从右口角插入羊口中，瓶口伸到舌面中部，即可抬高瓶底将药物灌入。注意的是不可连续灌服，待羊吞服几口后，休息片刻再灌为宜。

2. 药板投药法

此法专用于舔剂，将药物按一定剂量混入面糊内做成舔剂。投药时应使用表面光滑又无棱角的竹制或木制的舌形药板。用一个人拉住羊并骑在羊背上保定。操作者站在羊正面，用左手的食指、中指伸入羊口中，压住舌面，使口张开，同时大拇指抵住上颌将舌拉出。右手持药板，用药板顶端部抹取舔剂，迅速从右口角送入口内舌根部，把舔剂抹在舌根部，待羊咽下后再抹第二次，如此反复进行直至把舔剂抹完。此法也可用于片剂或丸剂的投服，不使用药舌板，直接以右手将片剂或药丸送到口腔内舌根部。

3. 胃管投药法

用胃导管经口腔直接插入食道内灌服，此法适用于灌服大量水剂或有刺激性的药液。灌药时，胃导管插入不宜过浅，严防药物浸入气管而导致异物性肺炎或窒息死亡。插胃导管前还必须用开口器使羊的嘴巴张开，如无开口器也可自制，方法为找一块精细合适的硬木棒，中间打一个孔，直径要比胃导管粗。先装好开口器，用绳固定在羊头部。将胃管通过木质开口器中间孔，沿上腭直插入咽部，借舌咽动作胃管可顺利进入食道，继续深送，胃管即可达到胃内。注意，如果胃管误插入气管，则羊表现不安，时有咳嗽，此时应立即拔出胃管重新操作到胃内。胃导管插入正确后，即可接上漏斗灌药，药液灌完后，再灌少量清水后，用拇指堵住胃管口，慢慢抽出。注意的是患咽炎、咽喉炎或咳嗽严重的病羊，不可用胃导管灌药。

4. 灌肠给药法

先把羊站立保定，配好的灌肠药液与羊体温相一致，不可过热或过凉，药液盛于盒内。用小形胃管或一端磨圆的橡皮管，前端涂上凡士林或植物油，插入肛门直肠内 8 ~ 10 厘米；另一端接上漏斗，加入灌肠药液后，高举漏斗以增大压力，使药液流入直肠内。一般先灌入少量药液软化直肠内积粪，待排净积粪后再大量灌入药液，直至灌完。灌肠完毕后，用一只手压住肛门和尾根，另一只手按压羊的腰荐部，以防药液流出，待停留一会儿后，再松手拔出橡皮管。灌肠时，最好把羊牵到一个缓坡或台阶上，羊头在下，羊屁股在上，呈前低后高姿势，可防药液流出。

二、注射给药方法和技术

（一）肌内注射法

肌内注射法是将药液注入羊的肌肉内。肌肉内血管分布较多，吸收药液较快，刺激性弱和难吸收的药液（水剂、混悬液）以及某些疫（菌）苗，可做肌内注射。因肌肉致密，只能注射少量药液。

1. 注射部位

羊多在颈侧及臀部。

2. 注射方法

保定住羊，注射部位剪毛消毒。兽医左手固定于注射局部，右手持注射器，将针头垂直刺入肌肉内 2～3 厘米（羔羊酌减），抽动注射器活塞，无回血现象时即可缓慢注入药液。注完后，用酒精棉球压迫针孔处拔出针头。

3. 注意事项

对刺激性较强药物不宜采用肌内注射。为防止针头折断，应将针头垂直刺入肌肉，注意不可将针头的全长完全刺入肌肉内，一般只刺入全长 2/3 即可。日龄较小和体重较轻的羊羔，可选择小号、短一些的针头以 45°左右的角度倾斜进针。

（二）皮内注射法

皮内注射是将药液注入羊表皮和真皮之间的注射方法，多用诊断和某些疫苗接种，一般在皮内注射药液或疫苗 0.1～0.5 毫升。

1. 注射部位

在羊的颈侧中部和尾根内侧。

2. 注射方法

注射局部剪毛后用 2%～5% 碘酊消毒，70%～75% 酒精脱碘。使用小容量注射器与短针头，吸取药液后，以左手大拇指和食指、中指固定（绷紧）皮肤，右手持注射器，使针头几乎与注射部位的皮面呈平行方向刺入皮内后，放松左手，并固定针头与注射器交接处。右手注入药液，并感到推药时有一定阻力，至皮肤表面形成一个小圆形丘疹，俗称"皮丘"即可。

3. 注意事项

注射部位一定要判断准确，否则将影响诊断和预防接种的效果。应将药液注入表皮和真皮之间，一定要形成一个"皮丘"。注射部位不可用棉球按压揉搓，否则形成不了"皮丘"。

（三）皮下注射法

皮下注射法是将药液注入皮下结缔组织内的注射方法。常用于易溶、无刺激性的药物及某些疫苗等注射，如阿托品、肾上腺素、炭疽芽孢苗等。

1. 注射部位

多在皮肤较薄、富有皮下组织的部位，羊多在颈侧、背胸侧和股内侧。

2. 注射方法

先对羊保定，注射局部剪毛消毒；然后用左手指提起皮肤，使这部位皮肤呈三角皱褶。右手在皱褶中央将注射器针头斜向刺入皮下，一般针头与皮肤呈 45°角，深度为刺入针头的 2/3（根据羊体型适当的调整）或深度 3 厘米左右。这时放开左手，将药液推入组织内，拔出针头后再消毒一次，并用酒精棉球轻揉注射部位皮肤，以使药液加速消散和吸收。

3. 注意事项

刺激性大的药物不要皮下注射，否则易引起局部炎症、肿胀和疼痛。皮下注射时，每一个注射点不宜注入过多的药液，药量多时可分点注射。注射后最好对注射部位轻度按摩或温敷为宜。

（四）静脉注射法

静脉注射是将药液注入静脉内，刺激性很强或注射剂量较大的药物，不宜进行肌肉或皮下注射，可以将药液直接注入静脉。注射方法有推注和滴注两种，其中推注在羊场兽医临床上常用。静脉注射法也是治疗危重病羊的主要给药方法。

1. 注射部位

羊多在颈静脉的上 1/3 与中 1/3 的交界处，波尔山羊也可在耳静脉。

2. 注射方法

羊站立或侧卧保定，注射部位剪毛消毒，用左手大拇指按压颈静脉的近心端，使其怒张，其余四指在颈的对侧固定。右手持针头或注射器，将针头向斜上方刺入静脉内，松开左手见到有回血后，再将药液慢慢注入静脉内。注射完毕，以干棉球或酒精棉球按压穿刺点，迅速拔出针头。局部按压片刻，防止出血。如药液量大，也可用输液器进行静脉滴注输液。

3. 注意事项

应严格遵守无菌操作规程，对所有注射用具，注射部位均应严格消毒。羊颈静脉注射一般选用 9 号、12 号或 16 号长针头，穿刺时检查针头是否通顺，当针头被血凝块堵塞应及时更换。静脉注射量大时，速度不宜过快；药液的浓度以接近等渗为宜；注入药液前应排净注射器或输液胶管中的气泡。此外，静脉注射过程中，要注意病羊表现，如有骚动不安、出汗、气喘、肌肉战栗等现象应及时停止。

三、外用给药方法与技术

（一）药浴法

药浴的目的是羊场预防和治疗羊体外寄生虫病，如疥癣、羊虱等。药浴根据药液利用的方式，可分为池浴、淋浴、盆浴，其中池浴、淋浴在规模大的羊场采用。

1. 羊场药浴的时间

定期药浴是羊饲养管理的重要环节。有疥癣病发生的羊场，每年对羊群可进行两次药浴，一次是预防性药浴，在夏末秋初进行；另一次药浴一般在剪毛后 10 ~ 15 天进行，这时毛茬较短，药液容易浸透，防治效果更好。药浴时间通常选在晴朗无风之日进行。为了达到更好的防治体外寄生虫效果，不论采用何种药浴方式，最好第一次药浴后第 8 ~ 14 天应进行第 2 次药浴。

2. 药浴可选用的药品

可选用0.5%～1%敌百虫溶液、0.05%蝇毒磷乳剂水溶液、0.05%双甲脒溶液、0.025%～0.75%螨净、0.05%辛硫磷乳油水溶液（100千克水加50%的辛硫磷乳油50克）等。药液配制宜用软水，加热到60～70℃，药浴时药液温度为20～30℃。

3. 药浴方法

（1）池浴法　池浴适合大中型羊场。药浴池用砖、石、水泥建造成长10～15米、深1.1米、上口宽0.6～0.8米、下口宽0.4～0.6米，入口为陡坡，出口为有台阶的缓坡，以有利于羊的攀登。入口处设置候浴羊栏，是羊群等候入浴的地方。出口处设滴流药液台，出浴的羊群在此短暂停留，使身上的药液流回药浴池内。候浴羊栏和滴流药液台都修成水泥地面。药浴池内药液要根据羊的种类保持70～100厘米深，以没过羊的躯干为标准。药浴时饲养人员和兽医手持带叉木棒，要在药浴池两旁控制羊群缓慢行走，并使其头部抬起不致浸入药液内。但当羊接近出口时，要有意将带叉的木棒将羊头部压入药液内1～2次，可防治头部寄生虫病。羊群在药浴池内2～3分钟后即可出池，在滴流药液台停留5分钟后再放出。

（2）淋浴法　淋浴适于各类羊场，需要专门的淋浴场和喷淋药械，每只羊喷淋3～5分钟，用药水2.4千克。淋浴时先将羊群赶入淋浴场，开动药浴水泵进行喷淋，经2～3分钟淋透全身后即可关闭药浴水泵，将淋毕的羊只赶入滤液栏中，经10～20分钟，滴干药液后放出羊群。规模小的羊场可采用背负式喷雾器或杆式喷雾器，一只一只地进行喷淋。

（3）盆浴法　小型羊场可采用盆浴法，是在适当的盆或缸中配好药浴后，用人工方法抓住羊，将羊只逐个洗浴的方法。

4. 药浴注意事项

① 药浴应选择晴朗无大风天气进行，于日出后的上午进行。

② 药浴前8小时停止放牧或喂料，浴前2～3小时给羊饮足水，防止羊只口渴误饮药液。

③ 药浴前，应选用体质较弱的3～5只羊试浴，无中毒现象后才按计划组织药浴。药浴时，先药浴健康羊，后浴有皮肤病的。妊娠两个月以上的母羊或有外伤的羊暂时不进行药浴，可在产后皮下注射伊维菌素或阿维菌素（注射一次）防治。

④ 所有羊只药液应浸满全身，尤其是头部也一定要用带叉的木棒按压头部1～2次浸入药液中药浴。羊场中若有牧羊犬，也应一并药浴。

⑤ 药浴后羊群要在阴凉处休息1～2小时后，即可放牧。

⑥ 哺乳期母羊在药浴后2小时内不得母仔合群，防止羔羊吸乳时中毒。

⑦ 对患疥癣病的羊，第一次药浴后隔1～2周重复药浴1次。

⑧ 药浴时，兽医和工作人员应戴口罩和橡皮手套，以防中毒。

⑨ 药浴结束后，药液不能任意倾倒，应清出后深埋，以防动物误食中毒。

⑩ 羊场在羊群药浴后的当天晚上，应有人值班观察药浴的羊群，对出现中毒症状的个别羊应及时救治。

（二）洗眼法与点眼法

洗眼法与点眼法主要用于各种眼病，特别是结膜与角膜炎症的药物治疗。

1. 用具

有冲洗器、洗眼瓶、胶帽吸管等，也可用20毫升注射器。

2. 药物

可用的药物有3.5%盐酸可卡因溶液、0.5%硫酸锌溶液、2%～4%硼酸溶液、0.01%～0.03%高锰酸钾溶液、0.5%阿托品溶液及生理盐水等。此外还有抗生素眼膏和其他药物配制的眼膏及抗生素配制的点眼药液。

3. 方法

羊站立保定，固定好头部，用一手拇指与食指翻开上下眼睑，再用另一手持冲洗器从前端斜向内眼角，徐徐向眼结膜上灌注药液冲洗眼内分泌物。冲净后用点眼瓶将药液滴入眼内，闭合眼睑，用手轻轻按摩1～2次眼睛，促进药液在眼内扩散。如用眼膏可直接将眼药膏挤入结膜囊内。

4. 注意事项

冲洗病羊眼睛时，防止羊骚动。洗眼器或点药瓶与病眼不能接触，并不允许与眼球成垂直方向冲洗，以防感染和损伤角膜。

（三）阴道与子宫冲洗法

阴道与子宫冲洗法适用于繁殖母羊阴道炎和子宫内膜炎的治疗，主要是为了排出阴道或子宫内的炎性分泌物。

1. 用具及药品

用输液瓶或连接长胶管的盐水瓶，也可用小型灌肠器（末端接带漏斗的长胶管），用前洗净消毒。冲洗液为0.1%～0.5%高锰酸钾溶液、0.1%利凡诺溶液或微温生理盐水等。阴道或子宫冲洗后，可放入抗生素或其他抗菌消炎药物。

2. 方法

操作者手及手臂常规消毒，患病母羊保定后充分洗净患病母羊外阴部。操作者手握输液瓶或漏斗连接的长胶管，缓慢徐徐插入子宫颈口，再缓慢导入子宫内，然后提高输液瓶或漏斗，药液可通过导管流入子宫内。冲洗液快完时，迅速把输液瓶或漏斗放低，借虹吸作用使子宫内液体自行排出。用此法反复冲洗2～3次，直至流出的液体与注入的液体颜色基本一致为宜。阴道的冲洗是把导管一端插入阴道内，提高输液瓶或漏斗，冲洗液即可流入阴道，借病羊努责，冲洗液可自行排出，也如此反复至冲洗液颜色透明为止。

3. 注意事项

① 严格遵守消毒规则，插入导管时要谨慎，预防子宫壁穿孔。

② 子宫积脓或子宫积水的病羊，应先将子宫内积液排出之后，再进行冲洗。

③ 注入子宫内的药液，尽量充分排出，必要时可按压患羊腹壁促使排出。

第二节　羊场兽医科学合理用药的原则及注意的事项

一、合理用药的前提

药物的疗效一般取决于三种因素：药物的剂量、全量的用药和机体反应状态。羊场兽医的合理用药是取得良好疗效的关键，因此，羊场兽医在临床中需要药物治疗时，必须先正确地解决：应该选择什么兽药才具有这种疗效、制定什么治疗方案（剂量、给药途径、疗程）、怎样才能使所要选择和使用的药物达到预期的治疗目的，真正达到药到病除的效果。

二、合理用药的标准

（一）药物选择正确无误

药物选择正确无误，这是兽医临床上使用兽药的主要标准。兽医在羊疾病防治过程中，使用药物的作用有三点：一是消除病因，如选用抗生素可抑制或杀灭病原微生物，选用维生素或微量元素能治疗相应的缺乏症；二是减轻或消除症状，如选用抗生素可退热、止腹泻，选用硒和维生素 E 可消除羔羊白肌病等；三是增强机体的抵抗力，如选用维生素、微量元素构建和强壮机体，维持机体正常结构和功能，提高免疫力等。兽医临床上如果药物选择错误，就难以或根本达不到防治羊疾病的作用。

（二）用药有明确的指征

要针对患羊的具体病情，一般用药首先要考虑对因治疗，但也要重视对症治疗，两者巧妙地结合能取得更好的疗效。但是，用药有明确的指征这是兽医临床用药必须遵守的一个标准，如有效地防治寄生虫病需要使用驱虫药，而不能选用其他药物。

（三）疗效好、安全性高、使用方法简便、价格适宜

羊场兽医临床用药上，一定要选用药效可靠、安全、方便、价廉易得的药物制剂。也只有选用疗效好、安全性高、使用方法简便、价格适宜的兽药，才有可能保证防治羊病的效果，并能降低羊场生产成本。

（四）剂量、用法、疗程妥当

剂量、用法、疗程妥当，这是对羊场兽医用药的一个最基本标准要求。剂量不准确，用法不合规定，疗程可长可短，是一个无技术兽医的表现，其后果是根本治不好羊病。

（五）用药对象适宜、无禁忌证、不良反应小

羊场兽医临床上不合理用药也是“病态”处方，主要包括：使用药物而没有适应证，在需要治疗时使用了错误的药物，使用安全性不肯定的药物，不正确的给药剂量或疗程。羊场兽医特别要注意用药对象要适宜，成年羊与幼龄羊、肉羊与种羊在用药上是有区别的。如怀孕母羊就不能用泻下药，否则会造成流产。几乎所有的兽药不仅有治疗作用，也存在不良反应。因此，羊场兽医在防治羊病时，尽量选用无禁忌证和不良反应小的兽药使用，以免造成不良后果。

三、合理用药的原则

（一）正确诊断

羊场兽医要使羊病痊愈，关键在于对羊疾病正确的诊断和治疗。疾病的诊断是治疗的基础，没有正确的诊断就无从谈起合理用药。任何药物合理应用的先决条件是正确的诊断，没有对羊发病过程的认识，药物治疗便是无的放矢，反而可能耽误了羊疾病的治疗。因此，对疾病的正确诊断十分重要。诊断的技术也日新月异，如血清抗体检测、病原分离等应用，都是提高临床治疗效果所必需的。因此，有条件的羊场在诊断羊病时，最好把临床诊断与化验室检验相结合。

（二）用药指征明确

药物治疗羊病仍然是治疗疾病的基本手段。因此，兽医临床用药必须有明确的指征，明白用药的目的。用药前必须分析因果，明确诊断，然后有的放矢地选用药物。而且对于一些对症治疗的药物，除明确选用药物目的外，并要权衡药物对疾病过程影响的利弊，以及应用注意的问题。如严重急性感染性疾病，可选用短期激素如地塞米松治疗，目的在于抑制炎症反应，抗毒素和退热作用，可迅速缓解症状。

但由于激素有抑制免疫反应的不利因素，因此，必须在足量而有效的抗菌药物同用下应用。此外，还应该注意剂量和方案以免引起病情反复导致疾病恶化。

（三）了解药物的动力学知识

羊场兽医了解药物动力学常识就是熟悉药物在机体内代谢过程与病理状态的关系。兽药制剂可分注射和口服两大类，它们的适应证多数相同，但也可不同。注射剂因起效快，常供急性或较重症病羊使用。对于采食困难的病羊，也可采用注射剂。治疗全身性感染疾病，如链球菌病等的药物大都需要吸收到体内，分布到作用部位，然后发挥治疗效应。药物进入体循环后大都能分布到体液及组织脏器中，但一般不易透过血脑屏障到达脑部。因此，头部感染的疾病需要药物进入脑脊液，应注意选用脑脊液浓度较高的药物，如抗生素中的氯霉素类、氨苄青霉素、部分磺胺类及第三代头孢菌素等，在普通给药途径下即可达到治疗细菌性脑膜炎的浓度。

（四）预期药效与不良反应

一般来说根据疾病的病理生理学过程和药物的药理作用特点以及它们之间的相互关系，在兽医临床用药时，药物的效应是可以预期的。但是，羊场兽医要明白，药物的疗效一般取决于 3 种因素：药物剂量、全量的用药和羊机体反应状态。合理用药是取得良好疗效的关键，这就需要羊场兽医确定病羊需要药物治疗时，必须正确地解决“应该选择什么药物才具有这种疗效”和“制定什么治疗方案（剂量、给药途径、疗程）”等问题，才能达到预期的治疗目的。此外，要注意药物的禁忌证及引起不良反应的生理和病理因素等。在临床用药时应准确地预测到药物可能的临床效果以及可能出现的不良反应，这样才能做到更好的治疗疾病。几乎所有的兽药不仅有治疗作用，也存在不良反应。兽医临床用药时必须记住羊疾病和治疗的复杂性，对治疗过程做好详细的用药计划，认真观察将出现的药效和毒副作用，随时调整用药方案。

（五）避免使用多种药物或固定剂量的联合用药

目前，兽医在临床治疗中合用多种药物日益普遍。合并用药的目的应该是提高疗效，扩大治疗范围或减少不良反应。然而，合并用药不当反可使药效减弱、毒性增高或出现严重反应，甚至引起药源性死亡。合并应用药物的种类愈多，不良反应的发生率也愈高。因此，羊场兽医在确定诊断以后，其任务就是选择最有效、安全的药物进行治疗，一般情况下不应同时使用多种药物，尤其是抗菌药物。除了具有确实的协同作用的联合用药外，还要慎重使用固定剂量的联合用药，如某些复方制剂，因它会使临床兽医失去了根据羊的病情需要，去调整药物剂量的机会和给药方案。

（六）正确处理对因治疗与对症治疗的关系

对因治疗与对症治疗是药物治疗作用反应的两个方面。在羊病临床治疗中，凡是能消除原因的治疗就叫对因治疗，也叫治本。如对中毒的羊使用解毒药消除体内的毒物，就属于对因治疗。对症治疗是指能消除或改善疾病的症状，也叫治标。如发烧时服用退烧药。兽医临床用药时，一般首先要考虑对因治疗，但也要重视对症治疗，两者巧妙地结合将能取得更好的疗效。对此，我国传统中医理论有精辟的论述："治病必求其本，急则治其标，缓则治其本"。也就是说，对因治疗可解除病因使症状消除，而对症治疗可防止疾病的进一步发展。

四、科学合理使用兽药注意的事项

（一）配伍用药合理

兽医临床用药时，既要考虑药物的协同作用，减轻不良反应，同时还应注意避免药物间的配伍禁忌，尤其应注意避免药理性配伍禁忌。药理性配伍禁忌包括药物疗效互相抵消和毒性的增加，如胃蛋白酶和小苏打片配伍使用，会使胃蛋白酶活性下降。再如，在静脉滴注的葡萄糖注射液中加入磺胺嘧啶钠注射液，几分钟即可见液体中有微细的磺胺嘧啶结晶析出，这是磺胺嘧啶钠在 pH 值降低时必然出现的结果。药物学上两种以上药物混合使用或药物制成制剂时，可能发生的体外的相互作用出现，使药物中和、水解、破坏、失效等理化反应，这时可能发生浑浊、沉淀、产生气体及变色等外观异常的现象，被称为配伍禁忌。在兽医临床用药上应认真对待药理性配伍禁忌。由于物理性质的改变，会使药物发生变化，既可以使两种药物化学本质发生变化而失效，有时还可能产生有毒的反应。如解磷定与碳酸氢钠注射配伍时，可产生微量氰化物而增加毒性，再如泰妙菌素与盐霉素同时使用会中毒，还有碱性药物与酸性药物混合使用相互影响药效的问题。另外，碱性药物如磺胺类药物对水质较硬的水也会起反应，水中过多的钙、镁离子与碱性药物中的氢氧根离子产生化学反应，出现沉淀，使药物失效。因此，羊场在混水给药时，最好不要用井水。

（二）注意联合用药及药物的相互作用

兽医临床上同时使用两种以上的药物治疗疾病，称为联合用药，其目的是提高疗效。但同时使用两种以上药物，在机体内的器官、组织或作用部位药物均可发生作用，使药效或不良反应增强或减弱。一般来讲，药物之间的联合应用会对药物的药效产生很大影响，如庆大霉素与青霉素类药物联合使用时，庆大霉素疗效降低。因此，联合用药时如果忽视了药物间的相互作用往往会适得其反，几种药物间互相影响，其效果还不如用一种药物理想。

（三）选择最适宜的给药方法

兽医临床上给药方法应根据病情缓急、用药目的以及药物本身的性质等决定。一般要求病情危重或药物局部刺激性强时，以静脉注射为好。治疗消化系统疾病的药物多经口投效果好。局部关节、子宫炎等炎症可在局部注入给药疗效高。

（四）适宜的剂量与合理的疗程

《中国兽药典》和《中国兽药规范》中剂量适用于多数成年动物，对于老弱、病幼的个体，特别是肝、肾功能不良的个体，在没有规定剂量时，应酌情调整。合理的疗程指治疗慢性疾病的羊疗程可长，急性疾病的羊疗程要短，要根据病羊的病情和疗效来确定合理的疗程。

（五）注意兽药的无公害化

兽药具有防治食用性动物疾病、促进生长、提高饲料利用率等功效，已经在实践中得到证实。但另一方面，兽药的不合理使用和滥用，也有一些副作用，如残留、耐药性、环境污染等公害，影响了养殖业的持续性发展乃至人类社会的安全。因此，兽医在临床用药上要选择符合兽药生产国家标准的药物，不使用禁用药物、人用药物、过期药物、变质药物、劣质药物和淘汰药物。因为这些药物会使病原菌产生耐药性和造成药物残留，危害消费者食用这样的动物产品后的健康。农业部根据《兽药管理条例》和农业部第 426 号公告规定，已公布首批《兽药地方标准废止目录》，危害动物及人类健康的 6 类药被禁止生产、经营和销售。一是沙丁胺醇、呋喃西林、呋喃妥因和替硝唑，属于农业部 193 号公告禁用品种；卡巴氧因安全问题、万古霉素因耐药性问题而影响我国食品安全、公共安全以及动物性食品出口。二是金刚烷胺类等人用抗病毒药移植兽用，缺乏科学规范、安全有效试验数据。用于动物病毒性疫病，不但给动物疫病控制带来不良后果，而且影响国家动物疫病防控政策的实施。三是头孢哌酮等人医临床控制使用的最新抗菌药物用于食品动物，会产生耐药性问题，影响动物疫病控制、食品安全和人类健康。四是代森铵等农用杀虫剂、抗菌药用作兽药，缺乏安全有效数据，对动物和动物性食品安全构成威胁。五是人用抗病药和解热镇痛、胃肠道药品用于食品动物，缺乏残留检测试验数据，会增加动物性食品中药物残留危害。六是组方不合理，疗效不确切的复方制剂，增加了用药风险和不安全因素。此外，兽医不仅需要熟悉大量用于诊断、预防、控制及治疗动物疾病的各种药物制剂的药效和毒性作用，而且必须了解各种动物在应用不同药剂后，于屠宰前需要特定的休药期。必须根据药品的用药指示，严格遵守关于休药期的规定。此外，只准用肌内或皮下、皮内注射的药物，不能通过其他途径给药等。以未经许可的途径给药，将药物用于未经许可的动物或违反特定的限制，将不可避免地导致供人食用的动物产品中出现不合规定的残留物。实践已证明，严格淘汰经实践证明不安全的兽药品种，并用安全、高效、低毒的药品取代之，这是防止药物对动物产生直接危害，并控制兽药和其他化合物及其代谢产物在食用性动物体内的残留对人体产生有害影响，以及对环境造成污染的有效措施之一。

第四章　羊场常用兽药种类及科学使用要求

第一节　抗微生物药物

一、抗微生物药物的概念和科学安全使用的要求

（一）抗微生物药物的概念和种类

1. 抗微生物药物的概念

抗微生物药物是能在体内外选择性地杀灭或抑制病原微生物（细菌、真菌、支原体、病毒等）的药物。

2. 抗微生物药物的种类

抗微生物药物主要种类有抗生素、合成抗菌药、抗病毒药、抗真菌药、抗菌中草药等。如表 4－1 所示。

表 4－1　抗微生物药物的主要种类

<table>
<tr><td rowspan="2">抗生素</td><td>根据作用或应用特点分类</td><td>抗革兰阳性菌：青霉素类、红霉素、林可霉素等
抗革兰阴性菌：链霉素、卡那霉素、庆大霉素等
广谱抗生素：四环素类、氯霉素类等
抗真菌：制霉菌素、灰黄霉素、两性霉素等
抗寄生虫：伊维霉素、潮霉素 B、越雷素 A、莫能菌素等
用作饲料药物添加剂：杆菌肽锌、维吉尼亚霉素等</td></tr>
<tr><td>根据化学结构分类</td><td>β-内酰胺类：青霉素类、头孢霉素类等
氨基糖苷类：链霉素、庆大霉素、卡那霉素等
四环素类：土霉素、四环素、金霉素等
氯霉素类：甲砜霉素、氟苯尼考等
大环内酯类：红霉素、泰乐菌素、替米考星等
林可胺类：林可霉素、克林霉素
多肽类：杆菌肽、黏菌素、那西肽等
多烯类：两性霉素 B、制霉菌素等
聚醚类：莫能菌素、盐霉素、马拉霉素等
含磷多糖类：黄霉素等，主要作饲料添加剂</td></tr>
</table>

（续表）

合成抗菌药	磺胺类：磺胺嘧啶、磺胺二甲嘧啶等 氟喹诺酮类：诺氟沙星、氧氟沙星、环丙沙星等 二氨基嘧啶类：三甲氧苄氨嘧啶、二甲氨苄氨嘧啶
抗真菌药	两性霉素 B、灰黄霉素、水杨酸等

（二）羊场兽医应用抗微生物药物的误区

1. 用药量越大，治疗效果越好

有一些兽医在临床用药上认为使用抗生素的剂量越大，治疗效果就越好，因而在临床用药上经常出现盲目地加大药物使用剂量的现象。抗生素药物使用量过大，不仅造成药物的浪费，增大羊场生产成本的支出，严重时更可引起毒性反应、过敏反应和二重感染，甚至还会造成死亡。比如加大青霉素的用量，可干扰凝血机制而造成出血和中枢神经系统中毒，引起动物抽搐、大小便失禁，甚至出现瘫痪症状。

2. 羊一旦发病就使用抗生素

一些羊场兽医只要发现羊发病，如发烧、腹泻等，就盲目使用抗生素。有的兽医把青霉素和链霉素等当成万能兽药，只要羊只有病就使用。在一些羊场发病后，有些兽医在没有明确的用药指征的条件下，就滥用抗生素药物。

3. 用药后一旦有效就停止用药

羊场兽医一个最大失误是当羊病情较重时尚能给病羊按量用药，一旦病情缓解就停药。要知道抗菌药物的药效依赖于有效的血药浓度，如达不到有效的血药浓度，不但不能彻底杀灭细菌，反而还会使细菌产生耐药性。也就是说抗生素的使用有一个周期，用药时间不足的话，有可能见不到效果，即便见了效，也应该用够必需的周期。羊场兽医临床上如果见病羊有了一点效果就停药，不但治不好病，也可能因为残余细菌作怪而反弹，又引起病情发展。

4. 频繁更换不同种类的抗生素药物

抗生素的疗效有一个疗程问题，如果使用某种抗生素的疗效暂时不好，首先应当考虑用药时间不足。此外，给药途径不当以及动物全身的免疫功能状态等因素也可影响抗生素的疗效。在兽医临床用药上，如果与这些因素有关，只要加以调整，疗效就会提高。频繁更换抗生素药物，会造成用药混乱，从而伤害羊体，而且很容易使细菌产生多种药物的耐药性，这是羊场兽医要注意的问题。

5. 单纯迷恋贵药和新药

兽药市场上贵药和新药是五花八门，其实贵药和新药有很大部分也是贴牌货。有些兽药厂家为了打开市场，吸引经销商和用户，在兽药包装上是别出心意，打出贵药和新药的招牌。兽药并不是“便宜没好货，好货不便宜”的普通商品，只要用之得当，几分钱的药物也可能达到药到病除的疗效。其实每种抗生素都有自身的特性，优势与劣势各不相同，如红霉素是老牌抗生素，价格也很便宜，它对于军团菌和支原体感染的肺炎，具有相当好的疗效；而有些价格非常高的抗生素和三代头孢菌素对付这些病就不如红霉素。另一方面，新的抗生素的诞生往往是因为老的抗生素发生了耐药，如果老的抗生素有疗效，应当使用老的抗生素，而且这对羊场节约兽药开支也是一个途径。

（三）抗微生物药物科学安全使用的要求

兽医临床上抗微生物药物的使用已成为最广泛和最重要的抗感染药物，在控制动物的传染性疾病方面起着巨大的作用。但在兽医临床用药上，正确而又科学的应用抗微生物药物，是发挥抗微生物药物疗效的重要前提。因此，在使用抗微生物药物时必须注意掌握以下原则，可避免不合理地应用或滥用而往往产生的不良后果。

1. 正确诊断，严格掌握适应证

正确诊断是兽医临床选择药物的前提。有了正确的诊断，才能了解其致病菌，从而选择对致病菌高度敏感的药物。抗微生物药物各有其主要适应证，兽医临床上可根据临床诊断或实验室细菌学诊断来选用适当药物。特别是细菌学诊断针对性更强，通过细菌的药敏试验以及联合药敏试验，其结果与临床疗效的吻合度可达70% ~80%。而且目前抗微生物兽药品种繁多，同类疾病的可选药物有多种，如对革兰阳性菌引起的疾病，可选用青霉素类、头孢菌素类、大环内酯类等，但对于一个特定的羊场羊群来说效果会大不一样。因此，有条件的羊场应做药敏试验再用药，同时也要掌握羊群的用药史以及以往的用药经验。

2. 控制剂量、掌握疗程、注意不良反应

（1）控制剂量　兽医临床的药物用量与控制感染密切相关。药物剂量过小不仅无效，反而可能引起和促使耐药菌株的产生；药物剂量过大不一定增加疗效，甚至可能引起动物机体的严重损害，如氨基糖苷类抗生素用量过大可损害肾脏和听神经。兽医临床用药一定要明白药物的量效关系，药物在兽医临床的常用量或治疗量应比最小有效量大，比极量小，这是一个常识也是一个原则。

（2）掌握疗程　羊场兽医用药一定要掌握好药物疗程。药物疗程应视羊病类型和病羊的病状而定，一般药物疗程应持续应用至羊体温正常，症状消退后2 ~3天，但疗程不宜超过5 ~7天；对急性感染的病羊，如临床用药效果不佳，应在用药后5天内进行调整，可适当加大剂量或更换药物；对败血症、山羊伪结核病等疗程较长的感染可适当延长疗程或在用药后5 ~7后休药1 ~2天再持续治疗。

（3）注意不良反应　羊场兽医在用药期间要注意药物的不良反应，一旦发现应及时停药或更换药物，并对不良反应严重的病羊及时采取相应解救措施。

3. 病毒性感染及发热原因不明，避免使用抗菌药物

一般抗菌药物都无抗病毒作用，除并发细菌感染外，病羊发热原因不明时，除病情危急外，不要轻易使用抗菌药物。因盲目使用抗菌药物后，会导致临床症状表现不典型，难以正确诊断并延误及时治疗。

4. 正确联合用药

（1）联合用药必须有明确的指征　联合应用抗菌药的目的主要在于扩大抗菌谱、增强疗效、减少用量、降低或避免毒副作用，还可减少或延缓耐药菌株的产生。兽医临床上在一些严重的混合感染或病原未明的病例，当使用一种抗菌药物无法控制病情时，可以适当联合用药。但联合用药必须有明确的指征，即下列情况可以联合用药。

① 用一种药物不能控制的严重感染。

② 病因未明而又危及生命的严重感染。

③ 较长期用药细菌产生耐药性时。

④ 毒性较大药物联合用药可使剂量减少，也可使毒性降低。

（2）联合用药不能盲目组合　联合用药必须根据抗菌药的作用特性和机理进行选择，才能获得联合用药的协同作用。也就是说，在联合用药时要注意可能出现毒性的协同或相加作用，而且也要注意药物之间理化性质、药物动力学和药效学之间的相互作用与配伍禁忌。抗菌药物可分为四大类：第一类为繁殖期杀菌剂或速效杀菌剂，如青霉素类、头孢菌素类等；第二类为静止期杀菌剂或慢效杀菌剂，如氨基糖苷类、多黏菌素类；第三类为速效抑菌剂，如四环素类、氯霉素类、大环内酯类等；第四类为慢性抑菌剂，如磺胺类等。第一类和第二类合用一般可获得增强作用，如青霉素与链霉素合用，青霉素使细菌细胞壁合成受阻，合用链霉素，易于进入细胞而发挥作用，同时扩大抗菌谱；再如磺胺药与抗菌增效剂甲氧苄啶（TMP）或二甲氧苄啶（DVD）合用，使细菌的叶酸代谢双重阻断，抗菌作用增强，抗菌范围也有扩大。抗菌药物中第一类与第三类合用则可出现拮抗作用，如青霉素与四环素合用，由于后者使细菌蛋白质合成受到抑制，细菌进入静止状态，因此青霉素便不能发挥抑制细胞壁合成的作用；第一类与第四类合用，可能无明显影响；第二类与第三类合用常表现为相加作用或协同作用。

5. 强调综合性治疗措施

在兽医临床用药上，当病羊细菌感染伴发免疫力降低时，应强调综合性治疗措施：尽可能避免应用对免疫有抑制的药物，如四环素和复方磺胺甲噁唑等，一般感染不必合用肾上腺皮质激素；使用抗生素要足量，尽可能选用杀菌性抗生素；必要时采取纠正水、电解质平衡失调，也可使用免疫增效剂或免疫调节剂等；加强对病羊的饲养管理，以放牧为主的羊群，要单独对病羊舍饲一段时间，并给予优良的饲养条件，改善病羊身体状况。

二、常用抗微生物药物种类

（一）抗生素

抗生素是细菌、放线菌、真菌等微生物的代谢产物或是化学合成法生产的相同或类似物质，它在低微浓度下对特异的微生物的生长有抑制或杀灭作用，用于防治动物疫病和促进动物生长。抗生素除了抗菌作用外，有些抗生素具有抗病毒、抗肿瘤和抗寄生虫的作用。抗生素已成为当前和将来兽医临床上不可缺少的最常用的抗感染药物。

1. 青霉素类

青霉素类包括天然青霉素和半合成青霉素。前者的优点是杀菌力强、毒性低、价廉，但抗菌谱较窄。后者具有耐酸、耐酶和广谱等特点。按其抗菌作用特性，青霉素类可分为五组：第一组主要抗革兰阳性菌的窄谱青霉素，有青霉素 G（注射用）、青霉素 V（口服用）等；第二组为耐青霉素酶的青霉素，有苯唑西林、氯唑西林、甲氧西林等；第三组为广谱青霉素，有氨苄西林、阿莫西林等；第四组为对铜绿假单胞菌等假单胞菌有活性的广谱青霉素，有羧苄西林、替卡西林等；第五组主要作用于革兰阳性菌的青霉素，有美西林、匹美西林、替美西林等。羊场兽医临床上最常用的还是青霉素类，因其价格低、疗效好，一直作为兽医临床常用的抗菌药。

（1）青霉素 G（青霉素、苄青霉素）

【性状】青霉素 G 纯品是无色或微黄色的结晶或粉末，难溶于水，与钠、钾结合形成盐后则易溶于水。

【作用与用途】青霉素 G 对“三菌一体”即革兰阳性和阴性球菌、革兰阳性杆菌、放线菌和螺旋体等对其高度敏感，兽医临床上常作为首选药。主要用于各种敏感菌感染的疫病，如炭疽、气肿疽、肺炎、各种呼吸道感染、破伤风、乳房炎、子宫内膜炎等。

【用法与用量】青霉素 G 钠或青霉素 G 钾，粉针剂，每支 80 万、160 万国际单位，用时，以灭菌生理盐水或注射用水溶解，供肌内注射；以生理盐水或 5% 葡萄糖注射液稀释至每毫升 5 000国际单位以下浓度，作静脉注射，每天 2 ~3 次；每次每千克体重 2 万 ~3 万国际单位，肌内注射，连用 2 ~3 天。

【注意事项】宜现配现用，不宜与四环素、卡那霉素、维生素 C、碳酸氢钠、磺胺钠盐等混合使用。青霉素过敏反应是其主要的不良反应，一旦出现可用肾上腺素进行抢救。

（2）氨苄青霉素（氨苄西林、氨苄西林钠）

【性状】半合成的广谱青霉素，白色或类白色的粉末或结晶，无臭，有引湿性，易溶于水。

【作用与用途】广谱抗生素，对革兰阴性及阳性菌均有较强的抗菌作用。主要用于羊的乳腺炎、子宫炎和肺炎等。与氨基糖苷类抗生素联合应用效果更好。

【用法与用量】肌肉或静脉注射，一次量，每千克体重 10 ~ 20 毫克，一日 2 ~ 3 次，连用 2 ~ 3 天。

【注意事项】遇湿易分解失效。

（3）阿莫西林（羟氨苄青霉素）

【性状】类白色结晶性粉末，微溶于水。

【作用与用途】本品的抗菌谱与氨苄青霉素相似，但杀菌作用快而强，临床主要用于呼吸道、泌尿道、软组织等的感染。

【用法与用量】肌内注射，4 ~ 7 毫克/千克体重，每天 2 次。

【注意事项】遇湿易分解失效。

2. 头孢菌素类

头孢菌素类又名先锋霉素类，是一类广谱半合成抗生素。头孢菌素类抗菌作用机理同青霉素，具有杀菌力强、抗菌谱广（尤其是第三、四代产品）、毒性小、过敏反应较小等优点。由于本类药物在人医的应用广泛及价格较高原因，兽医临床应用不广。

（1）头孢噻吩钠（先锋霉素Ⅰ）

【性状】为半合成的第一代注射用头孢菌素。白色晶粉，久置后变暗，但不失效，易溶于水。

【作用与用途】主要用于耐青霉素金黄色葡萄球菌及一些敏感革兰阴性菌所引起的呼吸道、泌尿道、软组织等感染及败血症等。

【用法与用量】粉针剂，肌内注射，每千克体重 10 ~ 20 毫克，每天 1 ~ 2 次。

【注意事项】不宜与庆大霉素合用。

（2）头孢氨苄（先锋霉素Ⅱ）

【性状】白色晶粉，能溶于水。

【作用与用途】具有广谱抗菌作用。

用于敏感菌所致的呼吸道、泌尿道、皮肤和软组织感染。对革兰阳性菌抗菌活性较强。

【用法与用量】肌内注射，每千克体重 10 ~ 20 毫克，每天 1 次，连用 3 天。

【注意事项】不宜与氨基糖苷类抗生素联用。

3. 氨基糖苷类

氨基糖苷类抗生素是一类由氨基环醇和氨基糖以苷键相连接而形成的碱性抗生素，主要对需氧革兰阴性杆菌有强大杀菌作用，有的品种对铜绿假单胞菌或金黄色葡萄球菌及结核杆菌也有效。氨基糖苷类抗生素与青霉素类或头孢菌类抗生素联用有协同作用。本类药物在碱性环境中抗菌作用较强，与碱性药（如碳酸氢钠、氨茶碱等）联用可增强抗菌效力，但毒性也相应增强。

（1）硫酸链霉素

【性状】为白色或类白色粉末，有吸湿性，易溶于水。

【作用与用途】对革兰阴性菌有抑制作用，高浓度则有杀菌作用，抗菌谱比青霉素广。兽医临床主要用于结核菌、巴氏杆菌、布氏杆菌、沙门菌、大肠杆菌等引起的肠炎、乳腺炎、子宫炎、肺炎、败血症等。

【用法与用量】粉针剂，每支 100 万国际单位（1 克），有效期 4 年。肌内注射，一次量每千克体重 10 毫克，每天 2 次，连用 2 ~ 3 天。

【注意事项】本品极易使细菌产生耐药性，与其他抗菌药合用可延缓耐药性产生。本品用量过大或时间过长，会引起较为严重的毒性反应。本品对其他氨基糖苷类有交叉过敏现象，对氨基糖苷类过敏的患羊应禁用本品。用本品治疗泌尿道感染时，宜同时内服碳酸氢钠使尿液呈碱性。

（2）硫酸庆大霉素

【性状】白色或类白色粉末，有吸湿性，易溶于水。

【作用与用途】广谱抗生素，抗菌谱广，对大多数革兰阴性菌及阳性菌都具有较强的抑菌或杀菌作用，特别是对耐药金黄色葡萄球菌引起的感染有显著疗效。主要用于消化道、泌尿道感染及乳腺炎、子宫内膜炎、败血症等。本品与青霉素联合，对链球菌具协同作用。

【用法与用量】肌内注射：一次量每千克体重 2 ~ 4 毫克，一日 2 次，连用 2 ~ 3 日。

【注意事项】本品有抑制呼吸作用，不可静脉推注。

（3）硫酸卡那霉素

【性状】白色或类白色粉末，易溶于水。

【作用与用途】抗菌谱广，主要对大多数革兰阴性杆菌如大肠杆菌等有强大抗菌作用。主要用于呼吸道炎症、坏死性肠炎、泌尿道感染、乳腺炎等。

【用法与用量】肌内注射，一次量每千克体重 10 ~ 15 毫克，每天 2 次，连用 3 ~ 5 天。

4. 四环素类

四环素类抗生素是一类碱性广谱抗生素，对多种革兰阳性菌和阴性菌及立克次体、支原体、螺旋体等均有效。本类药物对革兰阳性菌的作用优于革兰阴性菌。本类药物为快速抑菌药，其作用机理相似于氨基糖苷类。

（1）土霉素

【性状】为淡黄色的结晶性粉末或无定形粉末，难溶于水。在碱性溶液中易被破坏。常用其盐酸盐，易溶于水，水溶液不稳定，宜现用现配。

【作用与用途】本品具广谱抑菌作用，除对多数革兰阳性菌和阴性菌有抑制作用外，对立克次体、支原体、衣原体、螺旋体等有抑制作用，对真菌无效。细菌对其能产生耐药性，但产生得较慢。主要用于防治敏感菌引起的各种感染，如巴氏杆菌病、布氏杆菌病、炭疽及大肠杆菌和沙门菌感染，急性呼吸道感染等。

【用法与用量】土霉素片，内服，一次量每千克体重 10 ~ 15 毫克，每天 2 ~ 3 次，成年羊不宜内服。注射用盐酸土霉素，肌内注射或静脉注射，一次量每千克体重 5 ~ 10 毫克，每天 1 ~ 2 次，连用 2 ~ 3 天。休药期：羊 28 日。

【注意事项】应用土霉素可引起肠道菌失调，二重感染等不良反应，故成年羊不宜内服此药。此药属快速抑菌药，可干扰青霉素类对细菌繁殖期的杀菌作用，宜避免同用。患羊肝、肾功能严重损害时忌用本品。

（2）盐酸多西环素（强力霉素）

【性状】强力霉素为半合成四环素类抗生素，常用其盐酸盐，其盐酸盐为淡黄色或黄色结晶性粉末，易溶于水。

【作用与用途】为广谱抗生素，抗菌谱基本同土霉素，抗菌活性略强于土霉素和四环素，对耐土霉素、四环素的金黄色葡萄球菌等仍有效，抗菌效力较四环素强 10 倍。主要用于治疗支原体病、大肠杆菌病、沙门菌病、巴氏杆菌病等。

【用法与用量】粉针剂，静脉注射，一次量每千克体重 1 ~ 3 毫克，每天 1 次，连用 3 ~ 5 日。休药期 28 日。本品与链霉素或利福平合用，治疗布氏杆菌病有协同作用。

【注意事项】大剂量或长期使用时可引起胃肠道正常菌群失调和维生素缺乏。

5. 酰胺醇类

酰胺醇类又称氯霉素类抗生素，包括氯霉素、甲砜霉素和氟苯尼考，后两者为氯霉素的衍生物，为我国兽医临床应用的广谱抗生素品种，其中氟苯尼考为动物专用抗生素。氯霉素因骨髓抑制毒性及药物残留问题已被禁用于所有食品动物。本类药物属快效广谱抑菌剂，对革兰阴性菌的作用较革兰阳性菌强。高浓度时对此类药物高度敏感的细菌可呈杀菌作用。细菌对本类药物能缓慢产生耐药性。

（1）甲砜霉素

【性状】又名甲砜氯霉素，为氯霉素的同类物，人工合成。白色结晶粉末，难溶于水。

【作用与用途】广谱抗生素，对多数革兰阴性菌和革兰阳性菌均有抑菌（低浓度）和杀菌（高浓度）作用。抗菌作用机制同氯霉素，与氯霉素可交叉耐药。本品口服后吸收迅速而完全，连续用药在体内无蓄积，同服丙磺舒可使排泄延缓，浓度增高。口服后体内广泛分布，其组织、器官的含量也比同剂量的氯霉素高，因此体内抗菌活力也较强。主要用于敏感菌引起的呼吸道、泌尿道和肠道等感染。

【用法与用量】内服：一次量每千克体重 5 ~ 10 毫克，每天 2 次，连用 2 ~ 3

天。休药期28日。

【注意事项】禁用于免疫接种期的羊和免疫功能严重缺损的羊；肾功能不全的患羊要减量或延长给药间隔。

（2）氟苯尼考（氟甲砜霉素）

【性状】为人工合成的甲砜霉素，抗菌谱与氯霉素相似，但作用强于氯霉素和甲砜霉素，其抗菌活性是氯霉素的5～10倍，对氯霉素、甲砜霉素、阿莫西林、金霉素、土霉素等耐药的菌株仍有效。对多种革兰阳性菌和革兰阴性菌及支原体等均有作用。主要用于预防和治疗各类细菌性疾病，尤其对呼吸道和肠道感染疗效显著。

【用法与用量】内服制剂量：20～30毫克/千克体重，每天2次，连用3～5天，休药期20日。肌内注射：20毫克/千克体重，每2天1次，连用2次，休药期14日。

【注意事项】有胚胎毒性，故妊娠母羊禁用。

（二）磺胺药及抗菌增效剂

1. 磺胺药特性

磺胺药是一类化学合成的抗微生物药，具有抗菌谱广，抗菌作用范围大，对大多数革兰阳性菌和阴性菌都有抑制作用，为广谱抑菌剂。具有疗效确实、性质稳定、价格低廉、使用方便、便于长期保存等优点。但同时也有抗菌作用较弱、不良反应较多、用量大、细菌易产生耐药性、疗程偏长等缺点。抗菌增效剂的出现，如国内常用甲氧苄啶和二甲氧苄啶，由于它们能增强磺胺药和多种抗生素的疗效，也使磺胺药的抗菌效力增强。磺胺类兽药目前在兽医临床上仍广泛应用。

2. 磺胺药的不良反应

（1）急性中毒　多见于磺胺钠盐静脉注射时速度过快或剂量过大，内服剂量过大时也会发生。主要症状表现为：神经兴奋、共济失调、呕吐、昏迷、厌食、腹泻等。

（2）慢性中毒　也多见于剂量偏大，用药时间过长而引起。主要症状为：泌尿系统损伤，有结晶尿、血尿、蛋白尿、尿闭和肾水肿等症状；消化系统障碍，有食欲不振、呕吐、腹泻、肠炎等症状；过敏反应，有药物热、皮疹等症状；造血机能破坏，溶血性贫血、凝血障碍等。

3. 磺胺药的应用原则及注意事项

（1）合理选药　临床上常用的磺胺药可分为两类，一类是肠道内易吸收的，作用强而副作用较小的，主要用于全身感染，如磺胺嘧啶、磺胺二甲嘧啶、磺胺异噁唑、磺胺间甲氧嘧啶等；另一类是肠道难吸收的，适用于治疗肠道感染，如磺胺咪、柳氮磺吡啶、琥磺噻唑等。

（2）适宜的剂量　磺胺药在治疗过程中可因剂量和疗程不足，使敏感菌产生耐药性。细菌对某种磺胺药产生耐药后，对其他一些磺胺药也无效，即存在交叉耐药性。因此，在兽医临床上应用磺胺药首次一定要用大剂量（也叫突击量，一般是维持量的 2 倍），以后每隔一定时间给予维持量，待症状消失后还应以维持量的 1/2 ~ 1/3 量连用 2 ~ 3 天，以巩固疗效。

（3）注意药物相互作用　有些含对氨基苯甲酰基的药物如普鲁卡因、丁卡因等在动物体内可生成对氨基苯甲酸，磺胺药有和对氨基苯甲酸相似的化学结构，能与对氨基苯甲酸竞争二氢叶酸合成酶，从而阻碍敏感菌叶酸的合成，发挥抑菌作用，因此不宜与磺胺药合用。磺胺药由于其碱性强，宜深层肌内注射或缓慢静脉注射，并忌与酸性药物如维生素 C、氯化钙、青霉素等配伍。

（4）严格掌握适应证　对病毒性疾病及发热病因不明时不宜用磺胺药。急性严重感染时，为使血中迅速达到有效浓度，宜选用磺胺药钠盐注射。为减少结晶尿损害肾脏，宜充分饮水，增加尿量，并加速排出。

（5）磺胺药可引起胃肠道菌群失调　磺胺药可使 B 族维生素和维生素 K 的合成和吸收减少，此时宜补充相应的维生素。

4. 羊场兽医临床上常用的磺胺类兽药和抗菌增效剂

（1）磺胺嘧啶（SD）

【性状】白色结晶性粉末，几乎不溶于水，其钠盐易溶于水。

【作用与用途】属广谱抑菌剂，用于动物敏感菌的全身感染，是磺胺药中抗菌作用较强的品种之一。由于抗菌力强、疗效较高、副作用小、吸收快、排泄慢，易进入组织和脑脊液，是治疗脑部感染的首选药物。对肺炎、上呼吸道感染也具有良好的作用。

【用法与用量】磺胺嘧啶片：0.5 克，内服，首次用量每千克体重 0.14 ~ 0.2 克，维持量减半，每天 2 次，连用 3 ~ 5 天，休药期 5 日。磺胺嘧啶钠注射液：静脉注射，一次量每千克体重 50 ~ 100 毫克，一日 2 ~ 3 次，连用 2 ~ 3 天，休药期 18 日。复方磺胺嘧啶钠注射液：以磺胺嘧啶计，肌内注射，一次量每千克体重 20 ~ 30 毫克，每天 1 ~ 2 次，连用 2 ~ 3 天，休药期 12 日。

【注意事项】针剂呈碱性，忌与酸性药物配伍，不能与维生素 C、氯化钙等药物混合使用。

（2）磺胺二甲嘧啶（SM_2）

【性状】白色或微黄色结晶或粉末，几乎不溶于水，其钠盐溶于水。

【作用与用途】抗菌作用及疗效较磺胺嘧啶稍弱，内服后吸收迅速而完全，维持有效血药浓度时间较长。主要用于巴氏杆菌病、乳腺炎、子宫炎、呼吸道及消化道感染等。

【用法与用量】磺胺二甲嘧啶片，内服：一次量每千克体重首次量0.14 ~ 0.2

克，维持量0.07~0.1克，每天1~2次，连用3~4天，休药期15日。磺胺二甲嘧啶钠注射液：静脉注射，一次量每千克体重50~100毫克，每天1~2次，连用2~3天，休药期28日。

【注意事项】同磺胺嘧啶。

（3）磺胺噻唑（ST）

【性状】白色或淡黄色结晶颗粒或粉末，在水中极微溶解。

【作用与用途】抗菌作用比磺胺嘧啶强，主要用于敏感菌所致的肺炎、出血性败血症、子宫内膜炎等。对感染创伤可外用其软膏。

【用法与用量】片剂内服，一次量每千克体重首次量0.14~0.2克，维持量0.07~0.1克，每天2~3次，连用3~5天。针剂注射液，静脉注射，一次量每千克体重50~100毫克，每天2次，连用2~3天。

【注意事项】同磺胺嘧啶，休药期28日。

（4）磺胺甲噁唑（新诺明，SM_2）

【性状】白色结晶粉末，几乎不溶于水。

【作用与用途】抗菌作用较其他磺胺药强。与抗菌增效剂甲氧苄啶（TMP）合用，抗菌作用可增强数倍至数十倍。主要用于呼吸道和泌尿道感染。

【用法与用量】内服或肌内注射，首次量0.1克/千克体重，维持量0.07克/千克体重，每天2次，连用3~5天。复方新诺明片，内服，一次量每千克体重20~25毫克，每天2次，连用3~5天。

【注意事项】同磺胺嘧啶，休药期28日。

（5）抗菌增效剂

抗菌增效剂是一类新型的广谱抗菌药物，单用易产生耐药性，一般不单独作为抗菌药使用。

①甲氧苄啶（TMP）

【性状】白色或类白色结晶性粉末，在水中几乎不溶。

【作用与用途】抗菌谱与磺胺药基本类似，对多种革兰阳性和阴性菌有效，单用易引起细菌耐药性。与磺胺药合用，增强磺胺药的作用达数倍至数十倍，甚至出现杀菌作用，而且可减少耐药菌株的产生，对磺胺药有耐药性的菌株也可被抑制。TMP还能增强其他抗菌药物的作用，如青霉素、四环素、庆大霉素等的抗菌作用。常与磺胺药按1:5比例合用，可用于呼吸道、消化道、泌尿生殖道等器官感染。也用于其他抗菌药物配伍，以达到增效作用。

【用法与用量】内服、静脉或肌内注射，20~25毫克/千克体重，每天2次。

【注意事项】因作用弱易产生耐药性，故不宜单独应用。TMP与磺胺钠盐合用，刺激性较强，宜做深部肌内注射。怀孕初期母羊最好不用为宜。

②二甲氧苄啶（DVD、敌菌净）

【性状】白色或类微黄色结晶性粉末，在水、乙醇或乙醚中不溶，在盐酸中溶解。

【作用与用途】抗菌作用与 TMP 相同，但比 TMP 弱，若与磺胺类药物或部分抗生素合用，增效作用明显。内服吸收较少，主要用于肠道细菌性感染。

【用法与用量】本品与各种磺胺药的复方制剂配比为 1∶5，内服，一次量每千克体重 50 毫克。

【注意事项】休药期 10 日。

（三）喹诺酮类

喹诺酮类药物为化学合成的杀菌性抗菌药，已有一万种品种问世，但进入临床使用的仅有几十种，它们具有下列共同特点：抗菌谱广，杀菌力强，对革兰阳性菌、革兰阴性菌、霉形体、某些厌氧菌均有效，并对许多耐药菌也具有良好的抗菌作用；细菌产生突变性耐药的发生率低，与其他抗菌药物无交叉耐药性；吸收快，除诺氟沙星外，一般都在体内分布广，组织体液药物浓度高，可达到有效抑菌或杀菌水平；使用方便，不良反应小。由于有以上特点，目前在兽医临床上应用十分广泛。

1. 诺氟沙星（氟哌酸）

【性状】为类白色至淡黄色结晶性粉末，在空气中能吸收水分，遇光色渐变深。在水或乙醇中极微溶解，在醋酸、盐酸或氢氧化钠溶液中易溶。

【作用与用途】具有抗菌谱广、抗菌作用强等优点。对革兰阴性菌如大肠杆菌、沙门菌、巴氏杆菌及铜绿假单胞菌的作用强；对革兰阳性菌也有效；对支原体亦有一定作用；对大多数厌氧菌不敏感。抗菌活性比萘啶酸强，但不及恩诺沙星。本品主要用于敏感菌引起的消化系统、呼吸系统、泌尿道感染和支原体病等的治疗。本品与氨基糖苷类、广谱青霉素合用有协同抗菌作用。

【用法与用量】烟酸诺氟沙星注射液，肌内注射，每千克体重 10 毫克，一天 2 次，连用 3 ~5 天；诺氧沙量可溶性粉（2.5%），每 10 千克水中加本品 10 克，自由饮用。

【注意事项】钙、镁、铁、铝等重金属离子与本品可发生螯合作用，影响其吸收；可抑制茶碱类、咖啡因和口服抗凝血药在肝中代谢，使上述药物浓度升高，甚至出现中毒症状。因此，避免与四环素、大环内酯类抗生素合用及含铁、镁、铝药物或全价配合料同服。慎用于供繁殖用幼羊、怀孕母羊及哺乳母羊禁用；肉羊及肾功能不全患羊慎用。休药期按产品要求执行。

2. 恩诺沙星

【性状】本品为类白色结晶性粉末，遇光色渐变为橙红色。在水或乙醇中极微溶解，其盐酸盐、烟酸盐及乳酸盐均易溶于水。无臭、味苦。

【作用与用途】为动物专用的广谱杀菌药，对支原体有特效。本品抗菌作用强，在动物体内分布广泛，除了中枢神经系统外，几乎所有组织的药物浓度均高于血药浓度。对大多数革兰阴性菌和球菌有很好的抗菌活性。对大肠杆菌、克霉白杆菌、沙门菌、变形杆菌、嗜血杆菌、多杀性巴氏杆菌、丹毒杆菌、葡萄球菌、链球菌引起的呼吸道、消化道、泌尿生殖系统感染、皮肤感染和败血症等均有效。主要用于细菌性疾病和支原体感染等。本品与氨基糖苷类、广谱青霉素合用有协同抗菌作用。

【用法与用量】内服，2.5～5毫克/千克体重，每天2次，连用3～5天（味苦，不宜拌料喂服），休药期10日。恩诺沙星注射液，肌内注射，一次量每千克体重2.5毫克，每天1～2次，连用2～3天，必要时停药2天后再连用3天，休药期14日。

【注意事项】同诺氟沙星。

3. 环丙沙星

【性状】有其盐酸盐和乳酸盐，为类白色或微黄色结晶性粉末，有引湿性，在水中易溶、味苦。

【作用与用途】本品抗菌谱、抗菌活性、抗菌机制和耐药性等与恩诺沙星基本相似，属于广谱杀菌药。其抗革兰阴性菌的作用明显优于该类其他品种，尤其对铜绿假单胞菌体外抗菌活性最强。对支原体、厌氧菌也有较强的作用。用于全身各系统的感染，对消化道、呼吸道、泌尿生殖道、皮肤软组织感染及支原体感染等均有良效。本品内服吸收迅速但不完全，生物利用度低于恩诺沙星。

【用法与用量】盐酸环丙沙星注射液，10毫升含环丙沙星200毫克和葡萄糖500毫克，静脉注射或肌内注射，一次量每千克体重2.5～5毫克，每天2次，连用3天，休药期28日。盐酸环丙沙星2克，混饮，每升饮水中加1.5克，每天2次，连用3～5天，休药期28日。

【注意事项】本药空腹用效果好。其他注意事项参见诺氟沙星。

4. 氧氟沙星

【性状】黄色或灰黄色结晶性粉末，微溶于水，无臭、味苦。其盐酸盐溶于水。

【作用与用途】同恩诺沙星，但更具有广谱、高效、低毒之优点，对使用其他喹诺酮类药物效果欠佳的细菌病，应用本品效果良好。本品是目前防治细菌病，尤其是急性、慢性呼吸道病及顽固性腹泻的首选药物。本品与青霉素联用，对金黄色葡萄球菌有协同抗菌作用。

【用法与用量】氧氟沙星注射液，肌肉或静脉注射，每千克体重3～5毫克（有效成分），1天2次，连用3～5天。休药期28日。

【注意事项】同诺氟沙星。

（四）其他抗菌药

1. 乙酰甲喹（痢菌净）

【性状】本品为鲜黄色结晶或黄色粉末，无臭，味微苦，微溶于水。

【作用与用途】具有广谱抗菌作用，对多数细菌具有较强的抑制作用，对革兰阴性菌的作用强于革兰阳性菌，对密螺旋体作用尤为突出。

【用法与用量】内服和肌注给药均易吸收。内服，5～10毫克/千克体重，每天2次，连用3天；肌内注射，2.5～5毫克/千克体重，每天2次，连用3天。休药期35日。

【注意事项】本品安全性好，但剂量高于临床治疗量3～5倍时，或长时间应用会引起毒性反应，甚至死亡。

2. 盐酸小檗碱（盐酸黄连素）

【性状】本品为黄色结晶性粉末，无臭，味极苦，在热水中溶解。

【作用与用途】本品抗菌谱广，体外对多种革兰阳性菌及革兰阴性菌均具有抑菌作用，其中对溶血性链球菌、金黄色葡萄球菌、脑膜炎球菌、伤寒杆菌等有较强的抑制作用。对流感病毒、钩端螺旋体、某些皮肤真菌也有一定抑制作用。本品与青霉素、链霉素等无交叉耐药性。兽医临床上主要用于治疗胃肠炎、细菌性痢疾等肠道感染。

【用法与用量】内服盐酸小檗碱片，一次量0.5～1克，日服3次，连用3～5日。

【注意事项】内服偶有恶心、呕吐，停药后即消失。静脉注射或滴注可引起血管扩张。

3. 硫酸小檗碱（硫酸黄连素）

【性状】本品为黄色结晶性粉末，无臭，味极苦，在水中溶解。

【作用与用途】用于家畜敏感革兰阳性菌和革兰阴性菌，本品肌注后血药浓度可达到有效抑菌浓度，适用于全身性感染和治疗。

【用法与用量】肌内注射，一次量0.05～0.1克，每天2次，连用3～5天。

【注意事项】本品不能静脉注射。休药期28日。

4. 乌洛托品

【性状】本品为无色、有光泽的结晶或白色结晶性粉末，遇火能燃烧，发生无烟的火焰。在水中易溶。

【作用与用途】在酸性尿液中缓慢水解成氨和甲醛，甲醛能使蛋白质变性，因此在尿道中发挥非特异抗菌作用，用于治疗尿路感染。

【用法与用量】静脉注射，一次量5～10克。具体使用参照产品说明书。

【注意事项】本品应与氯化铵同时应用，酸化尿液。

第二节　抗寄生虫药物

一、抗寄生虫药物的概念和科学合理使用要求

（一）抗寄生虫药物的概念和种类

抗寄生虫药是指能杀灭或驱除体内外寄生虫的药物。根据药物抗虫作用和寄生虫分类，可把寄生虫药物分为抗蠕虫药、抗原虫药和杀虫药三大类。

（二）抗寄生虫药物的科学合理使用要求

1. 羊场兽医使用抗寄生虫药物的前提要求

羊场兽医在选用抗寄生虫药时，不仅要了解药物对虫体的作用、对宿主的毒性以及在宿主体内的代谢过程，而且还要掌握寄生虫的流行病学资料，以便选用最佳的药物，最适合的剂型和剂量，以期达到药物的最佳抗寄生虫效果，并做到能避免或减轻不良反应的发生。

2. 科学合理选用抗寄生虫药

（1）抗寄生虫药物应具备的特点　一般来说，理想的抗寄生虫药应具安全、高效、广谱、价廉、适口性好、使用方便与低残留等特点。目前的兽药中虽然尚无完全符合以上条件的抗寄生虫药，但在兽医临床上，仍可根据药品的市场供应情况、羊场经济条件及羊群发病情况等，选用比较理想的抗寄生虫药物来防治寄生虫病。

（2）羊场兽医选用抗寄生虫药要考虑的因素　首先对成虫、幼虫、虫卵有抑杀作用而且对羊机体毒性小及不良反应轻微的药物。由于羊群寄生虫感染多为混合感染，可考虑选择广谱抗寄生虫药使用。兽医临床上选用抗寄生虫药物仅是防治寄生虫病的一个措施之一，但也要考虑到在选择用药过程中，不仅要了解寄生虫的种类、寄生部位、寄生方式、感染强度和范围等状况，还要充分考虑宿主的机能状态（性别、年龄、体质、病理过程）、对药物的作用反应及饲养管理条件的差异等，羊场兽医只有正确认识抗寄生虫药物、寄生虫和宿主三者的关系，并熟悉抗寄生虫药物的药理、性状和特性，采用正确与合理的剂型、剂量和治疗技术，才能获得最佳防治效果。

3. 选择适宜的剂型和给药途径

羊场兽医为提高驱虫效果、减轻毒性，便于使用抗寄生虫药物，应根据羊的年龄、体况和感染强度来确定适宜的给药剂量，做到既能有效驱杀虫体，又不引起宿主中毒这两个方面。要根据寄生虫寄生的部位和抗寄生虫药物的剂型来选择给药途

径，如消化道寄生虫可选择内服剂型，消化道外寄生虫可选择注射剂，体表寄生虫可选用外用剂型。为投药方便，大群羊可选择预混剂混饲或饮水投药法，杀灭体外寄生虫目前多选药浴、淋浴和喷雾给药法。羊为反刍动物，由于瘤胃内容物能影响药物的吸收，因此，能使多种药物（特别是一次投药）减效或失效。若用药前先灌 10% 硫酸铜溶液 10 毫升，以刺激食道沟关闭，药物内服后直接进入皱胃而发挥药效。有条件的羊场在对羊内服驱虫药前，可以选用此种方法。只有做到给药途径合理，才能达到最好的防治效果。

4. 羊场羊群驱虫要做好兽医卫生相应工作

羊场羊群驱虫前要做好抗寄生虫药物、投药机械（注射器、喷雾器等）及栏舍场地清理等准备工作。在对大批羊群进行驱虫治疗之前，应先进行少数羊预试驱虫，注意观察药物反应和药效，确定剂量准确和安全有效后再对大批羊群全面使用。此外，无论是预试驱虫，还是大批投药，应备好解毒药品，投药后发现有异常或中毒的羊应及时抢救。对羊群驱虫的前后，羊场兽医应加强对羊群的护理观察，一旦发现体弱、患病的羊应立即隔离，暂停驱虫。对投药后有不良反应或中毒症状的羊应及时注射解毒药物。在对羊场羊群驱虫后，要及时对粪便进行无害化处理，以防病源扩散，并对栏舍、运动场、饲槽等设施进行清洁和消毒。

5. 合理选择投药时间

羊场羊群应在春秋两季各驱虫一次，怀孕母羊在配种前驱虫，羔羊可每三个月驱虫一次。有条件的羊场应根据粪检情况，对感染的羊群有针对性地选择抗寄生虫药物进行驱虫。

6. 轮换使用抗寄生虫药，防止产生耐药性

羊场如反复或长期使用某些抗寄生虫药物，容易使寄生虫产生不同程度的耐药性，现已证实，产生耐药性多与小剂量（低浓度）长期和反复使用某种或一种抗寄生虫药物有关。目前，世界各地均有耐药虫株出现，这种耐药株不但使原有的抗寄生虫药的合理使用防治无效，而且还可产生交叉耐药性，给寄生虫防治带来极大困难。因此，羊场兽医在制定驱虫计划时，应定期更换或交替使用不同类型的抗寄生虫药，以减少或避免耐药虫株的出现。

7. 保证人体健康

通常抗寄生虫药物对人体都存在一定的危害性，有些抗寄生虫药物残留在供人食用的动物产品中，能危害人体健康。因此，许多国家为了保证人体健康，制定了允许残留量的标准（高于此标准不允许上市出售）和休药期（即上市前的停药时间），以免对人体造成不良影响。而且某些药物还会污染环境，因此，接触这些药物的容器、用具必须妥善处理，以免造成环境污染，后患无穷。羊场在使用抗寄生虫药物前，应尽力避免药物与人体直接接触，采取必要防护措施，避免因使用药物而引起人体的过敏甚至中毒等事故发生。此外，羊场要严格遵守国家有关法规，自

觉执行休药期规定。

8. 羊场防治寄生虫病必须制定切实可行的综合性防治措施

有些羊场对羊群采取了防治寄生虫后，为什么效果不佳？其原因是只对羊群投药驱虫，没采取其他配套措施。羊场防治寄生虫病必须制定切实可行的综合性防治措施。羊场使用抗寄生虫药仅是综合防治措施中一个重要环节而已，羊场防治寄生虫病应以预防为主。首先要加强羊群的饲养管理，消除各种致病因素，搞好栏圈和环境卫生，对粪便进行无害化处理，消灭寄生虫的传染媒介和中间宿主。有条件的羊场在放牧羊群时应实行合理的轮牧制度，可避免羊群的重复感染。

二、常用抗寄生虫药物的种类

（一）抗蠕虫药

抗蠕虫药也称驱虫药，根据兽医临床应用可分为驱线虫药、抗绦虫药、抗吸虫药及抗血吸虫药。

1. 驱线虫药

（1）阿苯达唑

【性状】本品为白色或类白色粉末，无臭、无味，在水中不溶。

【作用与用途】阿苯达唑是我国兽医临床使用最广泛的苯并咪唑类驱虫药，它不仅对多种线虫有效，而且对某些吸虫及绦虫也有较强驱除效果。羊低剂量使用对血矛线虫、奥斯特线虫、毛圆线虫、细颈线虫、食道口线虫、古柏线虫成虫以及大多数虫种幼虫均有良好驱除效果。高剂量对肝片形吸虫、大片形吸虫等有明显驱除效果。

【用法与用量】内服：一次量每千克体重羊 10 ~ 15 毫克。

【注意事项】阿苯达唑是苯并咪唑类驱虫药中毒性较大的一种，应用治疗量虽不会引起中毒反应，但连续超剂量给药，有时会引起严重反应。母羊在妊娠 45 天内禁用本品。休药期 4 日。

（2）奥芬达唑

【性状】本品为白色或类白色粉末，有轻微的特殊气味，在水中不溶。

【作用与用途】本品与阿苯达唑同为苯并咪唑类中内服吸收量较多的驱虫药，治疗量对羊奥斯特线虫、毛圆线虫、细颈线虫成虫、血矛线虫、网尾线虫幼虫能全部驱净，对古柏线虫、食道口线虫、血矛线虫、夏伯特线虫、毛首线虫成虫以及莫尼茨绦虫也有良好驱除效果。

【用法与用量】内服：一次量每千克体重羊 5 ~ 7.5 毫克。

【注意事项】禁用于妊娠早期的母羊。休药期 7 日。

（3）左旋咪唑

【性状】常用其盐酸盐或磷酸盐，为白色或类白色针状结晶或结晶性粉末，无臭，味苦，在水中极易溶解。

【作用与用途】左旋咪唑为广谱、高效、低毒的驱线虫药，对多种动物的胃肠道线虫和肺线虫成虫及幼虫均有高效。反刍兽寄生虫成虫对左旋咪唑敏感的有：皱胃线虫（血矛线虫、奥斯特线虫）、小肠寄生虫（古柏线虫、毛圆线虫、仰口线虫）、大肠寄生虫（食道口线虫）和肺寄生虫（网尾线虫）。一次内服或注射，对上述虫体成虫驱除率均超过96%。

【用法与用量】盐酸左旋咪唑片内服：一次量每千克体重羊7.5毫克，休药期3日；盐酸左旋咪唑注射液皮下、肌内注射：一次量每千克体重羊7.5毫克，休药期28日。

【注意事项】左旋咪唑对动物的安全范围不广，特别是注射给药，时有发生中毒甚至死亡事故，中毒症状（如流涎、排粪、呼吸困难、心率变慢）与有机磷中毒相似，此时可用阿托品解毒。妊娠后期母羊、接种疫苗羊等应激状况下不宜采用注射给药法。

（4）伊维菌素

【性状】本品为白色结晶性粉末，无味，水中几乎不溶。

【作用与用途】伊维菌素是新型的广谱、高效、低毒抗生素类抗寄生虫药，对体内外寄生虫特别是线虫和节肢动物有良好驱杀作用。伊维菌素广泛用于羊的胃肠道线虫、肺线虫和寄生节肢动物。羊按0.2毫克/千克体重量内服或皮下注射，对血矛线虫、奥斯特线虫、古柏线虫、毛圆线虫、圆形线虫、仰口线虫、细颈线虫、毛首线虫、食道口线虫、网尾线虫以及绵羊夏伯特线虫成虫及第4期幼虫的驱虫率达97%~100%。上述剂量对蝇蛆、螨和虱等节肢动物也有效。但伊维菌素对线虫，尤其节肢动物产生的驱除作用缓慢，有些虫种要数天甚至数周才能出现明显药效。

【用法与用量】伊维菌素注射剂，皮下注射：一次量每千克体重0.2毫克；伊维菌素浇泼剂：背部浇泼每千克体重羊0.5毫克。以上剂型必要时间隔7~10日再用药1次。

【注意事项】伊维菌素虽较安全，除内服外仅限于皮下注射。每个皮下注射点亦不宜超过10毫升，剂量超量可引起中毒且无特效解毒药。肌肉、静脉注射易引起中毒反应。休药期21日。

（5）阿维菌素

【性状】本品为白色或淡黄色粉末，无味，在水中几乎不溶。

【作用与用途】阿维菌素对动物的驱虫谱与伊维菌素相似，但阿维菌素至少在用药7天内能预防奥斯特线虫、柏氏血矛线虫、古柏线虫、辐射食道口线虫的重复感染，对胎生网尾线虫甚至能保持药效14天。由于阿维菌素大部分由粪便排泄，因此使某些在厩粪中繁殖的双翅类昆虫幼虫发育受阻。所以，本类药物是牧场中最有效的厩粪灭蝇剂。

【用法与用量】阿维菌素片，内服：一次量每千克体重羊0.3毫克，休药期35日；阿维菌素注射液，皮下注射：一次量每千克体重羊0.2毫克，休药期35日；阿维菌素透皮溶液，浇注或涂擦：一次量每千克体重羊0.1毫升，休药期42日。以上几种剂型，必要时间隔7~10天再用药1次。

【注意事项】阿维菌素的毒性较伊维菌素稍强，其性质不太稳定，对光线特别敏感，能迅速氧化灭活，因此，阿维菌素的各种剂型要注意贮存使用条件。其他注意事项可适当参考伊维菌素。

（6）枸橼酸乙胺嗪

【性状】本品为白色结晶性粉末，无臭、味酸苦，微有引湿性，在水中易溶。

【作用与用途】对网尾线虫、原圆线虫、后圆线虫以及羊脑脊髓丝状虫均有作用。对羊网尾线虫，特别是成虫驱除效果极佳，因此适用于早期感染，但通常必须每天1次，连用3天。对羊脑脊髓丝状虫有良好效果，但必须连用5天。

【用法与用量】枸橼酸乙胺嗪片，内服，一次量每千克体重羊20毫克。

【注意事项】休药期28日。

2. 抗绦虫药

绦虫通常依靠头节攀附于动物消化通黏膜上，以及依靠虫体的波动作用保持在消化道寄生部位。目前的抗绦虫药系指在原寄生部位能杀绦虫的药物，在兽医临床上广为使用的多为人工合成。

（1）氯硝柳胺（灭绦灵）

【性状】本品为浅黄色结晶性粉末，无臭，无味，在水中不溶。

【作用与用途】氯硝柳胺是世界各国广为应用的传统绦虫药，对多种绦虫均有杀灭效果，主要用于羊的莫尼茨绦虫和无卵黄腺绦虫感染。有资料证实，氯硝柳胺对羊小肠和真胃内前后盘吸虫童虫有效率为94%，还对绦虫头节和体节具有同样的驱除效果。

【用法与用量】氯硝柳胺片，0.5克，内服：一次量每千克体重羊60~70毫克。休药期28日。

【注意事项】羊给药前应禁食一夜。

（2）硫双二氯酚

【性状】本品为白色或类白色粉末，无臭或微带酸臭，在水中不溶。

【作用与用途】硫双二氯酚为广谱驱虫药，曾广泛用于国内外兽医临床，主要对羊绦虫和瘤胃吸虫有良好驱除作用。对羊的肝片形吸虫、前后盘吸虫和莫尼茨绦虫均有良效。70毫克/千克体重剂量内服对扩展莫尼茨绦虫、贝氏莫尼茨绦虫驱除率为100%，75毫克/千克体重量对肝片形吸虫、大片形吸虫成虫驱除率达

98.7%～100%，但对未成熟虫体无效，对小盅前后盘吸虫成虫及童虫有效率92.7%～100%。

【用法与用量】硫双二氯酚片，内服：一次量每千克体重羊75～100毫克。

【注意事项】为减轻不良反应，可减少剂量，连用2～3次。

（3）吡喹酮

【性状】本品为白色或类白色结晶性粉末，味苦，在水中或乙醚中不溶。

【作用与用途】吡喹酮是较理想的新型广谱抗绦虫和抗血吸虫药，目前广泛用于世界各国。对绵羊、山羊大多数绦虫均有效，10～15毫克/千克体重剂量对扩展莫尼茨绦虫、贝氏莫尼茨绦虫、球点斯泰绦虫和无卵黄腺绦虫均有100%驱虫效果。对茅形双腔吸虫、胰阔盘吸虫、绵羊绦虫需用50毫克/千克体重量才能有效。对细颈囊尾蚴应以75毫克/千克体重，连服3日，杀灭效果100%。对绵羊、山羊日本分体吸虫有效，20毫克/千克体重量灭虫率接近100%。

【用法与用量】吡喹酮片，内服：一次量每千克体重羊10～35毫克。休药期28日。

【注意事项】本品毒性虽极低，但高剂量偶尔也会使动物血清谷丙转氨酶轻度升高。

3. 抗吸虫药

在世界各国危害最严重的要数肝片形吸虫，其中，羊肝片形吸虫对羊场放牧羊群危害性最大。肝片形吸虫在潮湿地区流行，主要感染反刍动物，其成虫和未成熟虫体均危害宿主肝脏，损害肝实质的急性肝片形吸虫病和寄生于胆管内的慢性肝片形吸虫病，均可应用药物治疗和预防。对急性肝片形吸虫病通常在治疗5～6周后再用药1次；预防性给药，应根据具体情况，可按规律性间隙给药。

（1）硝氯酚

【性状】本品为黄色结晶性粉末，无臭，在水中不溶。

【作用与用途】硝氯酚是我国传统而广泛使用的羊抗肝片形吸虫药。羊3毫克/千克体重量内服对肝片形吸虫成虫有效率为93%～100%。

【用法与用量】硝氯酚片，0.1克，内服：一次量每千克体重羊3～4毫克；硝氯酚注射液，皮下、肌内注射：一次量每千克体重羊0.6～1毫克。

【注意事项】治疗量对动物比较安全，过量引起中毒症状（如发热、呼吸困难、窒息），可根据症状选用安钠咖、毒毛旋花苷、维生素C等治疗。硝氯酚注射液对羊使用时必须根据体重精确计算，以防中毒。休药期28日。

（2）碘醚柳胺

【性状】本品为灰白色至淡棕色粉末，在水中不溶。

【作用与用途】碘醚柳胺是世界各国广泛应用的羊肝片形吸虫药。给羊1次内服7.5毫克/千克体重量，12周龄成虫驱除率达100%，6周龄未成熟虫体86%～

99%，4 周龄虫体 50% ~98%，因此，优于其他单纯的杀成虫药。此外，本品还适用于治疗血茅线虫病和羊鼻蝇蛆。对羊血茅线虫和仰口线虫成虫和未成熟虫体有效率超过 96%，对羊鼻蝇蛆的各期寄生幼虫有效率高达 98%。

【用法与用量】碘醚柳胺混悬液 2%，内服：一次量每千克体重羊 7 ~12 毫克。休药期 60 日。

【注意事项】为彻底消除未成熟虫体，用药 3 周后，最好再重复用药 1 次，泌乳期禁用。

（3）氯氰碘柳胺钠

【性状】本品为浅黄色粉末，无臭、无异味，在水或氯仿中不溶。

【作用与用途】本品是较新型的广谱抗寄生虫药，对羊肝片形吸虫、胃肠道线虫以及节肢类动物的幼虫均有驱杀作用。在兽医临床上主要用于羊肝片形吸虫。但应用本品对各种耐药虫株，如耐伊维菌素、耐左旋咪唑、耐苯并咪唑类等亦有良效。用 2.5 ~5 毫克/千克体重量，对 1 期、2 期、3 期羊鼻蝇蛆均有 100% 杀灭效果。

【用法与用量】氯氰碘柳胺钠片，0.5 克，内服：一次量每千克体重羊 10 毫克；氯氰碘柳胺钠注射液，皮下或肌内注射：一次量每千克体重羊 5 ~10 毫克。

【注意事项】注射剂对局部组织有一定的刺激性。休药期 28 日。

（4）三氯苯达唑

【性状】本品为白色或类白色粉末，微有臭味，在水中不溶。

【作用与用途】三氯苯达唑是苯并咪唑中专用于抗肝片形吸虫的药物，对各种日龄的肝片形吸虫均有明显驱杀效果，是较理想的杀肝片形吸虫药，已广泛用于世界各国。低剂量（甚至低至 2.5 毫克/千克体重）即对羊 12 周龄成虫有效驱除率达 98% ~100%，5 毫克/千克体重量对 10 周龄成虫、10 毫克/千克体重量对 6 ~8 周龄虫体、12.5 毫克/千克体重对 1 ~4 周龄未成熟虫体、15 毫克/千克体重对 1 日龄虫体有效驱除率达 100%。

【用法与用量】三氯苯达唑片和三氯苯达唑颗粒，内服：一次量每千克体重羊 10 毫克；三氯苯达唑混悬液，内服：一次量每千克体重羊 10 毫克。

【注意事项】治疗急性肝片形吸虫病，5 周后应重复用药 1 次。泌乳期禁用。休药期 56 日。

（5）双酰胺氧醚

【性状】本品为白色或浅黄色粉末，在水和乙醚中不溶。

【作用与用途】双酰胺氧醚是传统应用的杀肝片形吸虫童虫药，对幼龄童虫作用最强，并随肝片吸虫日龄的增长而作用下降，是治疗急性肝片形吸虫病有效的治疗药物。还有资料证实，双酰胺氧醚还可引起吸虫外皮变化，进一步促进药物的杀虫效应。大量实践资料证实，100 毫克/千克体重量一次内服，对 1 日龄到 9 周龄的肝片吸虫几乎有100%疗效，但对10周龄新成熟的肝片形吸虫有效率为78%，对12周龄以上成虫有效率低于70%。因此，一次用药虽能驱净全部幼虫，但至少还有30%左右成虫在继续排卵污染草地。兽医临床用药已证实，对绵羊大片形吸虫童虫亦有良效，80毫克/千克体重量对3日龄、10日龄、30日龄、40日龄、50日龄虫体灭虫率均达100%，但对70日龄成虫有效率仅为4%，对120日龄虫体无效；但剂量增至120毫克/千克体重，对70日龄、90日龄和100日龄虫体疗效近达100%。

【用法与用量】双酰胺氧醚混悬液10%，内服：一次量每千克体重羊100毫克。

【注意事项】本品用于急性肝片形吸虫病时，最好与其他杀肝片形吸虫成虫药并用；做预防药应用时，最好间隔8周，再重复应用1次。本品安全范围虽广，但过量可引起动物视觉障碍和羊毛脱落现象。

（二）抗原虫药

畜禽原虫病是由羊单细胞原生动物引起的一类寄生虫病。抗原虫药主要成分为抗球虫药、抗锥虫药、抗梨形虫药和抗滴虫药。

1. 抗球虫药

球虫是一种广泛分布的寄生于胆管和肠道上皮细胞内的原虫，大多数动物都可能发生球虫的寄生。原虫病中尤其以球虫病最为普遍，且危害最大，流行最广，可造成大批动物死亡（死亡率甚至可超过80%），球虫主要危害羔羊的生长发育，甚至死亡。

（1）磺胺氯吡嗪

【性状】本品为白色或淡黄色粉末，无味，其钠盐在水或甲醇中易溶。

【作用与用途】磺胺氯吡嗪为磺胺类专用抗球虫药，多在球虫暴发时作短期应用。其抗球虫的活性峰期是球虫的第二代裂殖体，对第一代裂殖体亦有一定作用。

【用法与用量】对羔羊球虫病可用3%磺胺氯吡嗪钠溶液，按每千克体重内服1.2毫升，连用3~5日。

【注意事项】在兽医临床上一旦出现疗效不佳时，应及时更换其他类药物。

（2）盐酸氨丙啉

【性状】本品为白色或类白色粉末，无臭或几乎无臭，在水中易溶。

【作用与用途】本品具有较好的抗球虫作用，目前，在世界各国仍被广泛使用。本品对羔羊的艾美耳球虫具有良好的预防效果。

【用法与用量】对羔羊球虫病可按55毫克/千克体重的日用量，连用14~19天。

【注意事项】羔羊在高剂量连喂20日以上，能引起维生素B_1的缺乏而导致脑皮质坏死，从而出现神经症状。

（3）磺胺二甲嘧啶

【性状】本品为白色或微黄色的结晶或粉末，无臭，味微苦，遇光色渐变深，在水或乙醚中几乎不溶。

【作用与用途】磺胺二甲嘧啶是磺胺类中被广泛用作抗菌药和抗球虫药的一种药物。

【用法与用量】对羔羊球虫病可以0.4%拌料浓度或0.1%钠盐饮水浓度，连用7~9天，均能取得良好治疗效果。

【注意事项】本品长期连续饲喂时，能引起严重的毒性反应。本品宜采用间歇式投药法。

（4）磺胺喹噁啉

【性状】本品为淡黄色或黄色粉末，无臭，在水或乙醚中几乎不溶。常用其钠盐，磺胺喹噁啉钠在水中易溶。

【作用与用途】本品为磺胺类药物中专用于治疗球虫病的药物，至今在兽医临床上仍广泛使用。

【用法与用量】对于羔羊球虫病，可用其钠盐配成250毫克/升饮水浓度，连用2~5天。

【注意事项】磺胺药可引起细菌和球虫产生较严重的耐药性，本品宜与其他抗球虫药联合应用（如与氨丙啉或抗菌增效剂等）。

2. 抗锥虫病

注射用新胂凡钠明。

【性状】本品为黄色的干燥粉末或颗粒，无臭，在水中易溶。

【作用与用途】本品对伊氏锥虫有效，感染早期用药效果较好，对慢性病例仅能减轻症状不能根治，也可用于治疗羊的传染性胸膜肺炎。

【用法与用量】注射用新胂凡钠明，静脉注射：一次量每千克体重羊10毫克（羊极量0.5克），临用时用灭菌生理盐水或注射用水配成10%溶液。

【注意事项】注射时勿漏出血管。为了减轻不良反应，可在用药前30分钟注射强心药，同时还应加强饲养管理。若发生中毒，可用二巯基丙醇、二巯基丙磺酸等解毒。本品易氧化，高温氧化加速，应现配现用，禁止加温或震荡，变色禁用。

3. 抗梨形虫药

三氮脒（又名贝尼尔）。

【性状】本品为黄色或橙黄色结晶性粉末，无臭，遇光、热变为橙红色，在水中溶解。

【作用与用途】三氮脒属于芳香双脒类，为广谱血液原虫药，对家畜梨形虫、锥虫和无形体虫感染均具有较好的治疗作用，但其预防效果较差。

【用法与用量】注射用三氮脒，肌内注射：一次量每千克体重羊 3 ~ 5 毫克。临用前配成5% ~7%溶液。

【注意事项】本品的毒性较大，安全范围窄，在治疗量时亦会出现不良反应，但通常能自行耐过。羊休药期28日。

（三）杀虫药

具有杀灭体外寄生虫作用的药物称为杀虫药。羊易遭蜱、螨、蚊、蝇、虱、蚤等节肢动物侵袭，造成寄生虫病感染，传播疾病，危害羊机体，影响增重，损伤皮毛，给养羊业造成极大损失。养羊生产中常用的杀虫药主要是有机磷类、拟除虫菊酯类及其他杀虫药。

1. 有机磷杀虫药

有机磷杀虫药均为有机磷酸酯类或硫代磷酸酯类化学结构，它们具有广谱杀虫作用，杀虫效力强，在较低浓度时即呈现强大的杀虫作用，具有快速触杀和胃毒作用，也有内吸作用。在自然界中较易消解或生物降解，对环境影响小，在动物体内无蓄积性，动物产品中残留少。有机磷杀虫药大都呈油状或结晶状，色泽由蛋黄至棕色，稍有挥发性，且有蒜味，除敌敌畏外，一般难溶于水，不易溶于多种有机溶剂，在碱性条件下易分解失效。

（1）精制敌百虫

【性状】为白色结晶或结晶性粉末，含量不得低于96%。在空气中易吸湿、结块或潮解；稀水溶液易水解，遇碱迅速变质。

【作用与用途】敌百虫曾广泛用于国内兽医临床，它不仅对畜禽体外寄生虫、卫生害虫有杀灭作用，还对消化道线虫有效，对姜片虫、血吸虫也有一定效果。其杀虫谱广，蚊、蝇、蚤、蜱等较敏感，对羊鼻蝇蚴虫、疥螨、痒螨、体虱等均有良好杀灭作用。主要用于防治羊体外寄生虫病（如体虱等），杀灭传播疾病的中间宿主（如羊鼻蝇等），也杀灭羊场环境害虫（如厩蝇、家蝇、蚊虫等），对羊体内线虫（如羊血矛线虫、羊鼻蝇蛆等）有良好驱虫效果。

【用法与用量】精制敌百虫片，0.5 克，内服：一次量每千克体重绵羊 80 ~ 100 毫克、山羊 50 ~70 毫克。

治疗羊鼻蝇蛆，绵羊每千克体重 0.1 克，山羊每千克体重 0.075 克，颈部皮下注射。

【注意事项】敌百虫安全范围较窄，治疗量即可使动物出现不良反应，且有明显种属差异，反刍兽敏感，常出现明显中毒反应，应慎用内服。由于碱性物质能使敌百虫迅速分解成毒性更大的敌敌畏，因此忌用碱性水质配制溶液，并禁与碱性药物配伍使用。而且敌百虫中毒时，体表忌用碱水洗涤，宜用清水冲洗。羊使用敌百虫过量，可出现中毒症状，主要为腹痛、流涎、缩瞳、呼吸困难、大小便失禁、肌痉挛、昏迷直至死亡。兽医临床上对中毒病例应用大剂量阿托品解毒；严重中毒病例，应反复应用阿托品和解磷定解救。此外，敌百虫溶液应现用现配。休药期28日。

（2）敌敌畏

【性状】为无色透明油状液体，带有芳香气味，挥发性大，微溶于水（室温下在水中溶解度1%），在强碱和热水中易水解。

【作用与用途】为广谱杀虫、杀螨剂，具有触杀、胃毒和熏蒸毒性，其杀虫效力比敌百虫强8～10倍，但毒性亦高于敌百虫。主要用于环境杀虫、杀灭羊体表的寄生虫（如螨、蜱、蚊、蝇、虱等），并对羊鼻蝇蚴亦有良好驱杀作用。

【用法与用量】敌敌畏溶液，80%以敌敌畏计，喷洒、涂擦：配成0.2%～0.4%溶液。也可采用如下方法：羔羊6～7毫升，成年羊8～12毫升，用注射器喷入口腔，然后饮水。

【注意事项】原液及乳油应避光密闭保存。稀水溶液易分解，宜现配现用，喷洒药液时应避免污染饮水、饲料、饲槽、用具及羊体表。敌敌畏对人畜毒性较大，易从消化道、呼吸道及皮肤等途径吸收而中毒，其毒性较敌百虫大6～10倍，羊出现中毒的主要症状及解救方法同敌百虫。休药期28日。

（3）巴胺磷（胺丙畏、烯虫磷）

【性状】为棕黄色液体，稳定性好，在24℃，pH值为5的水溶液中，可稳定44天。

【作用与用途】本品为广谱有机磷杀虫剂，主要通过触杀、胃毒起作用，主要用于防治苍蝇和蚊子等卫生害虫，也能防治家畜体外寄生螨类。羊痒螨在药浴（20毫升/升巴胺磷溶液）后，一般于2天内全部死亡。

【用法与用量】巴胺磷溶液，40%，以本品计，药浴或喷淋：每1 000升水，500毫升药溶液。对严重感染的羊只，药浴时最好人工辅助擦洗，数日后再药浴一次，效果更好。

【注意事项】禁止与其他有机磷化合物和胆碱酯酶抑制剂合用。休药期羊14日。

（4）二嗪农

【性状】纯品为无色油状液体，商品化原料多是灰色或暗棕色液体，纯度约95%，微溶于水。性质不稳定，易氧化。

【作用与用途】为新型的有机磷杀虫、杀螨剂。本品具有触杀、胃毒、熏蒸和较弱的内吸作用。主要用于驱杀家畜体表寄生的疥螨、痒螨、蜱及虱等，一次用药的有效期可达6～8周。

【用法与用量】以二嗪农计。药浴：每升水初液0.25克，补充液0.75克。

【注意事项】禁止与其他有机磷化合物及胆碱酯酶抑制剂合用。药浴时必须精确计算药液浓度，羊全身浸泡以 1 分钟为宜。休药期羊 14 日。

2. 拟除虫菊酯类杀虫剂

拟除虫菊酯是一类模拟天然除虫菊酯化学结构合成的一类杀虫剂，在畜禽养殖及环境卫生中广泛应用，具有杀虫高效、速效、广谱、低毒、低残留等特点。但也是一类比较容易产生耐药性的杀虫剂，对螨类药效不高。

（1）氰戎菊酯

【性状】纯品为微黄色油状液体，原料药为黄色或棕色黏稠液体，几乎不溶于水。稳定性好，常温贮存稳定性两年以上，碱性中会逐渐分解。

【作用与用途】对畜禽的多种体外寄生虫及吸血昆虫等有良好的杀灭作用，杀虫效力强，效果确切。一般用药一次即可，无需重复用药。尤其对有机氯、有机磷化合物敏感的动物，使用较安全。杀灭环境、栏圈卫生昆虫，如蚊、蝇等，驱杀畜禽体表寄生虫如各类螨、蜱、虱等。

【用法与用量】氰戎菊酯溶液，20%，药浴，喷淋：每升水驱杀羊螨用 80 ~ 200 毫升，杀灭虱、蚊、蝇用 40 ~ 80 毫升。

【注意事项】不要与碱性物质混用，配制溶液时水温以 12℃为宜，否则会降低药效或失效。休药期 28 日。

（2）二氯苯醚菊酯（除虫精）

【性状】为淡黄色油状液体，不溶于水。本品对光稳定，但在碱性介质中易水解。

【作用与用途】为广谱高效杀虫药，对蜱、螨、虱、蚊、蝇等体外寄生虫都有杀灭作用；速效、无残留、无污染、残效期长。兼具触杀及胃毒作用，击倒作用强、杀虫速度快，其杀虫效力为滴滴涕的 100 倍。以 0.025% 乳剂喷于体表或药浴可治疗羊螨，使用一次效力可维持数周。室内喷雾灭蚊蝇每立方米 25 ~ 125 毫升，效力可维持 1 ~ 3 个月。

【用法与用量】二氯苯醚菊酯乳油，10%，药浴：配成 0.02% 乳液杀灭羊螨；喷雾：0.1% 溶液杀灭体虱、蚊蝇。

【注意事项】不宜与碱性物质混用。

3. 其他杀虫药

双甲脒（又称螨克）

【性状】为白色或淡黄色结晶性粉末，无臭，在水中不溶。

【作用与用途】双甲脒是一种广谱杀虫剂，主要为触毒，兼有胃毒和内吸毒作用，也有一定驱避作用、熏蒸作用，对各种螨、蜱、蝇、虱等均有效。本品残效期长，一次用药可维持药效 6 ~ 8 周。主要防治羊的体外寄生虫病，如疥螨、痒螨、蜱、虱等。

【注意事项】对严重病羊用药 7 天后再用 1 次，以彻底治愈羊。休药期羊 21

日。双甲脒对皮肤有刺激作用，人要防止药液沾污皮肤和眼睛。

第三节　中毒解救药物

中毒解救药是指兽医临床上用于解救羊中毒的药物。

一、中毒解救药的种类

根据作用特点和疗效，解毒药可分为两类。

（1）非特异性解毒药　又称一般解毒药，指用以阻止毒物继续被吸收和促进其排出的药物。在兽医临床上有吸附药、泻药和利尿药。如活性炭、硫酸镁、呋塞米等。一般解毒药对多种毒物或药物中毒均可应用，但由于不具备特异性，解毒效果较低，在兽医临床上仅用作解毒的辅助治疗。

（2）特异性解毒药　可特异性地对抗或阻断毒物或药物的效应，其本身并不具有与毒物相反的效应。本类药物特异性强，如能及时应用，则解毒效果好，在中毒的治疗中占有重要地位。如硫酸阿托品，是拟胆碱药中毒的主要解毒药，应用于有机磷中毒的解救；而硫代硫酸钠（大苏打）主要用于氰化物中毒的解毒。它们的解毒作用都有各自的特异性。

根据毒物或药物的性质，解毒药又可分为：金属络合剂、胆碱酯酶复活剂、高铁血红蛋白还原剂、氰化物解毒剂和其他解毒剂。

二、羊场常用的中毒解救药

（一）有机磷酸酯类中毒的解毒药

1. 硫酸阿托品

【性状】阿托品是从茄科植物颠茄、莨菪或曼陀罗等中提取的生物碱，为无色结晶或白色结晶粉末，无臭，在水中极易溶解。

【作用与用途】阿托品药理作用广泛，是拟胆碱药中毒的主要解毒药。羊有机磷农药中毒时，体内乙酰胆碱大量蓄积，表现强烈的 M 样和 N 样作用（见第九章第二节有机磷农药中毒所述）。阿托品能迅速有效地解除 M 样作用的中毒症状，特别是能解除支气管痉挛、抑制支气管腺分泌、缓解胃肠道症状和对抗心脏抑制有一定的作用。阿托品也能解除部分中枢神经系统的中毒症状，也是喹啉脲等抗原虫药的严重不良反应的主要解毒药。兽医临床上主要用于缓解胃肠道平滑肌的痉挛性疼痛、感染中毒性休克、解救有机磷农药中毒。

【用法与用量】解救有机磷酸酯类中毒，硫酸阿托品注射液，每 1 毫升（5 毫克）、5 毫升（25 毫克），肌内或皮下注射：每次 10～30 毫克，或一次量每千克体重羊0.5～1毫克。

【注意事项】愈早用药效果愈好；防止过量引起阿托品中毒。过量中毒时可出现瞳孔散大、心动过速、肌肉震颤、烦躁不安、运动亢进、兴奋随之转抑制，常死于呼吸麻痹。解救时宜作对症治疗，可注射拟胆碱药对抗其周围作用，如注射水合氯醛、地西泮、安定、短效巴比妥类药物，以对抗中枢兴奋症状，也可注射毒扁豆碱等解救。

2. 碘解磷定

【性状】本品为黄色结晶性粉末，无臭、味苦，略溶于水。

【作用与用途】为胆碱酯酶复活剂，其具有强大的亲磷酸酯作用，能将结合在胆碱酯酶上的磷酰基夺过来，恢复酶的水解能力。此外，碘解磷定亦能直接与体内游离的有机磷结合，使之成为无毒物质由尿排出，因而常用于有机磷类中毒的解毒药使用。主要用于中度和重度有机磷中毒，用药越早越好。因本品能增强阿托品的作用，与阿托品联合应用时，可适当减少阿托品用量。

【用法与用量】碘解磷定注射液，每支10毫升，静脉注射，每千克体重15～30毫克。

【注意事项】对轻度有机磷中毒，可单独应用本品或阿托品以控制中毒症状；中度或重度中毒时，则必须并用阿托品。禁与如碳酸氢钠等碱性药物配伍，以免产生剧毒。静脉注射速度过快，可引起呕吐、心率加快、运动失调；剂量过大也能抑制胆碱酯酶，甚至抑制呼吸中枢；药液漏至皮下有剧烈的刺激作用。本品在体内迅速分解，作用维持时间短，必要时2小时后重复给药。抢救中度或重度中毒时，必须同时使用阿托品。本品治疗慢性中毒无效。

（二）重金属及类金属中毒解毒药

1. 二巯丙醇

【性状】无色易流动的澄明液体，有强烈的类似蒜的特臭，在水中溶解。

【作用与用途】本品为竞争性解毒剂，可预防金属与细胞酶的巯基结合，并可使与金属结合的细胞酶复活而解毒。本品对急性金属中毒有效，主要用于解救砷中毒，也用于解救汞、锑、铋、锌、铜和金等中毒。

【用法与用量】二巯丙醇注射液，肌内注射，一次量每千克体重羊2.5～5毫克。用于砷中毒，第1～2日每4小时1次，第3日每8小时1次，以后10天内，每日2次直至痊愈。

【注意事项】本品为竞争性解毒剂，应及早足量使用，当重金属中毒严重或解救过迟时疗效不佳。二巯丙醇对机体其他酶系统也有一定抑制作用，故应控制剂量。过量使用可引起动物呕吐、抽搐、昏迷甚至死亡。由于药物能迅速排出，多数不良反应为时短暂。肝、肾功能不良动物慎用。本品应避免与硒或铁盐同时应用。

由于注射后引起剧烈疼痛，务必作深部肌内注射。

2. 青霉胺

【性状】为青霉素分解产物，白色或类白色结晶性粉末，在水中易溶。

【作用与用途】青霉胺能络合铜、铁、汞、铅、砷等，形成稳定的可溶性复合物由尿迅速排出，内服吸收迅速，副作用小，毒性低于二巯丙醇，无蓄积作用。常用于治疗慢性铜、铅、汞的中毒。

【用法与用量】青霉胺片，0.125 克，内服：一次量每千克体重羊 5～10 毫克，1 日 4 次，5～7 日为 1 个疗程，每个疗程间歇 2 日，一般用 1～3 个疗程。

【注意事项】本品可引起皮肤瘙痒、荨麻疹、发热、淋巴结肿大等过敏反应。本品可影响胚胎发育。

（三）亚硝酸盐中毒的解毒药

亚甲蓝（美蓝）

【性状】本品为深绿色，具铜样光泽的柱状结晶或结晶性粉末，无臭，在水或乙醇中易溶。

【作用与用途】兽医临床上常见的亚硝酸盐中毒，多由于动物采食烂菜而引起，使动物组织缺氧、紫绀等中毒症状。本品既有氧化作用，又有还原作用，其作用与剂量关系密切。当亚硝酸盐中毒时，静脉小剂量注射亚甲蓝，在体内脱氢辅酶作用下，还原为无色的亚甲蓝，后者能使高铁血红蛋白（MHb）还原为亚铁血红蛋白，恢复携氧功能。因此，亚甲蓝为最有效的高铁血红蛋白还原剂，用于解除亚硝酸蓝中毒引起的高铁血红蛋白症。

【用法与用量】亚甲蓝注射液，有 20 毫克/2 毫升，50 毫克/5 毫升，100 毫克/10 毫升，静脉注射：一次量每千克体重解救高铁血红蛋白症（亚硝酸盐中毒）1～2 毫克；解救氰化物中毒 10 毫克/千克体重（最大剂量 20 毫克）。应与硫代硫酸钠交替使用。维生素 C 具有还原性，可配合亚甲蓝解除亚硝酸盐中毒。

【注意事项】不同浓度的亚甲蓝，解毒作用不同，低剂量（1～2 毫克/千克）用于亚硝酸盐中毒，高剂量（5～10 毫克/千克，最大剂量为 20 毫克/千克）用于氰化物中毒，使用时要注意剂量。禁忌皮下或肌内注射（可引起组织坏死），本品不得与其他药物混合注射。

（四）氰化物中毒解救药

氰化物中的氰离子（CN^-）能迅速与氧化型细胞色素氧化酶的 Fe^{2+} 结合，从而阻碍酶的还原，抑制酶的活性，使组织细胞不能得到足够的氧，导致动物中毒。含氰苷的植物如土豆幼芽、高粱和玉米的幼苗以及南瓜藤、三叶草、碗豆、苏丹草的幼苗等是家畜氰化物中毒的主要来源，以牛最敏感，其次是羊。虽然工业原料和农药中使用的氰化钠、氰化钾的毒性较氢氰酸小，但它们易溶于水，也能通过呼吸道、消化道或皮肤进入机体而产生毒性。氰中毒所致组织缺氧首先引起心血管系统损害和电解质紊乱，兽医临床上一般采用亚硝酸钠—硫代硫酸钠联合解毒。

1. 亚硝酸钠

【性状】无色或白色、微黄色晶粉，无臭，味微咸，有引湿性，在水中易溶。

【作用与用途】本品为氧化剂，能使亚铁血红蛋白氧化为高铁血红蛋白，后者与氰化物具有高度的亲和力，故可用于解救氰化物中毒。本品内服后吸收迅速，静脉注射后立即起作用。但本品仅能暂时性地延迟氰化物对机体的毒性，高铁血红蛋白的氰离子（CN^-）结合后形成的氰化高铁血红蛋白，在数分钟后又逐渐解离，释放出的 CN^- 又重现毒性，此时宜再注射硫代硫酸钠。

【用法与用量】亚硝酸钠注射液，0.3 克/10 毫升，静脉注射：一次量每千克体重 15 ~25 毫克，或一次量 0.1 ~0.2 毫克。

【注意事项】由于亚硝酸钠容易引起高铁血红蛋白症，故不宜重复给药。如用量过大，可因高铁血红蛋白生成过多而导致亚硝酸盐中毒，因此，必须严格控制用量。若羊严重缺氧而致黏膜发绀时，可用亚甲蓝解救。

2. 硫代硫酸钠（大苏打）

【性状】本品为无色透明结晶或结晶性细粒，无臭、味咸，在干燥空气中有风化性，极易溶于水且显微碱性。

【作用与用途】本品在体内可分解出硫离子，与体内氰离子结合形成无毒且较稳定的硫氰化物（硫氰酸盐）由尿排出。虽然静脉注射后迅速分布到各组织细胞补液，但作用较慢，常与亚硝酸钠或亚甲蓝配合解救氰化物中毒，也可用于砷、汞、铅、碘等中毒。

【用法与用量】硫代硫酸钠注射液，0.5 克/10 毫升，1 克/20 毫升；注射用粉剂，0.32 克/支，0.64 克/支，静脉或肌内注射：一次量羊 1 ~3 克；粉针剂在临用前以注射用水配成 5% ~10% 的无菌溶液。

【注意事项】本品解毒作用产生较慢，应先静脉注射作用产生迅速的亚硝酸钠（或亚甲蓝），然后立即缓慢注射本品，但不能将两种药物混合静脉注射。

（五）有机氟中毒解救药

乙酰胺（解氟灵）

【性状】白色透明结晶，易潮解，在水中易溶解。

【作用与用途】动物在服入氟化物后出现中毒症状的潜伏期为 0.5 ~2 小时，绵羊、山羊表现心功能衰竭，而不显示中枢神经兴奋症状。本品为有机氟杀虫药和杀鼠药氟乙酰胺、氟乙酸钠等中毒的解毒剂，故又名解氟灵。具有延长中毒潜伏期，减轻发病症状或制止发病的作用。其解毒机制可能是由于本品的化学结构与氟乙酰胺相似，故能竞争夺取某些酶（如酰胺酶），使其不产生氟乙酸，消除氟乙酸对机体三羧循环的干扰，恢复正常代谢功能，从而消除有机氟对机体的毒性。

【用法与用量】乙酰胺注射液，2.5 克/5 毫升，静脉或肌内注射：一次量每千克体重羊 50～100 毫克。

【注意事项】本品用药宜早、用量要足，与解痉药、半胱氨酸合用效果较好。本品酸性强，肌内注射时局部疼痛，可配合应用普鲁卡因或利多卡因，以减轻疼痛。

第四节　解热镇痛抗炎药

一、解热镇痛抗炎药的概念和作用

（一）解热镇痛抗炎药的概念

解热、镇痛及抗炎药是一类具有退热和减轻局部慢性钝痛的药物，其中，大多数兼有抗炎和抗风湿作用，故把这类药又统一称为解热、镇痛、抗炎和抗风湿药。

（二）解热镇痛抗炎药的作用

动物在正常生理情况下，能使体温保持在一定的范围内，这是由于下丘脑体温调节中枢能使机体的产热和散热过程保持平衡状态。体温调节中枢亦可受细菌毒素即外源性致热源或白细胞释放的内源性致热源影响。在某些疾病时，病理因素或致热物质刺激体温中枢，使这种平衡被破坏，机体的产热增加，散热减少，因而体温升高，动物出现所谓“发热”现象。

发热是动物机体的一种防御反应，亦可作为兽医临床上诊断疾病的指征。兽医临床上对感染性疾病必须对因治疗，除去产生发热的病原。但发热消耗能量，而且高热可加重病情，亦应作对症治疗，此时适合使用解热镇痛抗炎药。

解热镇痛抗炎药能抑制体内环加氧酶，从而抑制花生四烯酸转变成前列腺素（PG），减少 PG 的生物合成，因而有广泛的药理作用。因此，解热镇痛抗炎药也是至今兽医临床上使用量大、应用广泛的一类兽药。本类药物通过中枢的调节，主要增加散热过程，产生解热效果，并能选择性地降低发热动物的体温，而对正常体温无明显影响，并对轻、中度钝痛，如头痛、关节痛、肌肉痛、神经痛及局部炎症所致的疼痛有效，而且不产生依赖性和耐受性。此外，可以抑制 PG 的生物合成，控制炎症的继续发展，减轻局部炎症的症状。

（三）使用解热镇痛抗炎药要注意的事项

兽医临床上有一个误区，一些兽医见到发热病畜后就用解热镇痛的抗炎药。发热是动物机体的一种防卫性反应，又是某些感染性疾病的重要指征。解热镇痛药只能作对症治疗，而不能根除发热的病因。所以，在兽医临床上，遇发热病畜，不应轻易使用解热镇痛抗炎药，只有在明确诊断、高热持续不退而有损于畜体健康，不利于疾病的治疗和康复的情况下，才可考虑使用解热镇痛抗炎药。

二、兽医临床上对发热性疾病的正确处治技术

（一）发热机理

病原微生物及其产物、致炎物质及其炎性物、抗原抗体复活物、淋巴因子、类固醇等发热激活物，作用羊机体，激活产生致热原细胞，主要是白细胞中的单核细胞，产生和释放致热原。致热原作用于下丘脑体温调节中枢，使体温调定点上移，再通过收缩骨骼肌增加产热和收缩皮肤血管减少散热，使体温升高。在一定程度上讲，发热是羊机体一种保护性反应，机体在发热状态下，代谢机能和防御功能加强，通过这种自我调节，来达到清除致热原恢复正常生理机能目的。

（二）发热的类型

1. 外源性发热

当羊机体在某些外界因素的作用下，其产热大于散热，体内的热量不能及时散发，导致体温升高，如热射病和日射病所引起的发热属于外源性发热。

2. 感染性发热

感染性发热如细菌、病毒、真菌、支原体、衣原体、螺旋体等病原微生物及其产物或某种寄生虫，一旦侵入羊机体，都可激活机体内生致热原细胞，产生和释放致热原而出现发热。

3. 过敏性发热

过敏性发热如某些羊免疫后出现过敏性发热。当某些抗原性物质如疫（菌）苗等进入羊体内后，和体内的某些抗体结合形成抗原抗体复活物，这种复合物对某些羊也可能激活内生致热原细胞，产生和释放致热原。或者在体液免疫过程中，抗原性物质被T细胞吞噬后，演变增值为致敏的淋巴细胞而产生淋巴因子。淋巴因子也能激活内生致热原细胞，产生和释放致热原。

4. 炎性发热

某些致炎物质如尿酸结晶、硅酸结晶等，在体内不但可以引起炎症反应，其本身还具有激活产生内生致热原细胞的作用，使动物机体在炎症反应的过程中表现出

发热现象。

5. 非炎性发热

非传染性炎性渗出物，也有激活内生致热原细胞产生和释放致热原，而出现非炎性发热现象。

6. 其他因素性发热

干扰素、肿瘤细胞、巨噬细胞等在一定的条件下，也将会激活内生致热原细胞产生和释放致热原。此外，动物机体内胆固醇的中间代谢产物苯胆烷醇酮、石胆酸也有激活内生致热原细胞产生和释放致热原的作用。

（三）兽医临床上对热性病的正确处治方法

1. 对热性病处治的基本原则

发热的原因不同，处治的方法则不同，消除病因是处治的基本原则。由于发热是机体本身的一种保护性反应，一些兽医见热就退的习惯是错误的，只有消除病因才是处治的必须。但若是较长时间的高热，为使神经系统免遭损害，可适时解热，而这种解热只能是辅助治疗法。兽医临床上对感染性热性病盲目使用解热药，反而是助纣为虐，万不可取。

2. 对各类热性病处治的基本方法

（1）外源性发热　应清除热源，加快散热，常用物理降温法，如通风、饮冷水，用冷水泼身（不可泼头）或冷敷等。

（2）感染性发热　必须首先杀灭病原体，在病原体未被杀灭以前而单独使用解热药，反而会抑制机体的免疫机能而加重病情，所以在使用解热药的同时，必须配合抗生素。

（3）炎性发热　在消除炎症的同时使用解热药有助于炎症病灶部组织生理机能的尽快恢复和减缓继发症。

（4）过敏性发热　只要清除了过敏原，发热就会自行消除。

（5）非炎性发热和其他性发热　清除致热因素依然是首要选择，再根据具体病情灵活解热。

三、兽医临床上使用解热药物的误区

兽医临床常用吡唑酮类（如氨基比林、安乃近、保泰松、安替比林）、苯胺类（非那西丁、扑热息痛）、奎丁类（奎类）、糖皮质激素类（地塞米松、氢化可的松等）和中成药清热解毒类解热药。一些有经验的兽医，在临床上对于某些不明原因的持续高热症，使用清热解毒的中成药配合以上解热西药，往往会收到较好的疗法。其实这种疗法主要收益于中成药中连翘、金银花、黄芩、黄连等中草药广谱抗菌的作用。但有些兽医在临床应用中，却往往忽视这些中草药的解热作用，所以，配合解热西药同时使用时，极易因过度解热而导致出现低温症，因此，而死亡的病例，在临床上屡见不鲜，而且还不知是什么原因造成这样的不良后果，这也是一些兽医不懂药物知识的结果。而且还有一些中成药制剂，其本身就添加了解热的西药成分，这在兽医临床使用时更应注意。

四、兽医临床上常用的解热镇痛抗炎药物

（一）氨基比林

【性状】白色的结晶性粉末，无臭，味微苦，遇光渐变质，水溶液呈碱性反应，在水中溶解。

【作用与用途】本品是多种复方制剂，其解热镇痛作用强而持久，本品还有抗风湿和消炎作用，对急性风湿关节炎的疗效与水杨酸类相仿。广泛用作动物的解热镇痛和抗风湿药，治疗肌肉痛、关节痛和神经痛。

【用法与用量】氨基比林片，内服：一次量羊 2 ~ 5 克；氨基比林注射液，皮下、肌内注射：一次量羊 50 ~ 200 毫克；复方氨基比林注射液，皮下、肌内注射：一次量羊 5 ~ 10 毫升。

【注意事项】长期连续用药，可引起颗粒白细胞减少症。

（二）安乃近

【性状】白色（供注射用）或略带微黄色（供口服用）的结晶或结晶性粉末，无臭，味微苦，在水中易溶。

【作用与用途】本品系氨基比林与亚硫酸钠的复合物，作用迅速，药效可持续 3 ~ 4 小时，解热作用较显著，镇痛作用亦较强，并有一定抗炎、抗风湿作用。兽医临床上常用于解热、镇痛、抗风湿，也常用于肠痉挛及肠臌气等症。

【用法与用量】安乃近片，0.25 克、0.5 克，内服：一次量羊 2 ~ 5 克；安乃近注射液，1.5 克/5 毫升，3 克/10 毫升，6 克/20 毫升，肌内注射：一次量羊 1 ~ 2 克。

【注意事项】长期应用可引起粒细胞减少；本品可抑制凝血酶原的合成，加重出血倾向；不宜穴位和关节部位注射；不能与氯丙嗪合用；不能与巴比妥类及保泰松合用。

第五节　作用于内脏系统的药物

一、作用于消化系统的药物

在兽医临床上，羊的消化系统疾病是多发病，从发病原因上可分为原发和继发两种。原发性消化系统疾病主要是由于饲料品质不良，饲养管理不善等引起；而继发性消化系统疾病则是由某些疾病，特别是传染病、中毒性疾病、寄生虫病所引起。兽医临床上，对无论何种原因引起的消化系统疾病，其治疗原则都是相同的，即在解除病因，改善饲养管理前提下，针对某消化机能障碍，合理使用调节消化功能的药物，才能达到良好的疗效。兽医临床作用于消化系统的药物，常在饲喂前经口投服效果较好。这些药物主要通过调节胃肠道的运动和消化腺的分泌，维持胃肠道内环境和微生态平衡，从而改善和恢复消化系统机能。根据其药理作用和中兽医临床应用，主要有以下药物。

（一）健胃药

凡能促进动物唾液和胃液的分泌、调节胃的机能活动、提高食欲和加强消化的药物统称为健胃药。健胃药种类较多，根据其性质和药理作用特点可分为：苦味、芳香性和盐类健胃药。

1. 苦味健胃药

苦味健胃药主要来源于植物，如龙胆、大黄、马钱子等。在应用治疗剂量时，这些药物主要利用它们强烈的苦味，刺激舌的味觉感受器，兴奋食物中枢，加强唾液和胃液的分泌，从而提高食欲以促进消化。苦味健胃药的应用已有很久的历史，主要应用于家畜的食欲不振、消化不良等，应用时最好使用散剂、酊剂和舔剂，在饲喂前给药疗效好。

（1）龙胆

【来源与成分】龙胆为龙胆科植物龙胆或三叶龙胆的干燥根茎和根，主要有效成分为龙胆苦苷、龙胆糖、龙胆碱等。性寒味苦。

【作用与用途】龙胆强烈的苦味能促进唾液、胃液分泌以及促使游离盐酸相应增多，从而加强消化和提高食欲。兽医临床上主要用于羊的食欲不振、消化不良或某些热性病的恢复期等。

【用法与用量】龙胆末，内服一次量羊 6～15 克。

【注意事项】龙胆属于苦味健胃药，使用量不宜过大，不宜反复多次使用。

（2）大黄

【来源与成分】大黄为蓼科植物掌叶大黄或唐古特大黄的干燥根或根茎，味苦而微涩，主要有效成分为大黄素、大黄酚等。

【作用与用途】大黄的药理作用与其所含的有效成分密切相关。内服小剂量大黄时，主要发挥其苦味健胃作用；中剂量大黄则以鞣酸的收敛作用为主，而呈收敛止泻作用；大剂量时以大黄素起主要作用，促使肠道蠕动增强而引起泻下。大黄素和大黄酚还具有明显的抗菌作用，对胃肠道某些细菌，如痢疾杆菌、大肠杆菌等都有抑制作用。兽医临床上常用大黄作健胃药和泻药，主要用于食欲不振、消化不良。

【用法与用量】大黄末，致泻，一次量羊 10 ~ 20 克；大黄流浸膏（由大黄 1 000克，加 60% 乙醇浸制而成），健胃，一次量羊 2 ~ 10 毫升。

【注意事项】大黄也属于苦味健胃药，兽医临床上要根据大黄的药理作用，针对病情，掌握剂量投服，不宜反复多次使用。

2. 芳香健胃药

芳香健胃药在兽医临床上主要用作健胃，治疗消化不良、.积食和胃肠轻度臌气等，与其他健胃药配合使用能增加药效。芳香健胃药主要有陈皮、桂皮、小茴香、干姜、豆蔻、辣椒等。

（1）陈皮

【来源与成分】陈皮为芸香科植物桔成熟果实的干燥果皮，未成熟的果皮称为青皮。内含挥发油、陈皮苷、维生素 B_1 等。本品粉末为淡红色，味香甜。

【作用与用途】陈皮有健胃、祛风等作用，常与本类的其他药物配合，用于治疗消化不良，胃肠道积食气胀等。

【用法与用量】内服陈皮干粉末，一次量羊 6 ~ 12 克；陈皮酊，由 20% 陈皮末制成的酊剂，内服，一次量羊 10 ~ 20 毫升。

（2）桂皮（肉桂）

【来源与成分】桂皮为樟科植物肉桂的干燥树皮，含有 1% ~2% 挥发性桂皮油及鞣酸、树脂等。本品粉末为红棕色，味甜、辣。

【作用与用途】桂皮中的有效成分对胃肠有缓和的刺激作用，能增强消化机能，消除消化道内的积气，缓解胃肠痉挛性疼痛。兽医临床上用于治疗风寒感冒、消化不良、胃肠臌气等。

【用法与用量】肉桂酊，由桂皮末 200 克加 70% 酒精 1 000毫升浸制而成，内服，一次量羊 10 ~ 20 毫升。

【注意事项】出血性疾病及妊娠母羊慎用，以免引起流产。

3. 盐类健胃药

盐类健胃药主要通过盐类药物在胃肠道中的渗透压作用，轻微地刺激胃肠道黏膜，反射性地引起消化液分泌，增进食欲，以恢复正常的消化机能。此类药物在兽医临床上用量大，也是羊场兽医常用的盐类健胃药。主要有碱性盐类健胃药如小苏打（碳酸氢钠）、人工盐（人工矿泉盐）等和中性盐类健胃药如食盐（氯化钠）等。

（1）小苏打（碳酸氢钠）

【性状】本品为白色结晶性粉末，无臭，味微咸，在潮湿空气中可缓慢分解，易溶于水。

【作用与用途】本品为弱碱性盐，其主要作用是中和胃酸，调节胃肠机能活动而改善消化，是血液中的主要缓冲物质，并可预防某些药物如磺胺类药物在尿中析出结晶引起的中毒。兽医临床上作酸碱平衡药，用于健胃、胃肠卡他、碱化尿液等。当以3%～5%溶液静脉注射，可增高血液的碱储，除低血液中氢离子的浓度，用于治疗酸中毒。

【用法与用量】碳酸氢钠片，内服，一次量羊5～10克。

【注意事项】禁止与酸性药物混合使用。

（2）氯化钠（食盐）

【性状】氯化钠（NaCl）又名食盐，无色透明结晶或白色结晶性粉末，味咸，易溶于水。

【作用与用途】一是有健胃作用，经口内服小剂量，对消化道黏膜产生一定的刺激作用，可反射地增加消化液的分泌和促进胃肠的蠕动，从而产生健胃作用，也促进食欲。在正常饲养管理条件下，饲料中添加适量的氯化钠，可提高羊的食欲和防止发生某些消化道疾病。二是本品1%～3%溶液洗涤创伤有轻度刺激和防腐作用，并有引流和促进肉芽生长的功效。等渗溶液可以洗眼、冲洗子宫等。三是10%高渗氯化钠溶液静脉注射时，可促进胃肠分泌与运动，加强消化机能和改善心血管活动。兽医临床上主要用于消化不良、食欲不振及早期大肠便秘等。

【用法与用量】内服，一次量羊5～10克；外用，0.9%溶液冲洗眼睛等，1%～3%溶液洗涤创伤，5%～10%溶液洗涤化脓性创伤。

【注意事项】过量内服易发生中毒。

（3）人工盐（人工矿泉盐）

【性状】人工矿泉盐由干燥硫酸钠44%、碳酸氢钠36%、氯化钠18%和硫酸钾2%混合配成，为白色粉末，易溶于水，水溶液呈弱碱性反应。

【作用与用途】本品具有多种盐类的综合作用，内服少剂量时，能轻度刺激消化道黏膜，促进胃肠分泌和蠕动，加强饲料消化，从而产生健胃作用，用于消化不良，胃肠弛缓。小剂量还有利胆作用，可用于胆道炎、肝炎的辅助治疗。内服大剂量及大量饮水时，由于渗透压作用，使肠道中可保持大量水分，并刺激肠壁增强蠕动，软化粪便，可引起缓泻作用，用于羊的初期便秘。兽医临床上主要用于消化不良、胃肠弛缓、慢性胃肠卡他、早期大便便秘等。

【用法与用量】内服：健胃，一次量羊10～30克；缓泻，一次量羊50～

100 克。

【注意事项】禁与酸类健胃药配合使用，内服作泻剂时宜大量饮水。

（二）助消化药

凡能促进胃肠消化过程，补充消化液或其所含某些成分不足的药物均称为助消化药。助消化药一般为消化液中的主要成分，如稀盐酸、胃蛋白酶、胰酶、淀粉酶等，使用它们可补充机体消化液的分泌不足，从而能迅速恢复正常的消化活动。当消化机能减弱、消化液分泌不足时，必然会引起消化过程紊乱，这时应选用消化药。由于助消化药作用迅速，奏效快，要求针对性下药，否则不仅失效，有时反而有害。兽医临床上常与健胃药配合使用，可提高食欲，恢复正常消化机能。

1. 干酵母

【性状】干酵母为酵母科几种酵母菌的干燥菌体，含蛋白质不少于44%。为淡黄色至淡黄棕色的颗粒或粉末，味微苦。

【作用与用途】干酵母中富含B族维生素，以及叶酸、肌醇和转化酶、麦芽糖酶等，均是体内酶系统的重要组成物质，参与体内糖、蛋白质、脂肪等代谢和生物氧化过程。兽医临床上主要用于食欲不振、消化不良及维生素B族缺乏症，如多发性神经炎、酮血病等。

【用法与用量】干酵母片，内服：一次量羊30~60克。

【注意事项】用量过大会发生轻度下泻。

2. 乳酶生

【性状】乳酶生为活乳酸杆菌的干燥制剂，每克乳酶生中含活的乳酸杆菌数在10×10^6个以上。本品为白色或淡黄色干燥粉末，有微臭，难溶于水。

【作用与用途】内服进入肠内后，能分解糖类产生乳酸，使肠内酸度增高，可抑制腐败性细菌的繁殖，并可制止蛋白质发酵，减少肠内产气。兽医临床上主要用于防治消化不良、肠内臌气和幼畜腹泻等。

【用法与用量】乳酶生片，内服：一次量羊2~4克。

【注意事项】由于本品为活乳酸杆菌，不宜与抗菌药物、吸附剂、酊剂、鞣酸等配合使用，以免失效。

3. 稀醋酸

【性状】为无色的澄清液体，味酸，特臭，含醋量为5.5%~6.5%，可与水或乙醇任意混合。人用食醋含醋酸约5%，可代替稀醋酸使用。

【作用与用途】本品内服有防腐、制酵和助消化作用。兽医临床上多用于治疗幼畜的消化不良、羊的瘤胃臌气、前胃弛缓等。此外，由于醋酸的局部防腐和刺激作用较强，外用对扭伤和挫伤有一定的效果；用2%~3%的稀释液可冲洗口腔治疗口腔炎，0.1%~0.5%的稀释液可冲洗阴道等。

【用法与用量】内服，一次量羊 2～10 毫升。

【注意事项】用前加水稀释成 0.5% 左右浓度。

4. 建曲（药曲）

【来源与成分】用青蒿、苍耳、辣蓼的汁液，配合杏仁泥、赤小豆末、面粉等经过发酵制成后做成小块。因以福建产品质量较好，故名建曲。内含主要成分为挥发油、苷类、淀粉酶、酵母菌、维生素 B_1、维生素 B_2、维生素 B_6 等。

【作用与用途】内服能加强消化机能，兽医临床上主要用于积食、消化不良、胃肠气胀等。

【用法与用量】熬水或浸剂，助消化，内服：一次量羊 10～15 克。

5. 山楂

【来源与成分】为蔷薇科植物山楂、野山楂的干燥成熟果实，含有多种有机酸（如酒石酸、柠檬酸、山楂酸）、黄酮类、苷类等。

【作用与用途】兽医临床上为常用的消食药之一，内服能增加食欲，促进消化，主要用于消化不良、积食等。

【用法与用量】熬水或用山楂末，内服：一次量羊 10～15 克。

（三）瘤胃兴奋药及胃肠运动促进药

羊消化生理的主要特征是采食草料后，不经过细嚼就进入瘤胃。草料在瘤胃内被润湿和软化，经半个小时至一个小时后又被逆呕回到口腔中，再进行仔细和充分地咀嚼后咽下，这个过程称为反刍。羊的反刍活动减弱或停止是羊常见的一种疾病，通常是瘤胃积食、瘤胃臌胀、前胃弛缓以及某些全身性疾病中的一种症状。治疗时除消除病因，加强饲养管理外，必须配合使用瘤胃兴奋药和胃肠运动促进药。兽医临床上瘤胃兴奋药均能兴奋瘤胃的活动性，加强瘤胃平滑肌收缩，促进羊反刍运动。因此，把能加强瘤胃收缩、促进蠕动及兴奋反刍的药物，称为瘤胃兴奋药及胃肠运动促进药。兽医临床上常用的瘤胃兴奋药有拟胆碱药和抗胆碱酯酶药，如氨甲酰甲胆碱、新斯的明以及浓氯化钠注射液、酒石酸锑钾等。

1. 浓氯化钠注射液

【性状】10% 氯化钠灭菌水溶液，无色的澄明液体，pH 值 4.5～7.5，专供静脉注射。

【作用与用途】本品为氯化钠的高渗灭菌水溶液。静脉注射后能短暂抑制胆碱酯酶活性，出现胆碱能神经兴奋的效应，可提高瘤胃运动。尤其在瘤胃机能较弱时，作用显著。本品的作用缓和，疗效良好，一般在用药后 2～4 小时作用最强。兽医临床上用于羊的前胃弛缓、瘤胃积食等。

【用法与用量】以氯化钠计，静脉注射，一次量每千克体重羊为 0.1 克。

【注意事项】静脉注射时不能稀释，注射速度宜慢，药液不可漏出血管外，心力衰弱和肾功能不全的病羊宜慎用。

2. 氨甲酰甲胆碱

【作用与用途】本品为拟胆碱药。能直接作用于胆碱受体，出现胆碱能神经兴奋的效应。治疗剂量对胃肠平滑肌的兴奋作用较强，可加强瘤胃的反刍活动，同时对子宫、膀胱平滑肌的作用也强。兽医临床上主要用于羊的前胃弛缓、瘤胃积食、膀胱积尿、胎衣不下和子宫蓄脓等。

【用法与用量】皮下注射：一次量羊每100千克体重为5～8毫克。必要时可将一次分作两次注射，间隔0.5～1小时。

【注意事项】因本品作用强烈而选择性差，对反刍停止、高度臌气、肠道完全阻塞、顽固性便秘、创伤性网胃炎的患羊及孕羊禁用。对瘤胃积食等病例，应在用药前半小时灌服小量盐水。发生中毒可用阿托品解救。

（四）制酵药与消沫药

1. 制酵药

羊在正常情况下，瘤胃内的消化主要依赖微生物和酶，饲草分解所产生的大量气体，一部分可随胃内容物进入肠道内被吸收和从肛门排出部分，大部分则以游离的气体形式通过嗳气排出体外。但当羊采食大量的易发酵或易腐败变质的饲料后，在瘤胃内由于迅速发酵而产生过量气体，若不能及时通过肠道吸收或通过嗳气排出体外时，必然会导致胃和肠道臌胀，从而引起瘤胃活动极度减弱或停止，严重时可引起呼吸困难、窒息甚至胃肠破裂致死。在兽医临床上治疗胃肠道臌气，可根据胃肠臌胀的程度，除放气和排除病因外，应用制酵药或采取瘤胃穿刺放气后再用制酵药，抑制微生物的作用，以制止或减弱气体的继续产生，同时通过刺激使胃肠蠕动加强，促进气体排出。在兽医临床上，凡能制止胃肠内容物异常发酵，使其不能产生过量气体的药物，都可称为制酵药。虽然抗生素、磺胺药、消毒防腐药等都有一定程度的制酵作用，但在兽医临床上常用的是鱼石脂、芳香氨醑、甲醛溶液、大蒜酊等，这些药物作用迅速，疗效可靠，无显著不良反应。

（1）鱼石脂

【性状】为棕黑色浓厚的黏稠液体，特臭，在热水中溶解，呈弱酸性反应，易溶于乙醇。

【作用与用途】本品有较弱的抑菌作用和温和的刺激作用，内服能制止发酵、祛风和防腐，促进胃肠蠕动；外用时具有局部消炎、消肿和促进肉芽新生等功效。兽医临床上主要用于胃肠道制酵，治疗瘤胃臌胀、前胃弛缓、胃肠臌气、急性胃扩张以及大便秘等，效果良好。

【用法与用量】以鱼石脂计，内服：一次量羊1～5克，临用时先加2倍量乙醇溶解后再用水稀释成3%～5%的溶液灌服；鱼石脂软膏，由鱼石脂与凡士林按

1：1 比例混合而制成，外用创伤部位。

【注意事项】禁与酸性药物混合使用。

（2）芳香氨醑

【来源与性状】由碳酸铵 30 克、浓氨水溶液 60 毫升、柠檬油 5 毫升、八角茴香油 3 毫升、90% 乙醇 750 毫升，加水至 1 000毫升混合而成。新配制时为无色澄明液体，久置后变黄，具芳香及氨臭味。

【作用与用途】芳香氨醑中所含成分氨、乙醇、茴香油等均有抑菌作用，对局部组织亦有刺激作用，内服后可制止发酵和促进胃肠蠕动，有利于气体排出。兽医临床上，主要用于消化不良、瘤胃臌胀、急性肠臌气等。

【用法与用量】内服，一次量羊 4～12 毫升。

（3）甲醛溶液

【性状】本品为消毒防腐药，为无色气体，一般用水溶液，甲醛溶液通常称为福尔马林。

【作用与用途】甲醛能与蛋白质的氨基结合而使蛋白质变性，有很强的杀菌作用。1% 甲醛溶液内服能制止瘤胃内容物发酵，作用确实可靠，兽医临床上用作胃肠道防腐制酵药，治疗急性瘤胃臌胀、急性胃扩张等。

【用法与用量】内服，一次量羊 1～3 毫升（内服时用水稀释成 1% 的甲醛溶液灌服）。

【注意事项】本品刺激性较强，并能杀灭瘤胃内多种细菌和纤毛虫，故用药后有继发消化不良的可能，不宜反复应用。对轻度瘤胃臌胀，一般不选本品使用。

（4）大蒜酊

【来源与成分】大蒜为百合科植物大蒜的鳞茎，含挥发油 2%，油中主要抗菌成分为蒜素。将去皮大蒜 20 克捣烂，用 70% 乙醇 100 毫升浸泡 12～14 天，滤过而得大蒜酊。长期保存，容易失效。

【作用与用途】内服后能促进胃肠蠕动，并有明显的抑菌制酵作用。兽医临床上常用于治疗瘤胃臌胀、前胃弛缓、胃扩张、肠臌气等。此外，把大蒜捣碎，外用以治疗创伤感染和皮肤癣病。

【用法与用量】内服一次量，羊 3～8 毫升，临用时作 3～5 倍稀释。

【注意事项】对热不稳定，在室温下易失效，必须在低温下保存。大蒜的抗菌作用易受多种因素影响而减弱。

2. 消沫药

消沫药是一类能降低泡沫液膜的局部表面张力，使泡沫破裂的药物。兽医临床上，消沫药主要用于治疗瘤胃内积聚大量泡沫所引起的泡沫性臌气病。

羊瘤胃的泡沫性臌胀，主要原因是采食大量含皂苷的饲草及豆科植物（如紫花苜蓿、紫云英等）后，因皂苷能降低瘤胃内液体的表面张力，使瘤胃内发酵产生的气体迅速为水膜包裹而形成大量比较稳定的不易破逸的黏稠性小泡，小泡混合成以泡沫的形式夹杂在瘤胃内容物中后更不易排出，而形成瘤胃泡沫性臌气。兽医临床上此时若使用套管针穿刺放气或应用制酵药，对已形成的泡沫无消沫作用，必须选用消沫药才有疗效。兽医临床上所用的消沫药，是那些表面张力比起泡液低，不与起泡液互溶，而能迅速破坏泡沫的药物。

（1）松节油

【来源与性状】为松树科植物中渗出的油树脂，经蒸馏或提取得到的挥发油，主要成分为松油萜。本品为无色至微黄色的澄清液体，有特殊芳香味，不溶于水，易溶于乙醇，易燃。

【作用与用途】松节油内服后，能有效地降低瘤胃中泡沫性气泡的表面张力，可使泡沫破裂，气体不断汇集并通过嗳气排出体外起消沫作用。此外，松节油还可轻度刺激消化道黏膜和具有抑菌作用，能促进胃肠蠕动和分泌，具有祛风和制酵作用。兽医临床上主要用于治疗反刍动物的瘤胃泡沫性臌胀、瘤胃积食等。

【用法与用量】内服一次量羊 3～10 毫升（临用时加 3～4 倍植物油稀释灌服）。

【注意事项】禁用于急性胃肠炎、肾炎的病羊及宰前、泌乳的羊。

（2）二甲硅油

【性状】为无色澄清的油状液体，无臭、无味，在水或乙醇中不溶。

【作用与用途】内服后能降低瘤胃内气泡液膜的局部表面张力，使泡沫破裂，作用迅速，用药后 5 分钟时作用最强，治疗效果可靠，作用迅速，几乎无毒性。兽医临床上主要用于治疗反刍动物的瘤胃臌胀，特别是泡沫性臌气等。

【用法与用量】二甲硅油片，内服：一次量羊 1～2 克。同时配成 2%～5% 酒精或煤油溶液，最好通过胃管灌服。

【注意事项】灌服本品前后应注入少量温水，以减少刺激。

（3）植物油类

【来源与作用】植物油类指常用的非挥发性的中性植物油，如菜籽油、棉籽油、芝麻油、大豆油、花生油等。它们的表面张力都较低，都可以用来治疗泡沫性臌胀。这些油的来源广，疗效可靠，应用方便，无副作用，而且民间兽医还常用这些油的“油脚”，即油的沉淀物治疗泡沫性臌胀，效果也很好。

【剂量】羊 50～100 毫升，灌服。

（五）泻药与止泻药

1. 泻药

泻药是指能促进肠道蠕动，增加肠内容积，软化粪便，加速粪便排泄的药物。兽医临床上主要用于治疗便秘、排除肠内毒物及腐败分解产物等。有经验的兽医还把泻药与驱虫药物合用以驱除肠道寄生虫。泻药根据作用方式和特点一般可分为三类，即容积性泻药、刺激性泻药和润滑性泻药。

兽医临床上应用泻药时，必须注意以下事项。

第一，不论哪种泻药，都会不同程度地影响消化和吸收。要防止泻下过度而导致失水、衰竭的可能，且用泻药次数不宜过多过量，一般只用1~2次为宜。用药前后应注意给予充分饮水。

第二，对于诊断未明的肠道阻塞不可随意使用泻药。治疗便秘时，必须根据病因采取综合措施或选用不同的泻药。

第三，对于极度衰竭而呈现脱水状态、机械性肠梗阻以及妊娠末期的羊应禁止使用泻药。

第四，毒物中毒时，为了排除毒物，应选用盐类泻药，禁用油类泻药。

第五，在单用泻药无疗效时，应进行综合治疗。

（1）容积性泻药（盐类泻药）　容积性泻药多为盐类药物，如硫酸钠、硫酸镁等，因此，又称盐类泻药。内服后其盐离子不易被肠壁吸收，在肠内可形成高渗盐溶液，保持了大量的水分，增加肠内容积，软化粪便，又对肠壁产生机械性刺激，促使肠道蠕动加快而产生致泻作用。兽医临床上使用盐类泻药前后，多给饮水或进行补液可提高致泻效果，如果与大黄等植物性泻药配合应用，常可出现良好的致泻效果，还可减少两药的用量并提高疗效。盐类泻药用时要配成溶液灌服，主要治疗大肠便秘，反刍家畜要经过18小时以上才能排粪。

① 硫酸钠（芒硝）

【性状】为无色透明大块结晶或颗粒状粉末，无臭，味苦而咸，有引湿性，在水中易溶。经风化失去结晶水时即成为无水硫酸钠或干燥硫酸钠。

【作用与用途】兽医临床上小剂量内服可轻度刺激消化道黏膜，促进胃肠分泌和蠕动，产生健胃作用，常配合其他健胃药使用，用于消化不良。大剂量用于治疗大肠便秘，配成3%~4%溶液灌服，如果与大黄、积实、厚朴等植物性药配合，效果更好。大剂量还用于排除肠内毒物毒素，或用于驱虫药的辅助用药。

【用法与用量】内服：小剂量健胃，羊3~10克；大剂量泻下，羊20~50克。

【注意事项】用时加水稀释成3%~4%溶液灌服，本品不可长期使用，以免造成电解质紊乱。禁用于怀孕母羊。慎用于心力衰竭或对钠盐滞留敏感的病羊。因硫酸钠有引湿性，应密闭保存。

② 硫酸镁

【性状】为无色细小的针状结晶或斜方形柱状结晶，无臭，味苦而咸，易溶于水，有风化性。

【作用与用途】同硫酸钠，小剂量内服可健胃，大剂量用于大肠便秘，排除毒物毒素。此外，内服还具有抗惊厥作用，外用有消炎、消肿、止痛作用（硫酸镁的高渗溶液 10% ~20%，外敷患部）。

【用法与用量】内服：泻下一次量，羊 50 ~ 100 克，用时加水稀释成 6% ~8% 溶液灌服。

【注意事项】由于在某些情况下如机体脱水、肠炎等，镁盐吸收增多会产生毒副作用，中毒时应迅速静脉注射氯化钙进行解救，禁用于孕羊、患肠炎的病羊。

（2）刺激性泻药（植物性泻药）　刺激性泻药内服后在胃中一般不发生作用，进入肠内能分解出刺激性有效成分，对肠壁产生刺激作用，使肠管蠕动加强从而促进排粪。兽医临床上常用的刺激性泻药是蓖麻油、巴豆油、大黄、番泻叶、决明子、芦荟等，属于植物性药物，又称为植物性泻药。兽医临床上常用的是蓖麻油和大黄，但大黄单独用往往不能致泻，常与硫酸钠配合，可出现良好的致泻效果。由于大黄含有鞣质，排粪后又会继发便秘，目前，大黄在兽医临床主要作为健胃药。兽医临床上植物性泻药主要是蓖麻油。

蓖麻油

【来源与性状】本品为大戟科植物蓖麻的成熟种子经加热压榨精制而得的脂肪油，几乎无色或微带黄色的澄清黏稠液体，有微臭，在乙醇中易溶。

【作用与用途】本品内服后只促进小肠蠕动而致泻，兽医临床上多用于小肠便秘。

【用法与用量】内服：一次量羊 50 ~ 150 毫升灌服。

【注意事项】禁用于怀孕母羊、患肠炎的病羊。不可长期使用本品。使用驱虫药不能用本品作为泻药。

（3）润滑性泻药（油类泻药）　本类药物为无刺激性的植物油、矿物油等，故又称为油类泻药。内服大量油类泻药，绝大部分不发生变化，而以原形通过肠道，能润滑肠壁、软化粪便，并能阻止肠内水分的吸收，以利粪便移动而起缓泻作用，故适用于怀孕羊便秘或患肠炎的便秘羊。但不能用于排除毒物及配合驱虫药物使用。因为许多毒物、驱虫药易溶于油，吸收后致使羊中毒。兽医临床上油类泻药主要是液体石蜡和植物油。

① 液状石蜡

【来源与性状】为石油提炼过程中制得的由多种液状烃组成的混合物，为无色透明的油状液体，无臭无味，在水中或乙醇中均不溶，能与多数油类随意混合。

【作用与用途】内服后以原形通过整个肠管，产生润滑肠道、阻碍肠内水分被重吸收而软化粪便，是一种比较安全的泻药，适用于治疗瘤胃积食、小肠阻塞、有肠炎的病羊和孕羊的便秘。

【用法与用量】内服：一次量羊 100 ~ 300 毫升。

【注意事项】不宜反复使用，以免影响消化及阻碍脂溶性维生素及钙、磷的吸收等。

② 植物油

【来源与作用】包括各种食用的植物油，如菜油、花生油、芝麻油等。大量灌服这些油类后，只有小部分在肠内分解，大部分以原形通过肠管，润滑肠道，软化粪便，促进排粪。适用于瘤胃积食、小肠阻塞、大肠便秘等。

【用法与用量】内服：一次量羊 100 ~ 300 毫升灌服。

2. 止泻药

止泻药是指能制止腹泻，并具有保护肠黏膜、吸附有害物质和收敛消炎的药物。腹泻是兽医临床上常见的一种症状或疾病，其原因有多种，可由化学、物理或生物学以及饲养管理等因素所引起，如毒物、腐败分解产物、病原微生物等均可能引起腹泻。为了排除有害物质，腹泻本身对动物机体是具有一定的保护意义。因此，在兽医临床上对腹泻初期不宜使用止泻药，但过度腹泻不仅会影响营养成分的吸收和利用，更严重的会引起脱水以及钾、钠、氯等电解质紊乱以及酸中毒，这时必须应用止泻药，并注意补液，多给饮水，采取综合治疗。兽医临床上治疗腹泻应根据病因和病情，采用综合治疗措施。首先应消除病因，如排除毒物、抑制病原微生物、改善饲养管理等，其次是应用止泻药物和对症治疗，如补液、纠正酸中毒等。兽医临床上止泻药的种类很多，常分以下几类：保护性止泻药、吸附性止泻药、抑制肠蠕动性止泻药等。由于抑制肠蠕动性止泻药能减缓肠蠕动，延缓肠内容物的排出时间，致使粪便变干燥而达到止泻目的，对机体影响也是多方面的，临床使用很慎重。因此，在兽医临床上主要应用前两类药物。

（1）保护性止泻药　保护性止泻药常用的有鞣酸、鞣酸蛋白、碱式硝酸铋、碱式碳酸铋等。本类药物具有收敛作用，内服后不被吸收，而是附着在胃肠黏膜的表面呈机械性保护作用，保护肠道黏膜减少刺激而止泻。

① 鞣酸

【性状】为淡黄色粉末，味涩，有微臭，易溶于水。放置过久可分解。

【作用与用途】鞣酸是一种蛋白质沉淀剂，能与蛋白质结合生成鞣酸蛋白，形成一层薄膜，故有收敛和保护作用。此外，鞣酸还能沉淀金属盐及生物碱，可作为解毒药使用。鞣酸内服后主要在胃肠发挥作用，兽医临床上主要用于非细菌性腹泻和肠炎的止泻。在某些毒物如铅、铜、洋地黄等中毒时，可用 1% ~ 2% 鞣酸溶液灌服或洗胃，以沉淀胃肠中未被吸收的毒物，但解毒后必须及时使用盐类泻药以加速排出。

【用法与用量】内服：一次量羊 2 ~ 5 克，以鞣酸计。

【注意事项】鞣酸吸收后对肝脏有毒性。

② 碱式碳酸铋

【性状】为白色或微淡黄色的粉末，无臭无味，在水或乙醇中不溶。

【作用与用途】由于本品不溶于水，内服后大部分可在肠黏膜上与蛋白质结合成难溶的蛋白盐，同时，在肠道中还与硫化氢结合，形成不溶性的硫化铋，两者覆盖在肠黏膜表面呈现机械性保护作用，也减少了硫化氢及有害物质对肠道的刺激，使肠道蠕动减慢，出现止泻作用。此外，碱式碳酸铋、碱式硝酸铋等含有铋的产品能少量缓慢地释放出铋离子，铋离子与细菌或组织表面的蛋白质结合，故具有抑制细菌的生长繁殖和防腐消炎作用。但在治疗肠炎和腹泻时，可能因肠道中细菌如大肠杆菌等可将硝酸离子还原成亚硝酸而中毒，兽医临床上目前多改用碱式碳酸铋，常用于治疗胃肠炎和腹泻症。

【用法与用量】碱式碳酸片，内服，一次量羊 2 ~ 4 克。

【注意事项】遇光可缓慢变质。

（2）吸附性止泻药　本类药物内服后不吸收，一般不溶于水，无刺激性，但吸附性很强，能吸附胃肠道内毒素、腐败发酵产物及炎症产物等，并能覆盖胃肠道黏膜也免受刺激，减少肠管蠕动，达到止泻效果。吸附性止泻药的吸附作用属物理性质，吸附也是可逆的，在兽医临床上用吸附性止泻药后，为了排出吸附的毒物，必须用盐类泻药促使其迅速排出。兽医临床上目前常用的吸附性止泻药有药用炭、白陶土等。

① 药用炭（活性炭）

【来源与性状】系将木材或动物骨骼在密闭窖内加高热烧成，研成黑色微细的粉末，无臭无味，不溶于水。

【作用与用途】药用炭的粉末细小，表面积大（1 克药用炭具有 500 ~ 800 米^{2}的表面积），其吸附作用很强，可吸附大量气体、化学物质和毒素等，也能吸附营养物质。内服到达肠道后，能与肠道中有害物质结合，阻止其吸收，从而能减轻肠道内容物对肠壁的刺激，使肠管蠕动减弱，呈现止泻作用。兽医临床上主要用于治疗腹泻、肠炎、胃肠臌气和排除毒物（必须及时排出）。外用于浅创，有干燥、抑菌、止血、消炎的作用。

【用法与用量】药用碳片，内服：一次量羊 5 ~ 50 克。使用时加水制成混悬液灌服。在无药用炭时，也可用锅底灰（百草霜）代用。

【注意事项】药用炭的吸附作用是属于物理性和可逆的，用于吸附毒物时，必须用盐类泻药促使排出。对于同一病例不宜反复使用，以免影响食欲、消化以及营养物质的吸收等。潮湿后作用降低，必须干燥密封保存。

② 白陶土

【来源与性状】为天然的含水硅酸盐，用水淘洗去沙，经稀酸处理并冲洗除去杂质制成，为类白色细粉，在水中几乎不溶。

【作用与用途】本品具有一定的吸附作用，但较药用炭差。此外，本品用时还有收敛作用。兽医临床上主要用于治疗幼畜的腹泻病。

【用法与用量】内服：一次量羊 10 ~ 30 克。使用时加水制成混悬液灌服。

二、作用于呼吸系统的药物

羊的呼吸器官是由呼吸道和肺组成，又直接和外界接触，因此，外界环境的剧烈变化，对呼吸系统有着直接的影响，常导致呼吸系统疾病的发生。一般来说，羊的大多数呼吸系统疾病多由病原微生物感染引起，常出现多痰、咳嗽、喘息等症状，此时，在选用抗菌药物进行对因治疗的同时，还应配合祛痰、镇咳与平喘药进行对症治疗。如果羊未出现明显的全身症状，可单独使用祛痰、镇咳药。在兽医临床上治疗呼吸系统功能紊乱的药物通常是一些针对痰、咳、喘的症状进行治疗，包括祛痰药、镇咳药、平喘药和干扰过敏反应或炎症过程的一些药物。

（一）祛痰镇咳药

祛痰药是能增加呼吸道分泌，使痰液变稀并易于排出的药物。因动物种属不同，祛痰药对反刍动物作用不明显。

镇咳药是能降低咳嗽中枢兴奋性、减轻或制止咳嗽的一类药物。兽医临床上对轻度咳嗽，一般不需用镇咳药，轻度咳嗽有助于祛痰，只有频繁剧咳或呼吸道以外疾病如胸膜、心包膜等炎症引起的干咳，影响休息，甚至使病情加重或引起其他并发症，对治疗不利，此时在对因治疗同时，需加用镇咳药。

1. 氯化铵

【性状】为无色结晶或白色结晶性粉末，无臭、味咸，在水中易溶。

【作用与用途】内服后可刺激胃黏膜迷走神经末梢，反射性引起支气管腺体分泌增加，使稠痰稀释，易于咳出，因而对支气管黏膜的刺激减少，咳嗽也随之缓解，因此，本品对止咳也起一定作用。主要适用于支气管炎初期，特别是黏膜干燥以致稠痰不易咳出的咳嗽。此外，本品为强酸弱碱盐，是一个有效的体液酸化剂，可使尿液酸化，在弱碱性药物中毒时，可加速药物的排泄。

【用法与用量】内服：一次量羊 2～5 克。

【注意事项】禁与碱性药物、重金属盐、磺胺药等配伍应用。

2. 枸橼酸喷托维林（咳必清）

【性状】白色或类白色结晶性或颗粒性粉末，无臭，味苦，在水中易溶。

【作用与用途】为非成瘾性镇咳药，能选择性抑制咳嗽中枢，大剂量对支气管平滑肌有解痉作用，故兼有中枢性和末梢性镇咳作用。适用于各种原因引起的剧烈平咳。兽医临床上常与祛痰药合用，治疗伴有剧烈干咳的急性呼吸道炎症。

【用法与用量】枸橼酸喷托维林片，内服：一次量羊 0.05～0.1 克，1 日 2～3 次。

【注意事项】大剂量易引起腹胀和便秘等副作用。

3. 磷酸可待因

【性状】白色细微的针状结晶性粉末，无臭，在水中易溶，呈酸性反应。

【作用与用途】本品兼有镇痛、镇静作用，能抑制支气管腺体的分泌，可使痰液黏稠难以咳出，止咳作用迅速而强大。用于各种原因引起的剧烈干咳和刺激性咳嗽，尤适于伴有胸痛的剧烈干咳，并用于中等程度疼痛的镇痛。

【用法与用量】磷酸可待因片，内服：一次量羊0.1～0.5克。

【注意事项】大剂量或长期使用易出现呼吸抑制、便秘等副作用。

4. 甘草

【来源与成分】为豆科甘草属植物甘草的根和根状茎，含甘草甜素，即甘草酸。甘草酸水解产生甘草次酸及葡萄糖醛酸等。

【作用与用途】甘草次酸有镇咳祛痰作用，此外，甘草还有解毒、抗炎效果。

【用法与用量】甘草粉：内服，羊5～15克，1日3次；甘草流浸膏：内服，羊5～15毫升，1日3次；复方甘草合剂：内服，羊10～30毫升，1日3次。

5. 杏仁

【来源与成分】为蔷薇科樱桃属植物杏及其变种山杏的种子。含脂肪油50%，苦杏仁苷2%，水解生成氢氰酸、苯甲醛及葡萄糖等。

【作用与用途】内服后，苦杏仁苷在体内缓缓分解，产生微量的氢氰酸，对呼吸中枢有镇静作用，而达到镇咳、平喘效果。用于咳嗽、气喘的治疗。

【用法与用量】苦杏水：由苦杏仁制成的无色澄明的液体，含氢氰酸约0.1%，味微辛，内服，羊3～10毫升，1日3次。

6. 贝母（川贝、浙贝）

【来源与成分】贝母为百合科贝母属植物松贝母和卷叶贝母的鳞茎。贝母中均含有多种生物碱，如川贝碱、浙贝碱等。

【作用与用途】对支气管平滑肌有舒张作用，因而产生镇咳效果，用于治疗急、慢性支气管炎及喘咳。

【用法与用量】川贝母（浙贝母）：内服，羊3～10克，1日3次。

（二）平喘药

平喘药是具有解除支气管平滑肌痉挛、扩张支气管，达到缓解喘息作用的药物。对单纯性支气管哮喘或喘息型慢性支气管炎的病例，临床上常用平喘药治疗。平喘药按其作用特点分为支气管扩张药和抗过敏药。支气管扩张药在临床上常用药物有拟肾上腺素类药物（如麻黄碱）和茶碱类药物（如氨茶碱）等。麻黄碱为人畜共用药品，国家已列入易制毒化学品管理。兽用盐酸麻黄碱注射液生产、经营、使用等活动参照兽用氯胺酮和兽用安钠咖的管理模式，实行定点生产，统一协调调拨，专营专供专用管理。生产、经营和使用单位必须建立相应管理制度，指定专人做好相应购销、使用记录和台账，接受兽医行政管理部门的监督检查。抗过敏性平喘药包括糖皮质激素类和肥大细胞稳定药，这些药物在兽医临床上很少应用。

1. 盐酸麻黄碱

【性状】为白色针状结晶或结晶性粉末，无臭，味苦，在水中易溶。

【作用与用途】麻黄碱的药理作用与肾上腺素相似，是一种同时有直接作用和间接作用的拟肾上腺素药物，作用较肾上腺素弱而持久，但中枢兴奋作用明显。本品对支气管平滑肌 β_2 受体有较强作用，可使支气管平滑肌松弛，而其效应可使支气管黏膜血管收缩，减轻充血水肿，有利于改善呼吸道阻塞，故常用作平喘药，如治疗支气管哮喘等。本品内服易吸收，皮下及肌内注射吸收更快。

【用法与用量】盐酸麻黄碱片，内服：一次量羊 0.02～0.05 克；盐酸麻黄碱注射液，皮下注射：一次量羊 0.02～0.05 克。

【注意事项】哺乳期母羊禁用。不可与糖皮质激素、巴比妥类及硫喷妥钠合用。

2. 氨茶碱

【性状】为白色至微黄色的颗粒或粉末，微有氨臭，味苦，在水中溶解。

【作用与用途】本品对支气管平滑肌有直接松弛作用，从而解除支气管平滑肌痉挛，缓解支气管黏膜的充血水肿，具有平喘功效。此外，本品还有较弱的强心和利尿作用。主要用于缓解动物支气管哮喘等。

【用法与用量】氨茶碱注射液，肌内，静脉注射：一次量羊 0.25～0.5 克。

【注意事项】注射液碱性较强，可引起局部红肿、疼痛，应作深部肌内注射。静脉滴注如用量过大、浓度过高或速度过快，都可强烈兴奋心脏和中枢神经，故需稀释后注射并注意掌握速度和剂量。

三、作用于血液系统的药物

作用于血液系统的药物虽然种类较多，但在兽医临床上主要应用的有强心药、止血药。

（一）强心药

凡能提高心肌兴奋性，加强心肌收缩力，改善心脏功能的药物称为强心药。在临床上具有强心作用的药物种类很多，有些是直接兴奋心肌，而有些则是通过神经系统调节心脏的机能活动。常用的强心药有强心苷、咖啡因、肾上腺素等，它们的作用机制、适应证均有所不同，临床上必须根据药物的药理作用特点和疾病性质，合理选用。在兽医临床上主要使用的是治疗心功能不全（心力衰竭）的强心药。心功能不全又称充血性心力衰竭，多由毒物或细菌毒素、重症贫血，以及继发于心脏本身的各种疾病如心肌炎、慢性心膜炎等所致，临床表现以呼吸困难、水肿及发绀为主的综合症状。临床对本病的治疗除消除原发病外，主要是使用能强善心脏功能，增强心肌收缩力的药物。强心苷至今仍是治疗充血性心力衰竭的首选药物。临床上常用的强心苷类药物主要有洋地黄毒苷、地高辛、毒毛花苷 K 等。各种强心苷对心脏的作用基本相似，主要是加强心肌收缩力，但作用强度、快慢及持续时间的长短却有所不同。强心苷的安全范围较窄，剂量过大常可引起毒性反应，特别是洋地黄，它在体内停留时间较长，消除较慢，中毒多由蓄积作用所引起。动物中毒时，有胃肠道、中枢神经系统及心脏等方面的反应，其中，胃肠道反应最常见，心脏反应最严重。发生强心苷中毒后，中毒的有效治疗方法是立即停药，维持体液和电解质平衡，停止使用排钾利尿药，内服或注射补充钾盐。中度及严重中毒引起的心率失常，应用抗心率失常药如苯妥因钠或多卡因治疗。强心药中主要介绍洋地黄毒苷。

洋地黄毒苷

【性状】为白色和类白色的结晶粉末，无臭，在水中不溶。

【作用与用途】本品对心脏具有高度选择性作用，治疗剂量能明显加强衰竭心脏的收缩力，主要用于慢性充血性心力衰竭，阵发性室上心动过速和心房颤动等。用量过多时抑制心脏的传导系统和兴奋异位节律点可呈现出各种心律失常的中毒症状，表现为精神抑郁、运动失调、厌食、呕吐、腹泻、严重虚弱、脱水和心律不齐等。

【用法与用量】反刍动物因瘤胃微生物的破坏，内服给药往往难以获得预期可靠的治疗效果。洋地黄毒苷注射液，全效量，静脉注射：每 100 千克体重，羊 0.1 ~1 毫克，维持量应酌情减少。

【注意事项】洋地黄毒苷安全范围窄，剂量过大常可引起毒性反应。

（二）止血药

止血药（促凝血药）是指能加速血液凝固或降低毛细血管通透性，促使出血停止的药物。由于出血原因很多，多种止血作用机理亦有所不同，必须查明出血的原因、症状，并结合止血药的功能特点来选用。

1. 安络血（安特诺新）

【性状】为橘红色结晶或结晶性粉末，难溶于水。

【作用与用途】本品为肾上腺素缩氨脲与水杨酸钠的复合物，能增强毛细血管壁对损伤的抵抗力，降低毛细血管通透性，促进断裂毛细血管端回缩而止血。用于毛细血管损失所致的出血性疾患，如鼻出血、内脏出血、血尿、产后出血等。对大出血无效。

【用法与用量】安络血注射液，肌内注射：一次量羊 2 ~4 毫升。

【注意事项】本品中含有水杨酸，长期应用可产生水杨酸反应。抗组胺药能抑制安络血的部分作用。

2. 仙鹤草

【来源与成分】为蔷薇科植物仙鹤草的干燥全草，含仙鹤草色素，为其主要的止血成分。

【作用与用途】有加快血液凝固，缩短出血时间的作用，适用于尿血、子宫出血及其他内脏出血。

【用法与用量】仙鹤草色素注射液，肌内注射：一次量羊 5 ~ 10 毫升。

【注意事项】不宜与其他药物混合注射，以免产生毒性。

3. 亚硫酸氢钠甲萘醌（维生素 K_3）

【来源与性状】维生素 K 有 K_1、K_2、K_3、K_4 等，它们的生理功能相似。维生素 K_1 和 K_2 是天然品，K_1 存在于苜蓿等植物中（也能人工合成），K_2 为肠道中细菌作用而产生。维生素 K_3 和 K_4 则为人工合成品。本品为亚硫酸氢钠甲萘醌和亚硫酸氢钠的混合物，为白色结晶性粉末，无臭或特臭，有引湿性，遇光易分解，在水中易溶。

【作用与用途】维生素 K 为肝脏合成凝血酶原（因子Ⅱ）的必需物质，另参与凝血因子Ⅶ、Ⅸ、Ⅹ的合成。维生素 K 缺乏可致上述凝血因子合成障碍，引起出血倾向或出血。天然的维生素 K_1、K_2 是脂溶性的，其吸收有赖于胆汁的增溶作用，胆汁缺乏时吸收不良。维生素 K_3 因溶于水，内服可直接吸收，也可肌内注射给药。维生素 K 主要用于防治其缺乏症引起的出血性疾患；此外，还用于羊吃腐败的草木樨干草或青贮料而发生的出血疾患。因这种腐败的饲料中含用双香豆素，使血液中凝血酶原减少，引起低凝血酶原症，而维生素 K 是双香豆素的拮抗剂。维生素 K 还用于水杨酸钠毒性引起的低凝血酶原血症，也用于长期内服抗菌药或患胃肠炎时，造成肠内正常菌群失调，引起维生素缺乏症。

【用法与用量】亚硫酸氢钠甲萘醌注射液，肌内注射：一次量羊 30 ~ 50 毫克。

【注意事项】较大剂量的水杨酸类、磺胺类药物等可影响维生素 K 的效应。肌注部位可出现疼痛、肿胀等。不能和巴比妥药物合用。肝功能不良患羊宜用维生素 K_1。临产母羊不能大剂量使用。

四、作用于泌尿系统的药物

（一）利尿药

利尿药主要作用于肾脏，是通过影响肾脏的生理功能增加尿量，用以减轻或消退水肿的药物。临床上主要用于治疗各种原因的水肿、急性肾衰竭及促进毒物的排出。

1. 呋塞米（又名速尿）

【性状】为白色或类白色的结晶性粉末，无臭，在水中不溶。

【作用与用途】本品为强效利尿剂，静脉注射后1小时发挥最大药效，维持4~6小时作用。速尿的作用是抑制肾小管髓袢升支皮质与髓质部对钠离子的重吸收。由于促进钠离子排出增加，氯、钾离子的排出也随之增强。主要用于治疗各种类型的水肿，如肺水肿、全身水肿、乳房水肿等，尤其对肺水肿疗效较好。与其他利尿药同时应用，可增强其利尿作用。

【用法与用量】呋塞米片，内服：一次量羊2毫克；呋塞米注射液，肌内、静脉注射：一次量每千克体重羊0.5~1毫克。

【注意事项】无尿患羊禁用。应避免与氨基糖苷类抗生素合用。长期大量用药可出现低血钾、低血氯及脱水，应补钾或与保钾性利尿药配伍或交替使用。

2. 依他尼酸（又名利尿酸）

【性状】为白色结晶性粉末，无臭，几乎不溶于水。

【作用与用途】本品利尿作用强大而迅速，作用机理与速尿相似，主要用于治疗各种类型水肿，如充血性心功能衰竭、肾性以及肝性水肿；也用于对其他利尿剂无效的严重水肿；也适用于急性肺水肿与脑水肿。

【用法与用量】依他尼酸片，内服：一次量每千克体重羊0.5~1毫克；注射用依他尼酸钠：25毫克，静脉注射：一次量每千克体重羊0.5~1毫克，临用前用5%葡萄糖注射液或无菌生理盐水稀释后缓慢滴注。

【注意事项】宜与氯化钾合用，以免发生低血钾症。严重肝、肾功能障碍和电解质平衡紊乱的患羊慎重。

3. 常用的利尿中草药

（1）车前

【来源与成分】为车前科车前属植物车前，种子和全草均可入药。种子多含黏液质、车前烯醇酸和胆碱等；全草含车前苷等。

【作用与用途】车前为中兽医常用的利水清热药，车前子有利尿作用，还能使气管及支气管分泌增加，有祛痰止咳作用；车前草对白喉杆菌、金黄色葡萄球菌等有抑制作用。临床上主要用于小便不利、尿少、肾炎水肿、支气管炎等。

【用法与用量】车前子：一次量羊10~15克，煎水灌服；车前草：一次量羊15~70克，煎水灌服。

（2）泽泻

【来源与成分】为泽泻科泽泻属植物泽泻，以块茎入药，含有挥发油、生物碱、胆碱等。

【作用与用途】泽泻有利尿作用，主要用于肾炎水肿、小便不利等。

【用法与用量】一次量羊9~15克，煎水灌服。

(3) 茯苓

【来源与成分】为多孔菌科卧孔属植物茯苓的菌核，含茯苓酸、胆碱、钾盐等。

【作用与用途】有利尿排钠作用，常与其他中草药配合治疗各种水肿。

【用法与用量】一次量羊 9 ~ 18 克，煎水灌服。

（二）脱水药

脱水药又称渗透性利尿药，是一种非电解质类物质。这类药物多是一些在体内不易代谢或代谢较慢，静脉注射后，能迅速提高血浆渗透压，且很容易从肾小球滤过，它们经肾脏排出时，在肾小管中使尿液渗透压升高，从而增加尿量和电解质的排出，产生利尿脱水作用。由于临床上可以使用足够大的剂量，以显著增加血浆渗透压、肾小球滤过率和肾小管内液量，故又称渗透性利尿药。临床上主要用于消除脑水肿等局部组织水肿。

1. 甘露醇

【性状】为白色结晶性粉末，无臭，味甜，在水中易溶。

【作用与用途】本品为高渗性脱水剂，静脉注射高渗甘露醇（20% 高渗溶液）后可提高血浆渗透压，使组织间隙水分（包括眼、脑、脑脊液）向血浆转移，产生组织脱水作用，能使颅内压和眼内压迅速下降，故可治疗脑水肿。而且甘露醇经肾脏排出时，不被肾小管重吸收，能迅速通过肾小球滤过，因此，在近曲小管处形成高渗，保持大量水分，从而产生利尿作用。可用于治疗因急性肾衰竭所引起的少尿或无尿症。另外，甘露醇通过防止有毒物质在肾小管液内的积聚或浓缩，对肾脏产生保护作用。临床上用于预防急性肾衰竭、降低眼压和颅内压，加速某些毒素的排泄，以及辅助其他利尿药以迅速减轻水肿或腹水，也用于脑水肿、脑炎的辅助治疗。

【用法与用量】甘露醇注射液，静脉注射：一次量羊 100 ~ 250 毫升。

【注意事项】大剂量或长期应用可引起水和电解质平衡紊乱，脱水动物在治疗前应补充适当体液。严重脱水、肺充血或肺水肿、充血性心力衰竭及进行性肾衰竭患畜禁用。静脉注射时药物漏出血管外，可使注射部位水肿、皮肤坏死。

2. 山梨醇

【性状】为白色结晶性粉末，无臭，味甜，在水中易溶。

【作用与用途】本品为甘露醇的同分异构体，作用与用途与甘露醇相似。

【用法与用量】山梨醇注射液，静脉注射：一次量羊 100 ~ 250 毫升。

【注意事项】同甘露醇，但局部刺激比甘露醇大。

五、作用于生殖系统的药物

羊为反刍动物也是哺乳动物。哺乳动物的生殖受神经和体液双重调节，但通常以体液调节为主，而体液调节存在着相互制约的反馈调节机制，机体内外的刺激，通过感受器产生的神经冲动传到下丘脑，引起促性腺激素分泌，性腺分泌的激素称为性激素。当生殖激素分泌不足或者过多时，使机体的激素系统发生紊乱，引发产科疾病或繁殖障碍，这时就需要使用药物进行治疗或者调节。在兽医临床上，对生殖系统用药，在于提高或者抑制繁殖力，调节繁殖进程，增强抗病能力等方面。

（一）子宫收缩药

子宫收缩药是一类能对子宫平滑肌具有选择性兴奋作用的药物。临床上用于催产，排除胎衣、死胎或治疗产后子宫出血。

1. 缩宫素（俗称催产素）

【性状】从牛或猪脑垂体后叶中提取或人工合成。为白色粉末或结晶，能溶于水。

【作用与用途】能选择性兴奋子宫，加强子宫平滑肌的收缩，临床上用于催产、产后子宫出血和胎衣不下等。

【用法与用量】缩宫素注射液，皮下、肌内注射：一次量羊 10～50 单位。

【注意事项】产道阻塞、胎位不正、骨盆狭窄及子宫颈尚未开放时应禁用。无分娩预兆时，使用无效。

2. 垂体后叶

【来源与性状】由牛或猪脑体后叶中提取的水溶性成分，内含缩宫素和加压素，为多肽类化合物。本品为类白色粉末，能溶于水，但水溶液不稳定。

【作用与用途】对子宫的作用与缩宫素相同，其所含加压素有抗利尿和升高血压的作用。临床上用于催产、产后子宫出血和胎衣不下等。

【用法与用量】垂体后叶注射液（每毫升的效价应相当于 10 个单位），皮下、肌内注射：一次量羊 10～50 单位。

【注意事项】同缩宫素。用量大时还可引起血压升高、少尿及腹痛。

3. 益母草

【来源与成分】为唇形科植物益母草的全草。含益母草碱（甲、乙），为收缩子宫的有效成分，叶含量最多。此外还含脂肪油、鞣质等。

【作用与用途】临床主要用于产后子宫出血，产后子宫复原不全和胎衣不下。

【用法与用量】煎水灌服：一次量羊 9～30 克，每日 2 次。

（二）性激素、促性腺激素及促性腺激素释放激素

性激素是由动物性腺分泌的激素，包括雄激素、孕激素和雌激素等。由于促性腺释放因子、促性腺激素和性激素的分泌互为促进，又相互制约，协调统一地调节

着生殖生理，故将这些激素统称为生殖激素。

1. 丙酸睾酮

【性状】为白色或类白色结晶性粉末，无臭，在三氯甲烷中极易溶解，在水中不溶。

【作用与用途】本品可促进雄性生殖器官及副性征的发育、成熟；能引起性欲及性兴奋；还能对抗雌激素的作用，抑制母畜发情。临床上用于雄性激素缺乏时的辅助治疗。

【用法与用量】丙酸睾酮注射液，肌内、皮下注射：一次量每千克体重，家畜0.25～0.5毫克。

【注意事项】大剂量睾酮通过负反馈机制，抑制黄体生成素，进而抑制精子形成。具有水钠潴留作用，肾、心或肝功能不全病畜慎用。可以作治疗用，但不得在食用动物产品中检出睾酮。

2. 苯甲酸雌二醇

【性状】为白色结晶性粉末，无臭，在水中不溶。

【作用与用途】雌二醇能促进雌性器官和副性征的正常生长和发育。可引起子宫颈黏膜细胞增大和分泌增多，阴道黏膜增厚，促进子宫内膜增生和增加子宫平滑肌张力。此外，雌二醇还能影响来自垂体腺的促性腺激素的释放，从而抑制泌乳、排卵以及雄性激素的分泌。兽医临床上用于发情不明显动物的催情及胎衣、死胎排除。

【用法与用量】苯甲酸雌二醇注射液，肌内注射：一次量羊1～3毫克。

【注意事项】妊娠早期的羊禁用，以免引起流产或胎儿畸形。可以作治疗用，但不得在食用动物产品检出雌二醇。

3. 黄体酮

【性状】白色或类白色的结晶性粉末，无臭无味，在水中不溶。

【作用与用途】在雌激素的作用基础上，黄体酮可促进子宫内膜及腺体发育，能抑制子宫收缩，降低子宫肌对催产素的敏感性，有安胎作用；通过反馈机制抑制垂体前叶黄体生成素的分泌，抑制发情和排卵。兽医临床上用于预防先兆性流产、习惯性流产和控制母羊同期发情。

【用法与用量】黄体酮注射液，预防流产，肌内注射：一次量羊12～25毫克；黄体酮阴道缓释剂，插入阴道内用于控制母羊同期发情：每次1个，5～8天后取出。本品可与雌激素、促性腺激素释放激素和前列腺素配合使用。

【注意事项】长期应用可使妊娠期延长。使用黄体酮阴道缓释剂时需戴橡胶手套，阴道畸形禁用。

4. 醋酸氟孕酮

【性状】为白色或类白色结晶性粉末，无臭，在水中不溶。

【作用与用途】药理作用同黄体酮，但作用较强。兽医临床上用于绵羊、山羊的诱导发情或同期发情。

【用法与用量】醋酸氟孕酮阴道海绵，30毫克、40毫克、50毫克，阴道给药：一次量羊1个，给药后12～14天取出。

【注意事项】泌乳期禁用。禁止在食用动物中使用。休药期羊30日。

5. 绒促性素（绒毛膜促性腺激素）

【性状】为白色或类白色的粉末，溶于水。

【作用与用途】绒促性素有促卵泡素（FSH）和促黄体素（LH）样作用。对母羊可促进卵泡成熟、排卵和黄体生成，并刺激黄体分泌孕激素。对公羊可促进睾丸间质细胞分泌雄激素，促进性器官、副性征的发育、成熟，可使隐睾病羊的睾丸下降，并促进精子生成。兽医临床上用于性功能障碍、习惯性流产及卵巢囊肿等，还可促进发情、排卵，有时可提高母羊受精率。

【用法与用量】注射用绒促性素，肌内注射：一次量羊100～500单位。一周2～3次。

【注意事项】不宜长期应用，以免产生抗体和抑制垂体促性腺功能。

6. 血促性素（血清促性腺激素）

【来源与性状】本品为孕马血浆中提取的血清促性腺激素，为白色或类白色粉末。

【作用与用途】同绒促性素具有促卵泡素和促黄体素样作用。兽医临床上主要用于母羊催情和促进卵泡发育，也用于胚胎移植时的超数排卵。

【用法与用量】注射用血促性素，皮下、肌内注射：一次量，催情用羊100～500单位；超排用，母羊600～1000单位。临用前，用灭菌生理盐水2～5毫升稀释。

【注意事项】可参见注射用绒促性素。

六、作用于神经系统的药物

（一）中枢神经系统兴奋药物

中枢神经兴奋药指能选择性地使中枢神经系统兴奋，提高某机能的药物。

1. 安钠咖（苯甲酸钠咖啡因）

【性状】白色粉末或颗粒，略溶于水。咖啡因（咖啡碱）常与苯甲酸钠制成可溶性苯甲酸钠咖啡因（安钠咖）注射液，供临床用。安钠咖水溶液在pH值为7.5～8.5时稳定。

【作用与用途】对中枢神经有兴奋作用，为脑兴奋药，能使心脏收缩加快、加强。主要用于解救中枢抑制药和毒物的中毒，也用于多种疾病引起的呼吸和循环衰竭，以及用于加快麻醉药物的苏醒过程等。此外，安钠咖与高渗葡萄糖、氯化钙配合静脉注射有缓解水肿的作用。

【用法与用量】安钠咖注射液，静脉、皮下或肌内注射：一次量羊 0.2～2 克。

【注意事项】忌与鞣酸、碘化物及四环素、盐酸土霉素等酸性药物配伍。用量过大或给药过频而发生中毒（惊厥）时，只可用溴化物、水合氯醛或巴比妥类药物解救，但不能使用麻黄碱或肾上腺素等强心药物，以防毒性增强。

2. 硝酸士的宁

【来源与性状】本品系由马钱科植物番木鳖或马钱的种子中提取的一种生物碱，为无色针状结晶或白色结晶性粉末，无臭，味极苦，在沸水中易溶，在水中略溶。

【作用与用途】士的宁为脊髓兴奋药的典型代表药，能选择性地提高脊髓兴奋性，内服或注射均能迅速吸收，体内分布均匀。士的宁可增强脊髓反射应激性，缩短脊髓反射时间，神经冲动易传导，能增加骨骼肌张力，改善肌无力状态。临床主要用于治疗脊髓性不全麻痹，如后躯麻痹、膀胱麻痹、阴茎下垂、四肢无力等。

【用法与用量】硝酸士的宁注射液，皮下注射：一次量羊 2～4 毫克。

【注意事项】孕羊及有中枢神经系统兴奋症状的羊忌用。本品有蓄积性，不宜长期使用，反复给药应酌情减量；本品毒性很强，投药量过大，约 1 分钟便出现反射增强、股震颤、颈部僵硬、口吐白沫等。中毒时，可用水合氯醛或巴比妥类药物（羊 0.3～0.5 克）解救，此时应保持环境安静，避免外界刺激。

（二）外周神经系统药物

1. 硝酸毛果芸香碱

【性状】为白色结晶粉末，无臭，味苦，在水中极易溶解。

【作用与用途】本品可引起节后胆碱能神经兴奋效应，能加强所有受胆碱能神经支配的腺体的功能，促进腺体分泌作用，如对唾液腺、胃肠道消化液的分泌作用增强，收缩胃肠平滑肌作用也极为明显。对眼有强大的缩瞳作用，无论点眼或注射，均能使虹膜括约肌收缩而使瞳孔缩小，降低眼内压。临床上全身给药可用于不全阻塞性便秘、肠道弛缓、前胃弛缓等。

【用法与用量】硝酸毛果芸香碱注射液，皮下注射：一次量羊 10～50 毫克；硝酸毛果芸香碱点眼液，1%～3%溶液滴眼，与散瞳药交替滴眼，用于虹膜炎，可防止虹膜与晶状体黏连。

【注意事项】对严重脱水的便秘动物能使其脱水加剧，故用药前应灌服盐类泻药以软化粪便并补液。禁用于完全阻塞性便秘、心力衰竭和呼吸道疾病及妊娠母羊。过量中毒时的有效解毒药为阿托品。

2. 硫酸阿托品

【来源与性状】阿托品是从茄科植物颠茄、莨菪或曼陀等中提取的生物碱，临床用其硫酸盐即硫酸阿托品，为无色结晶或白色结晶粉末，无臭，在水中极易溶解，水溶液久置会变质，应遮光密闭保存。

【作用与用途】本品药理作用广泛，有松弛平滑肌，抑制腺体分泌和扩大瞳孔等作用。松弛内脏平滑肌作用的强度与剂量的大小和内脏平滑肌的机能状态有关。治疗量的阿托品，对正常活动平滑肌的影响较小，但当平滑肌痉挛或处于过度收缩状态时，阿托品的松弛作用就很明显。在各种内脏平滑肌中，阿托品对胃肠平滑肌解痉作用最强。阿托品能抑制唾液腺、支气管腺、胃肠道腺体、泪腺的分泌，但用药后可引起口干和渴感等。大剂量阿托品有明显的中枢兴奋作用，中毒量时可引起大脑和脊髓强烈兴奋。阿托品对心血管的影响主要是大剂量加快心率，而治疗量则可短暂减慢心率。阿托品还是拟胆碱药中毒的主要解毒药。家畜有机磷农药中毒时，体内乙酰胆碱大量蓄积，表现强烈 M 样和 N 样作用，阿托品能迅速有效地解除 M 样作用的中毒症状。阿托品还具有解除支气管痉挛、抑制支气管腺分泌、缓解胃肠道症状和对抗心脏抑制的作用。此外，阿托品也能解除部分中枢神经症状的中毒症状。兽医临床上硫酸阿托品主要用于解除胃肠道平滑肌痉挛，抑制唾液腺和汗腺等的分泌，扩大瞳孔，抢救感染中毒性休克。配合胆碱酶复活剂碘解磷定等作用，可解除有机磷农药中毒、毛果芸香碱等中毒。麻醉前给药，可减少呼吸道分泌。局部给药用于虹膜睫状体炎及散瞳检查眼底。

【用法与用量】硫酸阿托品注射液，肌内、皮下或静脉注射：一次量每千克体重羊 0.02～0.05 毫克，麻醉前给药；解救有机磷酸酯类中毒，羊 0.5～1 毫克。

【注意事项】较大剂量可强烈收缩胃肠括约肌，故易发生肠臌胀、便秘等，尤其是当胃肠过度充盈或饲料强烈发酵时，可能造成胃胀，胃过度扩张甚至破裂。过量中毒的典型症状是：口腔干燥、脉搏及呼吸次数增加，瞳孔散大，兴奋不安，肌肉震颤，进而体温下降，昏迷，感觉与运动麻痹、呼吸浅表、排尿困难，常死于呼吸麻痹，解救时宜作对症治疗，如随时导尿，防止肠臌胀，维护心脏机能等。中枢神经兴奋时可用小剂量注射拟胆碱药对抗其周围作用，如注射毒扁豆碱等或用水合氯醛、安定、短效巴比妥类药物以对抗中枢兴奋症状。用新斯的明、毒扁豆碱或毛果芸香碱可解救阿托品中毒。

3. 肾上腺素

【性状】为白色或类白色结晶性粉末，无臭，味苦，遇空气及光易氧化变质。在水中极微溶解。

【作用与用途】拟肾上腺素药，有兴奋心脏、收缩血管，松弛支气管、胃、膀胱平滑肌等作用。临床上主要用于心搏骤停、过敏性休克抢救，缓解严重过敏性疾患症状，与麻醉药配伍，可延长麻醉时间及局部止血等。

【用法与用量】盐酸肾上腺素注射液，皮下注射：一次量羊 0.2～1 毫升；静脉注射：一次量羊0.2～0.6毫升。

【注意事项】本品禁与洋地黄、氯化钙配伍。用药过量尚可致心肌局部缺血、坏死。皮下注射误入血管或静脉注射剂量过大、速度过快，可使血压骤升、中枢神经系统抑制和呼吸停止。注射液变色后不能使用。

4. 普鲁卡因

【性状】为白色结晶或结晶性粉末，无臭，味微苦，继而有麻痹感。在水中易溶，水溶液不稳定，遇光、热及久贮后，色逐渐变黄，深黄色的药液局麻作用下降。

【作用与用途】短效酯类局麻药。盐酸普鲁卡因注射给药后1～3分钟，即可出现麻醉作用，不适合表面麻醉，临床上常局部注射用于浸润麻醉、传导麻醉、硬膜外麻醉、椎管内麻醉和神经封闭。在损伤、炎症及溃疡组织周围注入低浓度溶液，做封闭疗法。

【用法与用量】浸润麻醉、封闭疗法：0.25%～0.5%溶液；传导麻醉：2%～5%溶液，每个注射点2～5毫升；封闭疗法：用0.5%盐酸普鲁卡因溶液，注射在患部（炎症、创伤、溃疡）组织的周围；静脉注射：羊0.2～0.5克用生理盐水配成0.25%～0.5%溶液。

【注意事项】本品不可与磺胺类药物配伍应用，因普鲁卡因在体内分解出对氨基苯甲酸，对抗磺胺的抑菌作用。碱类、氧化剂易使本品分解，故不宜配合使用。为了延长局麻时间，可在药液中加入少量肾上腺素，可延长局麻时间。本品对皮肤、黏膜穿透力弱，不适用于表面麻醉。本品应避光保存。

5. 盐酸利多卡因

【性状】为白色结晶性粉末，无臭，味苦，继而有麻木感。在水中或乙醇中易溶。

【作用与用途】本品安全范围大，能穿透黏膜，可用于各种局麻方法，有全能局麻之称。与相同浓度普鲁卡因相比，利多卡因穿透力强、起效迅速、强效、中等长作用时间。其麻醉时效与药液浓度有关，麻醉作用强度在1%浓度以下时，与普鲁卡因相似，但在2%以上浓度时，局麻强度可增强2倍，并有较强的穿透性和扩散性，适于表面麻醉。本品静脉注射后能抑制心室自律性，缩短不应期，用作控制心动过速，治疗心律失常。临床上本品主要用于表面麻醉、传导麻醉、浸润麻醉和硬膜外麻醉。还用于治疗心率失常。本药对组织无刺激性，局部血管扩张作用不明显，加入血管收缩药如肾上腺素可延缓其吸收，延长作用时间。

【用法与用量】表面麻醉：配成2%～5%溶液；浸润麻醉：配成0.25%～0.5%溶液；传导麻醉：配成2%溶液，每个注射点羊3～4毫克。

【注意事项】大量吸收后可引起中枢兴奋如惊厥，甚至发生呼吸抑制，必须严格控制用量。

第六节 影响组织代谢药物

一、肾上腺皮质激素

（一）肾上腺皮质激素的种类

肾上腺皮质激素是肾上腺皮质所分泌的一类激素，根据其生理功能可分为两类：一类是调节体内水、盐代谢的激素，即促进肾小管对钠离子和水的重吸收，增加钾离子的排出，以维持体内水和电解质的平衡，称为盐皮质激素。盐皮质激素仅适用于肾上腺皮质机能不全，在兽医临床上没有实用价值。另一类主要影响糖的代谢，而对钠及钾的代谢作用相对地较弱，称为糖皮质激素。糖皮质激素在超生理剂量时具有抗炎、抗过敏、抗毒素、抗休克等作用，临床上广泛应用。通常所称的皮质激素，就是指这一类激素。

（二）肾上腺皮质激素的临床应用和适应证

1. 感染严重性疾病

对严重的感染性疾病，如各种败血症、中毒性肺炎、中毒性疾病、腹膜炎、产后急性子宫炎等，在应用足量、有效抗菌药的前提下，利用其抗炎、免疫抑制及抗毒素作用，避免组织器官，特别是脑、心等重要器官遭受难以恢复的损害；并缓解严重的中毒症状，有助于病畜度过危险期，可用糖皮质激素辅助治疗。

2. 过敏性疾病

糖皮质激素可缓解和改善过敏性皮炎、荨麻疹、变态反应性呼吸道炎症、急性蹄叶炎、过敏性湿疹以及自身免疫疾病等的临床症状，但停药后往往复发。

3. 局部炎症

糖皮质激素抑制炎性反应的特性可用于多种炎症的治疗，如关节炎、腱鞘炎、结肠炎、各种眼炎以及皮炎、湿疹等皮肤疾病，局部用药有效。

4. 休克

对感染中毒性休克、心源性休克、创伤性休克等，早期大剂量静脉注射糖皮质激素，都可产生一定的有利影响，有助于病畜度过危险期，但糖皮质激素只能起辅助作用。

5. 羊妊娠毒血症及诱发绵羊分娩

糖皮质激素对羊妊娠毒血症也有明显疗效，主要是通过糖异生作用，并刺激羊的食欲而达到辅助治疗的目的。此外，糖皮质激素还可用于诱发绵羊的分娩。

（三）糖皮质激素应用要注意的事项

1. 严格掌握适应证，防止滥用

本类药物仅限用于危及生命的严重感染和影响生产力的感染，一般感染不宜选用。用于感染性疾病时，须与足量、有效的抗菌药物配合使用。同时尽量应用较小剂量，病情控制后应减量或停药。

2. 用药时间不宜过长

持续大剂量给药超过一周，可能引起严重的不良反应，如类似肾上腺皮质功能亢进的症状、肾上腺皮质功能低下甚至萎缩、诱发新的感染或加重感染等。而且，大剂量连续用药超过一周时，应逐渐减量，缓慢停药，切不可突然停药，以免复发或出现肾上腺皮质机能下降的症状。

3. 注意禁用的病症和孕羊

严重肝功能不良、骨软症、骨质疏松、骨折治疗期、创伤修复期、疫苗接种期、缺乏有效抗菌药物治疗的感染症等均应禁用。孕羊应慎用或禁用，妊娠后期大剂量使用会引起流产。

（四）糖皮质激素的主要品种

1. 醋酸可的松

【性状】为白色的结晶性粉末，无臭，初无味，随后有持久的苦味，在水中不溶。

【作用与用途】有抗炎、抗过敏和影响糖代谢作用。该药本身无活性，需要在体内转化为氢化可的松才能生效，皮肤用药无效。主要用于炎症性、过敏性疾病及羊妊娠毒血症等。

【用法与用量】醋酸可的松注射液，肌内注射：一次量羊 12.5～25 毫克。

【注意事项】副作用大，即抗炎及糖代谢的影响较弱，而水、盐代谢作用较强。本类药物在应用时，必须严格掌握适应证，防止滥用，避免产生不良反应和并发症。其他注意事项见糖皮质激素应用要注意的事项。

2. 氢化可的松

【性状】为白色的结晶性粉末，无臭，初无味，随后有持久的苦味，遇光渐变质，在水中不溶。

【作用与用途】抗炎作用为醋酸可的松的 1.25 倍，还具有免疫抑制、抗毒素、抗休克等作用。此外也有一定的水钠潴留及排钾作用。主要用于炎症性、过敏性疾病和羊妊娠毒血症。

【用法与用量】氢化可的松注射液，静脉注射：一次量羊 0.02～0.08 克。

【注意事项】妊娠后期羊大剂量使用可引起流产。

3. 醋酸泼尼松（强的松）

【性状】为白色或几乎白色的结晶性粉末，无臭，味苦，在水中不溶。

【作用与用途】本品具有抗炎及抗过敏作用，临床上当严重中毒性感染时，与大量抗菌药物配合使用，有良好的降温、抗毒、抗炎、抗休克作用而使症状缓解。抗炎作用与糖原异生作用为氢化可的松的4倍，而水钠滞留作用及排钾作用比可的松小。由于抗炎及抗过敏作用较强，副作用较小，故在临床上较常用。主要用于炎症性、过敏性疾病及羊妊娠毒血症等。

【用法与用量】醋酸泼尼松片，内服：一次量羊10～20毫克。

【注意事项】同氢化可的松。

二、维生素

（一）维生素的作用

维生素是动物维持生理机能所必需的一类特殊的低分子有机化合物。虽然维生素既不是构成机体组织的主要成分，也不是机体能量的来源，但在动物体内的作用极大，起着控制新陈代谢的作用。而且多数维生素是辅酶的组成成分，如果维生素缺乏，会影响辅酶的合成，导致代谢紊乱，动物就会出现各种病症，影响动物健康和生产，严重时甚至导致动物死亡。羊属于反刍动物，反刍动物的瘤胃微生物能合成所有的B族维生素和维生素K。但某些原因，如饲料中缺钴后，会导致瘤胃微生物不能合成维生素B_{12}，或因应用抗菌药物使瘤胃微生物受抑制等，也可导致反刍动物体内维生素合成不足。由于青绿饲料中含有丰富的维生素，羊在粗放饲养条件下，因采食大量青绿饲料，一般不会缺乏维生素，而幼龄羊较易发生维生素缺乏。但随着规模化养羊生产水平的提高，饲养方式的工厂化、集约化，一方面羊对维生素的需要量增加，另一方面由于缺少青绿饲料及自然条件，仅仅依靠秸秆和其他的饲草料，是根本不能满足羊场羊群的维生素需要，必须补充工业化生产的维生素。研究表明，除了传统的营养作用之外，在羊场饲料中添加羊需要的维生素，可使饲料营养平衡，能保证羊群健康，并能提高羊的生产性能。因此，维生素添加剂在羊场规模化饲养饲料中会得到更广泛的应用。

（二）羊场防治维生素缺乏症应采取的综合防治措施

应改变饲养管理条件，并进行全面的综合治疗，如补充饲喂富含维生素的青饲料和其他饲料，并对缺乏维生素D的病羊多晒阳光和多食青干草；对严重缺乏维生素的病羊，可采取对症治疗。

（三）维生素的种类及兽医临床常用的维生素

1. 维生素的种类

目前，已知的维生素约20多种，其化学结构和生理功能各不相同，通常按溶解性将维生素分为脂溶性维生素（有维生素A、维生素D、维生素E、维生素K四种）和水溶性维生素（包括B族维生素和维生素C等）两大类。羊为反刍动物，其瘤胃微生物能合成所有的B族维生素和维生素K，但幼羔羊合成很少，必须依靠饲料补充。

2. 兽医临床上常用的维生素

（1）维生素A

【性状】本品为淡黄色的油溶液，在空气中易氧化，遇光易变质，在水中不溶。

【作用与用途】本品主要用于维生素A缺乏症，也用于增强机体对感染的抵抗力，也可用于体质虚弱的病羊、妊娠和泌乳母羊。与维生素E合用时，可促进维生素A吸收，但服用大量维生素E时可耗尽维生素A在体内的贮存。大剂量的维生素A可以对抗糖皮质激素的抗炎作用。

【用法与用量】维生素AD油，1克含维生素A5 000单位、维生素D500单位，内服：一次量羊10～15毫升；维生素AD注射液，0.5毫升含维生素A2.5万单位、维生素D0.25万单位，肌内注射：一次量成年羊2～4毫升，羔羊0.5～1毫升。

【注意事项】维生素A不易从体内迅速排出，摄入量超过正常量的50～500倍时出现过多症，多发生于幼龄动物。母畜妊娠早期应用维生素A过量，可引起胚胎死亡，后期则导致胎儿畸形。中毒时，一般停药1～2周中毒症状可逐渐缓解和消失。

（2）维生素E

【性状】本品为微黄色或黄色透明的黏稠液体，遇光色渐变深而迅速氧化，无臭，在水中不溶。

【作用与用途】维生素E的主要作用是调节机体的氧化过程，与动物的繁殖机能关系密切，具有促进性腺发育，促进受孕和防止流产等作用。主要用于防治种羊的各种因维生素E缺乏所致的不孕症、羔羊白肌病和营养性肌萎缩。维生素E与维生素A、维生素D、B族维生素配合，用于动物的生长不良、营养不足等综合性缺乏症。维生素E和硒对动物有协同作用。

【用法与用量】维生素E注射液，肌内注射：一次量羔羊0.1～0.5克；亚硒酸钠维生素E注射液（含0.1%亚硒酸钠、5%维生素E），肌内注射：一次量羔羊1～2毫升。

【注意事项】注射体积超过5毫升时应分点注射。

（3）维生素C

【性状】本品为白色结晶或结晶性粉末，无臭，味酸、久置色渐变微黄，在水中易溶，水溶液显酸性反应。

【作用与用途】维生素 C 参与体内的氧化还原反应，促进细胞间质的合成。缺乏维生素 C 时可引起坏血病。维生素 C 具有解毒作用，可用于铅、汞、砷、苯等慢性中毒、磺胺类药物和巴比妥类药物等中毒，还可增强动物机体对细菌毒素的解毒能力。此外，维生素 C 能增强机体抗病能力，大量维生素 C 可促进抗体生成，增强白细胞吞噬功能，增强肝脏解毒能力，改善心肌和血管代谢机能，还有抗炎、抗过敏作用。因此，维生素 C 可用作急、慢性感染症和感染性休克的辅助治疗药。临床上除用于维生素 C 缺乏症外，常用于家畜高热、心源性和感染性休克、中毒、药疹、贫血等的作辅助治疗。

【用法与用量】维生素 C 注射液，肌内、静脉注射：一次量羊 0.2～0.5 克。

【注意事项】注射液中若含碳酸氢钙，易与微量钙生成碳酸钙沉淀，本品亦不能与钙剂混合注射。本品在碱性溶液中易氧化失效，故不可与氨茶碱等碱性较强的注射液混合注射。维生素 C 与对氨苄西林、头孢霉素Ⅰ、头孢霉素Ⅱ、土霉素、四环素、红霉素、卡那霉素、链霉素、林可霉素和多黏菌素等，均具不同程度的灭活作用，因此，维生素 C 不宜与这些抗生素混合注射。

三、钙与磷

（一）钙、磷的作用

钙和磷是构成骨组织的主要元素，体内 99% 的钙和 80% 以上的磷存在于骨骼和牙齿中，并不断地与血液和体液中的钙、磷进行代谢，维持动态平衡。维生素 D 是钙、磷代谢，包括钙的吸收和贮存的必需因素，而且饲料中钙与磷的比例是影响钙吸收的重要因素。一般认为，动物饲料中的钙、磷比例以（1～2）∶1 为宜。钙、磷过多，对动物发育不利。钙过多，会阻碍磷、锌、锰、铁、碘等元素的吸收；磷过多会降低镁的利用率。生长期动物对钙、磷需求比成年动物大，泌乳期动物对钙、磷需求又比处于生长期的动物高。当动物钙摄取不足时，会出现急性或慢性钙缺乏症，慢性症状主要表现为骨软症、佝偻病。急性钙缺乏症主要与神经肌肉、心血管功能异常有关。骨髓因钙化不全导致软骨异常增生、退化、骨髓畸形、关节僵硬和增大，运动失调，神经肌肉功能紊乱，体重下降等。

（二）主要钙、磷制剂

1. 氯化钙

【性状】本品为白色、坚硬的碎块或颗粒，味微苦，极易潮解，在水中极易溶解。

【作用与用途】钙补充药，用于低血钙症以及毛细血管通透性增加所致疾病。主要用于低血钙症，也用于慢性钙缺乏症，如羊维生素 D 缺乏性骨软症或佝偻病及母羊产后瘫痪等，还用于硫酸镁中毒的解毒剂。

【用法与用量】氯化钙注射液，静脉注射：一次量羊 1 ~ 5 克；氯化钙葡萄糖注射液，静脉注射：一次量羊 20 ~ 100 毫升。

【注意事项】静脉注射必须缓慢，以免血钙浓度骤升，导致心率失常，甚至心搏骤停。氯化钙溶液刺激性强，不宜肌内或皮下注射。5% 的氯化钙注射液不可直接静脉注射，应在注射前以等量的葡萄糖液稀释，静脉注射时严防漏出血管，以免引起局部肿胀或坏死。在应用强心苷、肾上腺素期间或停药 7 日内，禁忌注射钙剂。

2. 葡萄糖酸钙

【性状】为白色颗粒性粉末，无臭无味，在沸水中易溶，在水中缓慢溶解。

【作用与用途】钙补充药，与氯化钙相同，但含量较氯化钙低，对组织的刺激性小，注射时比氯化钙安全，常同镇静剂合用。

【用法与用量】葡萄糖酸钙注射液，静脉注射：一次量羊 5 ~ 15 克。

【注意事项】葡萄糖酸钙注射液为无色澄明液体，如析出沉淀，微温后能溶时才可供注射用。忌与强心苷并用。

3. 碳酸钙

【性状】为白色极细致的结晶性粉末，无臭无味，在水中几乎不溶。

【作用与用途】主要用于内服作钙补充剂，补充饲料中钙离子不足，或防治骨软症、佝偻病、产后瘫痪等缺钙性疾病，可根据饲料中所含钙磷比例在饲料中添加本品。妊娠动物、泌乳动物和成长期幼畜需钙量增高，在饲料中也可添加，是羊场常用的饲料添加剂。

【用法与用量】内服：一次量羊 3 ~ 10 克。

4. 磷酸氢钙

【性状】为白色粉末，无臭无味，在水或乙醇中不溶。

【作用与用途】内服作为钙、磷补充剂，用于防治钙、磷缺乏性疾病，也是羊场常用和必用的饲料添加剂。

【用法与用量】内服：一次量羊 2 克。

四、微量元素

（一）微量元素的作用

微量元素是指动物体内存在的极微量的一类矿物质元素，仅占体重的 0.05%，但它们却是动物生命活动所必需的元素。动物需要的微量元素主要有硒、钴、铜、锌、锰、铁、碘等，这些微量元素，动物除从饲料摄取外，尚可由饲料添加剂补给。日粮中微量元素不足时，动物可产生缺乏综合征。添加一定的微量元素，就能改善动物的代谢，预防和消除这些缺乏症，从而提高生产性能。然而微量元素过多时，也可引起动物中毒。对羊而言，必需的微量元素主要来自植物性饲料，而植物中微量元素的含量又受土壤和水中微量元素含量的影响，因此，羊微量元素缺乏症和过多症常见地区性。现代规模化羊场生产中，羊常常因饲料中微量元素不足而导致缺乏症，特别是羔羊白肌病、羊的缺钴症等疾病在兽医临床上比较常见。

（二）兽医临床上常用的微量元素制剂

1. 亚硒酸钠

【性状】本品为白色结晶性粉末，无臭，在空气中稳定，在水中溶解。

【作用与用途】硒是谷脱甘肽过氧化物酶的组成部分，此酶可分解细胞内过氧化物，防止对细胞膜的氧化破坏反应，保护生物膜免遭损害。硒还能加强维生素 E 的抗氧化作用，二者对此生理功能有协同作用，在饲料中添加维生素 E 可以减轻缺硒症状。此外，硒还可以与汞、铅、镉、银、铊等重金属生成不溶性硒化物，降低这些重金属对机体的毒性。缺乏硒时，动物体内细胞抗过氧化物毒性能力降低，细胞被过氧化物破坏，出现水肿、出血、渗出性素质、肝细胞坏死、脾脏纤维性萎缩、骨骼肌及心肌变性，羔羊表现为白肌病、生理机能紊乱、生长受阻。亚硒酸钠主要用于防治羔羊白肌病。在补硒的同时，添加维生素 E，则防治效果更好。

【用法与用量】亚硒酸钠注射液，肌内注射：一次量羔羊 1 ~ 2 毫克；亚硒酸钠维生素 E 注射液，肌内注射：一次量羔羊 1 ~ 2 毫升。休药期羊 14 日。

【注意事项】硒毒性较强，用量不宜过大，否则会发生中毒。羊皮下注射的中毒量为 0.8 毫克/千克，致死量为 1.6 毫克/千克，有些羔羊一次注射 5 毫克就可致死。亚硒酸钠的治疗量和中毒量很接近，确定剂量时应慎重。急性中毒可用二巯丙醇解毒。

2. 氯化钴

【性状】为红色或深红色单斜系结晶，在水或乙醇中极易溶解，水溶液呈红色，醇溶液为蓝色。

【作用与用途】钴是反刍动物必需的微量元素。反刍动物瘤胃微生物必须利用外界摄入的钴，才能合成生长所必需的维生素 B_{12}。反刍动物缺钴时，引起慢性消耗性疾病，表现食欲不振、生长不良、贫血、营养不良症等。反刍动物饲粮中钴低于 0.08 毫克/千克时，可出现缺钴症。氯化钴在兽医临床上主要防治反刍动物的钴缺乏症。

【用法与用量】氯化钴片，内服：治疗时，一次量成年羊 0.1 克、羔羊 0.05

克；预防时，一次量成年羊0.005克、羔羊0.0025克。

【注意事项】本品只能内服，注射无效。注射给药时钴不能为瘤胃微生物所利用。

五、体液补充药与酸碱平衡调节药

（一）兽医临床上使用体液补充药与酸碱平衡调节药的作用与原则

动物体液由水分和溶于水中的物质（电解质和非电解质）所组成。机体正常活动也要求保持相对稳定的体液酸碱度，即体液pH值的相对稳定性，称为酸碱平衡。而机体细胞正常代谢还需要相对稳定的内环境，为维持相对稳定的内环境，动物对水的摄入量和排出量必须维持相对的动态平衡，否则便会产生水肿或脱水。动物在病理情况下，体内水、电解质摄入和排出超过机体代偿能力时，就会出现体液代谢失调。体液代谢失调在临床上的类型较多，但所见的脱水常是缺水和缺盐同时存在，只是在数量上有所差异。水和钠成比例地缺少，此时细胞外液的渗透压无多大变化，称为等渗性脱水；当缺水多于缺钠时，则细胞外液的渗透压下降，称为低渗性脱水。兽医临床上当动物发生体液、电解质紊乱和酸碱平衡紊乱时，由静脉输入不同质量和一定数量的溶液进行纠正，此种方法称液体疗法，目的是纠正脱水或失水过多时电解质和酸碱的不平衡以及补充营养，维持动物机体正常生理机能。

在兽医临床上采取液体疗法，实施输液对选用何种液体主要依据脱水性质而定。原则上是缺什么补什么，如高渗性脱水以补水为主，可选用5%葡萄糖或2份5%葡萄糖加1份生理盐水；对低渗性脱水则应适当增加补盐量，以选用生理盐水为主，或选用2份生理盐水加1份5%葡萄糖；对等渗性脱水以选用葡萄糖盐水为主。在正常情况下，动物机体能维持正常的水、电解质及酸碱的动态平衡，但当动物机体在新陈代谢过程中不断产生大量的酸性物质，饲料中也可摄入各种酸碱物质，而当肺、肾功能障碍，代谢异常、高热、缺氧、腹泻的病理状态下或其他重症疾病引起酸碱平衡紊乱时，体液平衡破坏，使用酸碱平衡调节药进行对症治疗，必须输液进行调节，可使机体紊乱恢复正常。同时还要进行对因治疗，才能消除引起酸碱平衡紊乱的原因，使动物康复。如在兽医临床上处理羊疾病时还要注意，羊正常饲草料中钾的含量较高，当羊患病停食时，常常会缺钾，纠正缺钾的最好办法是让羊摄入干草或青草，但当羊停食等情况必要时也可在补液中加入钾。再如在大失血或失血浆所致的血容量降低、休克等应激情况时，可补充血浆或血浆代用品，如右旋糖酐40、右旋糖酐70，用于扩充和维持血容量，治疗失血、中毒性休克、出血性休克等。因此，在兽医临床上，体液补充药与酸碱平衡调节药，是治疗危重病畜的常用的有效措施之一。

（二）兽医临床上常用的体液补充药与酸碱平衡调节药

1. 右旋糖酐40

【性状】为白色粉末，无臭无味，在热水中易溶。

【作用与用途】右旋糖酐40为血容量补充药，同类药还有右旋糖酐70。本品能提高血浆胶体渗透压，吸收血管外的水分而扩充血容量，维持血压，并有抗血栓形成和渗透性利尿作用。临床上主要用于扩充和维持血容量，治疗失血、创伤、烧伤及低血容量性休克和中毒性休克。

【用法与用量】制剂与规格：右旋糖酐40氯化钠注射液，500毫升：右旋糖酐40，30克与氯化钠4.5克；右旋糖酐40葡萄糖注射液，500毫升：右旋糖酐40，30克与葡萄糖25克。静脉注射：一次量羊250～500毫升。

【注意事项】静脉注射宜缓慢，用量过大导致出血。充血性心力衰竭和有出血性病畜禁用。偶见过敏反应，如发热、荨麻疹等，此时应立即停止输入，必要时注射苯海拉明或肾上腺素。

2. 氯化钠

氯化钠、葡萄糖、氯化钾、碳酸氢钠、乳酸钠为临床上常用的水、电解质及酸碱平衡调节药。

【性状】为无色、透明的立方形结晶或白色结晶性粉末，无臭，味咸，在水中易溶。

【作用与用途】氯化钠为电解质补充剂。在动物体内，钠是细胞外液中极为重要的阳离子，是保持细胞外液渗透压和容量的重要成分，钠以碳酸氢钠形式构成缓冲系统，对调节体液的酸碱平衡具有重要作用。动物体内大量钠丢失可引起低钠综合征，表现症状为全身虚弱、表情淡漠、肌肉痉挛、循环障碍等，重则昏迷直到死亡。氯化钠其主要作用和用途：一是调节细胞外液的渗透压和容量。细胞外液中钠离子为阳离子含量的90%，细胞外液中80%渗透压由氯离子来维持，因而具有调节细胞内外水分平衡的作用。0.9%氯化钠水溶液与哺乳动物体液等渗，故名生理盐水。二是参与酸碱平衡的调节。三是氯化钠主要用于防治低血钠综合征，对于丢失电解质为主的低渗性脱水和以丢失水与电解质几乎平衡的等渗性脱水均可应用。因此，本品在临床上主要用于脱水症。另外，高渗氯化钠溶液静脉注射后，能反射性兴奋迷走神经，使胃肠平滑肌兴奋，蠕动加快。

【用法与用量】氯化钠注射液，250毫升（2.25克）、500毫升（4.5克）；复方氯化钠注射液500毫升。静脉注射：一次量羊250～500毫升。

【注意事项】肺水肿病畜禁用。本品所含有的氯离子比血浆氯离子浓度高，已发生酸中毒动物，如大量应用可引起高氯性酸中毒，此时可改用碳酸氢钠—生理盐水或乳酸钠—生理盐水。输液或内服过多、过快，可致水钠潴留，引起水肿、血压升高、心率加快。

3. 葡萄糖

【性状】为无色结晶或白色结晶性或颗粒粉末，无臭，味甜，在水中易溶。

【作用与用途】一是供给能量。是机体所需能量的主要来源，在体内被氧化成二氧化碳和水并同时供给热量，或以糖原形式贮存，对肝脏具有保护作用。适用于重病、久病和过度虚弱的病畜。二是补充体液和利尿。5% 等渗葡萄糖注射液及葡萄糖氯化钠注射液有补充营养和体液作用，5% 葡萄糖多用于高渗性脱水。高渗葡萄糖还可提高血液渗透压，使组织脱水并有利尿作用，主要用于提高血液渗透压和利尿脱水。三是解毒。葡萄糖在肝脏中氧化成葡萄糖醛酸可与某些毒物结合从尿中排出而解毒，可用于各种中毒。临床上葡萄糖主要用于如下病症的辅助治疗：下痢、呕吐、重伤、失血等，体内损失大量水分时，可静脉注射 5% ~10% 葡萄糖注射液；不能采食的重病衰竭病畜，用以补充营养；还用于农药、化学药物及细菌毒素中毒病解救。

【用法与用量】葡萄糖注射液，20 毫升（5 克）、20 毫升（10 克）、250 毫升（25 克），静脉注射：一次量羊 10 ~50 克。葡萄糖氯化钠注射液，500 毫升（葡萄糖 25 克与氯化钠 4.5 克），静脉注射：一次量羊 250 ~500 毫升。

【注意事项】高渗注射液应缓慢注射，且勿漏出血管外。

4. 碳酸氢钠（小苏打）

【性状】为白色结晶性粉末，无臭，味咸，在潮湿空气中即缓慢分解，在水中溶解。

【作用与用途】本品内服或静脉注射能直接增加机体内的碱贮备，迅速纠正代谢性酸中毒，并碱化尿液。临床上主要用于严重酸中毒，调节酸碱平衡；内服治疗胃肠卡他；碱化尿液，防止磺胺类药物对肾的损害。

【用法与用量】碳酸氢钠片，内服：一次量羊 5 ~10 克；碳酸氢钠注射液，10 毫升（0.5 克）、250 毫升（12.5 克），静脉注射：一次量羊 2 ~6 克。

【注意事项】避免与酸性药物、复方氯化钠、硫酸镁、盐酸氯丙嗪注射液等混合应用。注射液对组织有刺激性，静脉注射勿漏出血管外。

第七节　消毒防腐药

一、消毒防腐药的概念和作用

消毒药一般指能迅速杀灭病原微生物的药物。理想的消毒药应能杀灭所有的细菌、芽孢、病毒、霉菌、滴虫及其他感染的微生物而不伤害宿主动物的组织。但目前的消毒药都有一定的限制，一般对宿主都有一定的损害作用。防腐药是指能抑制病原微生物生长繁殖的药物。它们对细菌的作用较缓慢，但对动物组织细胞的伤害也较小，适用于动物体表如皮肤、黏膜及伤口的防腐。消毒药低浓度时抑菌，防腐药高浓度时也可杀菌，两者无严格界限，故统称为消毒防腐药。因此，消毒防腐药是指具有杀灭或抑制病原微生物生长繁殖的一类药物。

消毒防腐药对病原微生物和动物组织细胞无明显选择作用，在抗病原微生物浓度时对宿主也有一定程度的损害，只可将一些刺激性较弱的外用，称为外用消毒防腐药；而作用强烈对组织有剧烈作用的消毒药，主要用于器械、用具、环境及排泄物的消毒，称为环境消毒药。此外，消毒防腐药中还有一部分称为杀虫药，主要作用于动物体外寄生虫和环境中的昆虫，如苍蝇、蚊子、蜱、螨、虱、蚤等节肢动物，这些节肢类昆虫除了侵害羊体表造成各种皮肤疾病外，还是许多疾病的传播媒介。

二、消毒防腐药的性质和种类

（一）消毒防腐药的性质

理想的消毒防腐药：一是性质稳定，抗微生物范围广，活性强；二是消毒防腐作用产生迅速，溶液有效时间长；三是有较好的脂溶性，分布均匀；四是对人和动物都安全；五是无臭、无着色性，对金属、塑料、衣物等无腐蚀作用；六是无易燃、易爆性；七是价廉易得，使用方便。

（二）消毒防腐药的种类

消毒防腐药的种类很多，其作用机理也各不相同，主要归纳如下。

1. 按作用水平分类

（1）高效消毒剂　指可杀灭一切细菌繁殖体、病毒、真菌及其孢子等，而且对细菌芽孢也有一定杀灭作用，达到高水平消毒要求的制剂，包括含氯消毒剂、臭氧、醛类、过氧乙酸、双链季铵盐等。

（2）中效消毒剂　可杀灭除细菌芽孢以外的分枝杆菌、真菌、病毒及细菌繁殖体等微生物，能达到消毒的制剂，包括含碘消毒剂、醇类消毒剂、酚类消毒剂等。

（3）低效消毒剂　仅可杀灭抵抗力比较弱的细菌繁殖体和亲脂病毒，可达到消毒要求的制剂，包括苯扎溴铵等季铵盐类消毒剂、洗必泰等二肽类消毒剂、金属离子类消毒剂和中草药消毒剂。

2. 按照化学性质分类

可分10类，有酚类、醇类、酸类、碱类、卤素类、过氧化物类、染料类、重金属类、季铵盐类和醛类。

三、消毒防腐药物的科学安全使用要求

（一）羊场选择消毒药物要准确并要注意消毒效果

羊场消毒要根据消毒对象和目的准确地选择消毒药物。不同种类的病原微生物对药物的敏感性有很大差别。如要杀灭病毒，则要选择杀灭病毒的消毒药，病毒通常对碱类较敏感，对酚类常耐药。如要杀灭某些病原菌，则选择杀灭细菌的消毒药。而在许多情况下，还要将杀灭病毒和细菌，甚至真菌、虫卵等几者兼顾考虑，选择抗病毒抗菌谱广的消毒药。还有对羊舍周围环境消毒，可选择价廉和消毒效果好的碱类和醛类消毒剂。总的来讲，羊场消毒应考虑是平时预防性消毒，还是扑灭正在发生的疫情，或周围正处于某种疫病流行而使本羊场受到威胁时的消毒，以此来选择消毒药物及稀释浓度，以保证消毒的效果。

（二）要注意消毒药物的浓度与作用时间

一般来说，药物的浓度越高，抗菌作用就越强，但治疗创伤时，必须考虑对组织的刺激性和腐蚀性，就不能使用浓度过高的消毒防腐药。药物与病原微生物的作用时间越长，抗菌作用越能得到充分发挥，也才能有一定的消毒效果。此外，还要考虑污染量，一般污染量越大，所需消毒药量越大，浓度要高，消毒时间也越长。

（三）药物的配制和使用方法要合理

1. 消毒前要清洁环境和被消毒的对象

多数消毒防腐药都可因环境中存在粪、尿或创面上有脓、血、坏死组织及其他有机物存在而减弱抗菌能力。有机物越多对消毒防腐药物的效力影响越大。因此，在用药前必须充分清洁消毒环境和被消毒对象，然后再进行消毒，这是保证消毒效果的前提和基础。

2. 消毒药应现用现配

在配制消毒药时，应认真根据消毒药说明书和要消毒的面积用量来配制，尽可能将配制的药液一次用完。稀释好的药液，一般当天用完为好，不可久储，否则，很容易失效而造成人力、物力的浪费。此外，许多消毒药具有氧化性和还原性，还有的药物见光遇热后分解加快，必须在一定时间内用完。

3. 要注意配制药液用水的硬度

水的硬度指水中钙、镁等离子的总浓度。硬水中的矿物性离子浓度较高，能与某些消毒防腐药如季铵盐类、碘等结合形成难溶性盐类，影响这些消毒防腐药药效的发挥。硬水可拮抗新洁尔灭、洗必泰的作用。目前，许多消毒药是不宜用井水稀释配制的，因为井水中大多为含钙离子、镁离子较多的硬水，会与消毒药中释放出

来的阳离子、阴离子或酸、碱离子发生化学反应，从而降低药效。因此，在稀释消毒药时一般应使用自来水或白开水。

4. 要考虑药物溶液的温度

消毒药物的抗菌效力随温度的增加而增加，温度每升高10℃杀菌效力增强1～1.5倍。如氢氧化钠（苛性碱）溶液，在15℃经6小时可杀死炭疽杆菌芽孢，而在55℃时只需1小时、75℃时仅需6分钟就可杀死炭疽杆菌芽孢。

（四）必须注意消毒药的理化性质

1. 注意消毒药的酸碱性

表面活性剂在碱性环境中作用最强，酸类消毒药在酸性环境中作用增强。酚类、酸类两大类消毒药一般不宜与碱性环境、脂类和皂类物质接触，否则会明显降低其消毒效果。反过来，碱类、碱性氧化物消毒药不宜与酸类、酚类物质接触，防止降低其杀菌效果。

2. 注意消毒药的配伍禁忌

在两种或两种以上消毒防腐药合用时，可能由于物理或化学性的配伍禁忌而使消毒效果下降。重金属类消毒药忌与酸、碱、碘和银盐等配伍，防止发生沉淀或置换反应。如新洁尔灭等季铵盐类阳离子表面活性剂若与阴离子表面活性剂如肥皂合用时，可发生置换反应而使消毒效果减弱。

3. 注意消毒药的可燃性和可爆炸性

高锰酸钾等氧化剂不宜与还原剂接触与合用，如高锰酸钾晶体在遇到甘油时可发生燃烧，在与活性炭研磨时可发生爆炸。

（五）消毒药要定期更换

一个羊场使用任何消毒药，都不宜长期使用。因为，长期使用单一的消毒药，容易使动物体内及饲养场内外环境中的病原体形成耐药株，导致该药物的消毒效果减弱甚至完全无效。

（六）保证人与羊安全

1. 腐蚀性强的消毒药消毒羊舍后要清洗

强酸类、强碱类及强氧化剂类消毒药，对人与羊均有很强的腐蚀性，使用这几类消毒药消毒过的羊舍地面、墙壁、饲槽、用具等最好用清水冲刷之后，再放羊进羊舍。

2. 带羊消毒时不宜选择熏蒸消毒

凡实施熏蒸消毒时，其产生的消毒气体和烟雾，均对人与羊有毒害作用，即使熏蒸后遗留的废气，对人与羊的眼结膜、呼吸道黏膜也会造成伤害，故必须将废气排净后，方可使用。

3. 有毒的消毒药均不能用于饮水消毒使用

酚类、酸类、醛类和碱性消毒药，均具有不同程度的毒性，这几类消毒药不宜用于饮水消毒。

4. 用作饮水消毒的消毒药配制浓度要准确

能用作饮水消毒的消毒药主要有表面活性剂类、氧化剂类和卤素类等几类消毒药中的大部分品种。使用这些消毒药，配制浓度很重要，浓度高了则会对羊机体造成一定损害或引起中毒，浓度低了起不到消毒杀菌的作用。

四、常用的环境消毒药

环境消毒药种类较多，按化学性质或化学结构可分为醛类、酚类、碱类、酸类、卤素类、氧化物类和重金属类等。

（一）酚类

酚类是以羟基取代苯环上的氢原子而形成的化合物。作用特点主要损害菌体细胞膜，较高浓度时能使蛋白质变性，抑制细菌脱氧酶和氧化酶，对多数无芽孢的繁殖性细菌和真菌有杀灭作用，对芽孢、病毒作用不强。酚类的抗菌活性不易受环境中有机物和细菌数目的影响，故可用于消毒排泄物等。而且酚类的化学性质稳定，因而贮存或遇热等不会改变药效。酚类与乙醇、肥皂合用，杀菌力增强，但一般不与卤素类、碱类、过氧化合物合用。目前市售的酚类消毒药多是两种或两种以上有协同作用的复方制剂，以扩大其抗菌作用范围。一般酚类化合物多用于环境及用具消毒，主要有苯酚、甲酚、六氯酚、氯甲酚、臭药水（煤焦油溶液）等。

1. 苯酚（又名酚或石炭酸）

【性状】为白色或淡红色细长的针状结晶或结晶块，有特臭，溶于水（1：15），水溶液显弱酸性反应，也易溶于乙醇、醚、氯仿、甘油、脂肪油等有机溶媒中。遇光或在空气中色渐变深，有潮解性，须避光密闭保存。

【作用与用途】制剂为复合酚。能抑制和杀死多种细菌，也能有效杀灭口蹄疫病毒、真菌、寄生虫卵等致病微生物。苯酚的杀菌效果与温度呈正相关。0.1% ~1%的溶液有抑菌作用，1% ~2%溶液有杀菌和杀真菌作用。因对蛋白质的穿透性很强，受环境中有机物的影响较小，因此，适用于排泄物、分泌物的消毒。主要用于器具、羊舍、排泄物和污染物等消毒。

【用法与用量】复合酚，喷洒：配成0.3% ~1%的水溶液；浸涤：配成1.6%的水溶液；2% ~5%溶液用于用具、器械和环境等消毒。

【注意事项】不可与碘制剂合用。5%溶液即对组织有强烈的刺激和腐蚀作用。

2. 煤酚皂溶液（甲酚、来苏儿）

【性状】为黄棕色至红棕色的黏稠澄清液体，有类似酚的臭气，久贮或与日光接触，则色渐变深，能溶于水和醇中，含甲酚50%。

【作用与用途】毒性较低，但杀菌力强，是苯酚的3～10倍，对大多数病原菌有强大的杀灭作用，也能杀死某些病毒及寄生虫，但对细菌的芽孢无效，对繁殖期细菌抗菌作用强。

【用法与用量】由于水溶性低，常用肥皂乳化制成50%甲酚肥皂乳化液即煤酚皂溶液，又称来苏儿，喷洒或浸泡：配成5%～10%的水溶液。为加强杀菌作用，可加热至40～50℃。

【注意事项】对皮肤有一定刺激作用和腐蚀作用。须遮光密封保存。

3. 复合酚（菌毒敌、畜禽灵）

【性状】为酚及酚类复合型消毒剂，呈深红褐色黏稠液体，有特异臭味。

【作用与用途】为广谱、高效、新型消毒剂。主要用于羊舍、饲养场地、运输工具及排泄物的消毒，可杀灭细菌、霉菌和病毒，对多种寄生虫卵也有杀灭作用。此外，还能抑制蚊、蝇等昆虫和鼠害的滋生。此药用后药效可维持一周。

【用法与用量】复合酚由苯酚（41%～49%）和醋酸（22%～26%）加十二烷基苯磺酸等配制而成的水溶性混合物。喷洒消毒：用0.35%～1%的水溶液；浸洗消毒：用1.6%～2%的水溶液。稀释用水温度应不低于8℃。在环境较脏、污染严重时，可适当增加药物浓度和用药次数。

【注意事项】避免与其他消毒药或碱性药物混合应用。对皮肤黏膜有刺激性和腐蚀性。

（二）醛类

醛类药物易挥发，又称挥发性烷化剂，作用与醇类相似，主要通过使蛋白质变性发挥杀菌作用。对芽孢、真菌、结核杆菌、病毒均有杀灭作用。常用的有甲醛、聚甲醛、戊二醛，其中以甲醛的杀菌作用最强。

1. 甲醛溶液（福尔马林）

【性状】甲醛又称蚁醛，为无色气体，易溶于水，一般用其水溶液，水溶液为无色或几乎无色的透明液体。甲醛溶液通常称为福尔马林，含甲醛不少于36.0%，有刺激性臭味，与水或乙醇能任意混合。

【作用与用途】本品是一种广泛使用的防腐消毒剂，杀菌谱广且作用强，对细菌繁殖体及芽孢、病毒和真菌均有杀灭作用，主要用于羊舍、器具物品等的消毒，也可用于胃肠道制酵药。

【用法与用量】以本品计，内服：用于胃肠道制酵药，一次量羊1～3毫升，内服时用水稀释20～30倍。5%甲醛酒精溶液，用于术部消毒。10%～20%甲醛溶液，治疗蹄叉腐烂。2% ~5%甲醛溶液，用于喷洒消毒。5% ~10%溶液用来作固定标本、保存尸体。40%甲醛溶液浸泡消毒或熏蒸消毒。熏蒸消毒：15 毫升/米^3，其方法是密闭羊舍或饲料仓库，每立方米空间福尔马林 14 毫升、高锰酸钾 7 克（或福尔马林 28 毫升、高锰酸钾 14 克；或福尔马林 42 毫升、高锰酸钾 21 克。根据羊舍污浊程度确定比例），室温不低于 12 ~15℃，相对湿度为60% ~80%，熏蒸消毒时间为 24 ~48 小时，此后打开羊舍逸出甲醛气体。

【注意事项】本品对呼吸道有强烈刺激性，可引起鼻炎、咽喉炎、肺炎和肺水肿。眼直接接触可致灼伤。对皮肤有刺激性，可引起皮肤红肿、腐蚀及过敏反应。此外对黏膜也有刺激性。

2. 戊二醛

【性状】为无色透明油状液体，带有甲醛的刺激性气味。易溶于水和酒精，呈酸性反应。也溶于热水中。

【作用与用途】本品为灭菌剂，能杀灭耐酸菌、芽孢、真菌和病毒等，细菌繁殖体对戊二醛高度敏感，一般只需 1 ~2 分钟即可杀灭。在酸性条件下戊二醛无杀灭芽孢作用，当 pH 值增至 7.5 ~8.5 时杀芽孢作用明显。因此，戊二醛具有广谱、强效、速效、低毒等特点。在酸性溶液中较为稳定，当 pH 值为 7.5 ~8.5 时水溶液效力最强，杀菌作用也最强，是甲醛的 2 ~10 倍。消毒效果受有机物影响小，对金属基本无腐蚀性。用于浸泡橡胶或塑料等不宜加热的器械或制品，也用于动物圈舍及器具消毒。

【用法与用量】稳定化浓戊二醛溶液，20%，喷洒、擦洗可浸泡，用于环境或器具（械）消毒。1∶200 倍稀释用于口蹄疫，1∶(500 ~ 1 000) 稀释用于细菌性疾病。

【注意事项】戊二醛对皮肤黏膜有刺激性，接触溶液时应戴手套、眼镜和口罩，防止溅入眼内或吸入体内。用戊二醛消毒或灭菌后的器械，一定要用灭菌蒸馏水充分冲洗后再使用。

（三）碱类

碱类消毒药的效力取决于解离的氢氧根离子浓度，浓度越大杀菌作用越强。对细菌、病毒的杀灭作用均较强，高浓度时杀死芽孢。在羊场预防病毒性传染病时较常用，主要用于羊舍地面、饲槽等消毒。

1. 氢氧化钠（苛性钠）

【来源与性状】氢氧化钠又叫苛性钠，其粗制品称为火碱，消毒用一般采用含氢氧化钠94%的工业用液碱或固体碱。纯品为无色透明的晶体，吸湿性强，置于空气中会逐渐溶解而成溶液状态（液碱）。容易吸收空气中的二氧化碳气体形成碳酸钠或碳酸氢钠，故必须密闭保存。也极易溶于水，溶解时会强烈放热。

【作用与用途】是一种高效消毒药，对细菌的繁殖体、芽孢和病毒都有很强的杀灭作用，对寄生虫卵也有杀灭作用。常用于预防病毒或细菌性传染病的环境消毒或污染场地的消毒。

【用法与用量】2% ~4% 的溶液可杀死细菌和病毒，高浓度溶液亦可杀死芽孢，如 30% 溶液 10 分钟可杀死芽孢，4% 溶液 45 分钟也可杀死芽孢，加入 10% 食盐可增强杀灭芽孢能力。预防性消毒：配成 1% ~2% 热溶液。2% ~4% 氢氧化钠溶液常用于口蹄疫等病毒性和细菌性感染的消毒。5% 溶液用于炭疽杆菌和羊场门口消毒池及对进出车辆的消毒，也可用于疫病发生期羊舍地面、饲槽及污染物的消毒。50% 溶液亦可用于腐蚀皮肤赘生物、动物新生角等。消毒时习惯用加热的溶液，可溶解油脂，加强去污能力，而且热本身就是消毒因素，可杀菌，也可杀死寄生虫虫卵。兽医临床上一般用工业碱代替精制氢氧化钠作消毒剂应用，价格低廉，效果也好。

【注意事项】消毒羊舍地面、饲槽、用具后 6 ~ 12 小时，应再用清水冲洗干净。高浓度氢氧化钠溶液可灼伤组织，对有些物品等具有损坏作用。消毒人员应注意防护，配制和消毒喷洒时应戴橡胶手套，戴防护眼镜，避免被灼伤。

2. 氧化钙（生石灰）

【来源与性状】消毒用石灰（生石灰）的主要成分是氧化钙（CaO），为白色的块或粉，无臭，易吸水，加水后即成为氢氧化钙，俗称熟石灰，具强碱性。石灰易从空气中吸取二氧化碳形成碳酸钙失去消毒作用。

【作用与用途】消毒药。本品对大多数细菌的繁殖体有效，但对细菌的芽孢和抵抗力较强的细菌如结核杆菌无效。常用于羊舍地面、墙壁、粪池和粪堆以及人行通道或污水沟的消毒。

【用法与用量】宜现配现用。固体：一般加水配成 10% ~20% 石灰乳，涂刷羊舍墙壁、羊栏和地面消毒。粪池（粪堆）周围及污水沟和阴湿地面等处消毒，用生石灰 1 千克加水 350 毫升，生成熟石灰后撒布。为防疫目的，在羊场和羊舍门口常放置浸透 20% 石灰乳的湿草垫进行饲养人员和进出人员的鞋底消毒。

【注意事项】生石灰应干燥保存，以免潮解失效。生石灰不宜直接撒布消毒。

3. 草木灰

【作用与用途】新鲜的草木灰中含有氢氧化钾（苛性钾）及碳酸钾，可代替氢氧化钾使用。氢氧化钾的理化性质、作用、用途与用量与氢氧化钠大致相同。兽医临床上用草木灰消毒是一个传统而有效的方法，又不用花钱，又无很强的刺激性和腐蚀性，可作为羊场常用的消毒剂使用。

【用法与用量】通常用 30 千克新鲜草木灰加水 100 升，煮沸 1 小时后去渣，再加水至 100 升，用来代替氢氧化钾进行消毒，其温度宜在 70℃以上喷洒，隔 18 小时后再喷洒 1 次。用于羊舍地面，出入口处等部位的消毒。

（四）酸类

酸类包括有机酸和无机酸两类，无机酸具有强烈的刺激和腐蚀作用，也有强大的杀菌和杀芽孢作用，无机酸有硫酸、盐酸、硼酸等。有机酸类有乳酸、醋酸、水杨酸、苯甲酸、山梨酸、甲酸、丙酸、丁酸等，内服可用于消化不良和瘤胃臌胀，2% ~3%溶液可冲洗口腔，0.5% ~2%溶液可冲洗感染创面，5%溶液具有抗菌作用。有机酸类常作为饲料等的防腐剂，以及皮肤黏膜消毒使用。

1. 醋酸（又名乙酸）

【性状】为无色透明的液体，味极酸，有刺鼻臭味，能与水、醇或甘油任意混合。

【作用与用途】防腐药。对细菌、真菌、芽孢和病毒均有较强的杀灭作用，对细菌繁殖体最强，依次为真菌、病毒、结核杆菌及细菌芽孢。醋酸刺激性小，消毒时羊不需赶出羊舍，用于空气消毒，可预防感冒和流感。此外，醋酸可将羊瘤胃内的氨转化为氨离子，从而降低瘤胃内的pH值，可用于治疗瘤胃内非蛋白氮如尿素产生的氨引起的氨中毒。而且醋酸稀释液还可用于治疗羊瘤胃臌胀，消化不良等疾病。

【用法与用量】市售醋酸含纯醋酸36% ~37%。常用稀醋酸含纯醋酸5.7% ~6.3%，食用醋酸含纯醋酸2% ~6%。兽医临床上可用1%醋酸杀灭真菌、肠病毒及芽孢等，需要10 ~30分钟。用稀醋酸加热蒸发用于空气消毒，每100米^{3}用20 ~40毫升，如用食用醋加热熏蒸，每100米^{3}用300 ~ 1 000毫升。外用，2% ~3%溶液用于口腔冲洗；0.1% ~0.5%水溶液，阴道冲洗；0.5% ~2%水溶液，感染创面冲洗。

【注意事项】与金属器械接触产生腐蚀作用，与碱性药物配伍可发生中和反应而失效。有刺激性，避免与眼睛接触。高浓度时对皮肤、黏膜有腐蚀性。

2. 硼酸

【来源与性状】由天然的硼砂（硼酸钠）与酸作用而得，为无色微带珍珠状光泽的鳞片状或白色疏松固体粉末，无臭，易溶于水，水溶液呈弱酸性。

【作用与用途】为弱防腐剂，抑制细菌生长，无杀菌作用。因刺激性较小，又不损伤组织，临床上常用于冲洗消毒较敏感的组织，如眼结膜、口腔黏膜等。用于皮肤、黏膜的防腐及急性皮炎、湿疹渗出液的湿敷，还作为真菌、脓疱疮感染的杀菌液。

【用法与用量】外用：洗眼或冲洗黏膜，配成2% ~4%；3% ~5%溶液冲洗新鲜未化脓的创口。

【注意事项】忌与碱类药物配伍。大面积外用吸收过量可发生急性中毒。

3. 水杨酸（柳酸）

【性状】为白色细微的针状结晶或白色结晶性粉末，无臭或几乎无臭，味微甜，在水中微溶，在沸水中溶解，水溶液显酸性反应。易溶于酒精。

【作用与用途】杀菌作用较弱，有中等程度的抗真菌作用，还有溶解角质的作用。

【用法与用量】5%～10%酒精溶液，用于治疗霉菌性皮肤病；5%水杨酸酒精溶液或纯品用于治疗羊蹄叉腐烂等；5%～20%溶液溶解角质，促进坏死组织脱落；1%软膏用于肉芽创的治疗。

【注意事项】本品配制和贮存时禁与金属器皿接触，经皮肤吸收可出现毒性表现。

（五）卤素类

卤素类中，能作消毒防腐药的主要是氯、碘以及能释放出氯、碘的化合物，其中氯的杀菌力最强，碘较弱。碘及其制剂主要用于皮肤消毒。含氯化合物可使菌体蛋白氯化，而破坏或改变菌体细胞膜的通透性，或对其敏感的酶的活性有抑制作用。

1. 漂白粉（含氯石灰）

【性状】主要成分为次氯酸钙、氧化钙和氢氧化钙，一般含有效氯35%，不得低于25%。本品系次氯酸钙、氧化钙与氢氧化钙的混合物，为白色颗粒状粉末，有氯臭，微溶于水和乙醇，遇酸分解，稳定性也差。遇日光、热、湿即可吸收空气中的水分与二氧化碳而缓慢分解，丧失有效氯而分解失效，故应密封保存。即使在妥善保存的情况下，有效氯每月散失1%～3%。由于杀菌作用与有效氯的含量有关，当有效氯低于16%时即不宜用于消毒。国家规定漂白粉中有效氯的含量不少于25%。因此，在使用储存的漂白粉前，应测定其有效氯含量。

【作用与用途】漂白粉溶解后产生次氯酸，而次氯酸又放出活性氯和新生态氧，对蛋白产生氯化和氧化反应，对细菌繁殖体、病毒、真菌孢子及芽孢都有一定的杀灭作用。而且漂白粉中的氯可与氨与硫化氢发生反应，故有除臭作用。漂白粉的杀菌作用虽然快而强，但不持久，在酸性环境中杀菌作用强，在碱性环境中杀菌作用弱。在实际消毒时，漂白粉与被消毒物的接触至少要15～20分钟，对高度污染的物体则需要1小时之久。此外，杀菌作用与温度亦有重要关系，温度升高时增强。该品是目前应用最广泛的含氯消毒剂，主要用于羊舍、饮水、用具、车辆及排泄物的消毒及细菌性疾病的防治。

【用法与用量】一般应用其混悬乳、澄清液或干粉。饮水消毒：每1 000升水加粉剂6～10克拌匀，30分钟后饮用，水消毒后有轻度臭味，但对人畜健康无害。喷洒消毒：1%～3%澄清液用于饲槽、水槽及其他非金属用品的消毒；10%～20%

乳剂可用于羊舍和排泄物的消毒。撒布消毒：直接用干粉撒布或与病畜粪便、排泄物按1∶5均匀混合进行消毒。

【注意事项】使用时，要正确计算用药量，现用现配，最好在阴天或傍晚施药。消毒人员应用时注意防护，避免漂白粉接触眼睛和皮肤，也避免使用金属用具。

2. 雅好生（复合碘溶液、强效百毒杀）

【性状】为碘、碘化物与磷酸配制而成的水溶液，呈褐红色、黏性液体。

【作用与用途】对大多数细菌、霉菌、病毒有杀灭作用，有较强的杀菌消毒作用。可用于羊舍、工具、水槽、饲槽、器械消毒和污物处理消毒等。

【用法与用量】强效百毒杀溶液（含活性碘1.8%～2.0%，磷酸16.0%～18.0%），100毫升/瓶或500毫升/瓶。羊舍地面消毒：用0.45%溶液喷洒或喷雾消毒，消毒后应定时再用清水冲洗；羊舍入口消毒池：应用3%溶液浸泡消毒垫作出入羊舍人员的鞋底消毒；饮水消毒：饮水器或水塔等饮水设施应用0.5%溶液定期消毒；饮水中可每10升水加3毫升复合碘溶液消毒；运输工具、器械消毒：先将消毒物品用清水彻底冲洗干净，然后用1%溶液喷洒消毒。

【注意事项】不能与强碱性药物与肥皂混合使用；也不能与含汞药物配伍。本品在低温时消毒效果显著，应用时温度不能高于40℃。

五、常用的皮肤与黏膜消毒防腐药

（一）皮肤黏膜消毒防腐药的作用

皮肤黏膜消毒防腐药主要用于局部皮肤、黏膜及创面感染的预防或治疗。

（二）常用的皮肤黏膜消毒防腐药

皮肤黏膜消毒防腐药的种类较多，应用时应注意药物的刺激性和有效浓度。

1. 乙醇（酒精）

【性状】无水乙醇含量为99%以上，医用乙醇含量应不低于95%，为无色澄明液体，易挥发、燃烧，与水、甘油、乙醚能任意混合。

【作用与用途】是目前临床上使用最广泛的一种皮肤消毒药，主要能使蛋白质变性而发挥杀菌作用，常用于皮肤及器械消毒。

【用法与用量】75%的水溶液用于皮肤消毒。

【注意事项】对组织有刺激性，不能用于黏膜和创面消毒。

2. 碘

【性状】为灰黑色带金属光泽的片状结晶，有挥发性，难溶于水，溶于乙醇及甘油，在碘化钾的水溶液或酒精溶液中易溶解。

【作用与用途】碘能引起蛋白质变性（形成碘化蛋白质）而具有极强的杀菌力，可杀死细菌、芽孢、霉菌和病毒。其稀溶液对组织刺激小，浓溶液有刺激性和腐蚀性。

【用法与用量】碘酊是常用的有效的皮肤消毒药，一般使用2%碘酊。2%碘溶液不含酒精，适用于皮肤浅表破损和创面防腐。5%碘酊，含碘50克、碘化钾10克，蒸馏水10毫升，加75%酒精至1 000毫升组成，主要用于手术部位及注射部位等消毒。5%碘甘油，含碘50克、碘化钾100克、甘油200毫升，加蒸馏水至1 000毫升组成。5%碘甘油刺激性小，作用时间较长，常用于治疗黏膜的各种炎症。10%浓碘酊，含碘100克、碘化钾20克、蒸馏水20毫升、加75%酒精至1 000毫升组成，主要作为皮肤刺激药，用于慢性肌腱炎、关节炎等，也可用作化脓创的消毒。

【注意事项】碘酊须涂于干燥的皮肤上，如涂于湿皮肤上不仅杀菌效力降低，还可能引起水疱和皮炎。本品与含汞药物有配伍禁忌，并忌与氨溶液、碱性物质、生物碱、重金属盐类、龙胆紫、挥发油等混合应用。配制的碘液应存放于密封的容器内。

3. 甲紫（又称碱性紫、龙胆紫）

【性状】属碱性染料，为深绿紫色的颗粒性粉末或绿紫色有金属光泽的碎片，可溶于水及醇。其1%溶液通常称紫药水。

【作用与用途】为消毒防腐药。对革兰阳性菌有选择性抑制作用，特别是对葡萄球菌、白喉杆菌作用较强，对白色念珠菌等真菌及铜绿假单胞菌也有较好的抗菌作用，对霉菌也有作用。其毒性很小，对组织无刺激性，且能于黏膜、皮肤表面凝结成保护膜而起收敛作用。可治疗皮肤、黏膜创伤及溃疡和烧伤。

【用法与用量】常用1%～3%溶液，取龙胆紫（甲紫或结晶紫）1～3克于适量乙醇中，待其溶解后加蒸馏水至100毫升。1%～2%溶液可用于浅表创面、溃疡及皮肤感染；0.1%～1%水溶液用于烧伤，也可防止真菌感染；2%～3%软膏剂，取甲紫2～10克，加90～98克凡士林均匀混合后即成，主要用于治疗皮肤、黏膜创伤及溃疡。

【注意事项】涂药后不宜加封包。大面积破损皮肤不宜使用。本品不宜长期使用。

4. 高锰酸钾

【性状】属强氧化剂，深紫色结晶，易溶于水，遇光发生分解，与甘油、蔗糖、樟脑、松节油、乙醚等有机物或易燃物混合可发生强烈的燃烧或爆炸。

【作用与用途】高锰酸钾为强氧化剂，在酸性条件下氧化性更强，遇有机物即放出新生态氧而具有杀灭细菌作用，可用作消毒剂、除臭剂、水质净化剂。

【用法与用量】0.1%～0.2%溶液能杀死多数繁殖型细菌，常用于创面冲洗；

0.05% ~0.1%溶液可用于洗胃解毒、冲洗阴道、子宫和膀胱等腔道黏膜。2% ~5%溶液能在24小时内杀死芽孢。

【注意事项】根据适应证严格掌握溶液的浓度，过高的浓度会造成局部腐蚀溃烂。水溶液易失效，必须现配现用并避光保存。高锰酸钾需避光存放于荫凉处，严禁与易燃物及金属粉末同放。

5. 苯扎溴铵（新洁尔灭）

【性状】为季铵盐消毒剂，是溴化二甲基苄基烃铵的混合物。常温下为白色或淡黄色胶状体或粉末，低温时可能逐渐形成蜡状固体。易溶于水、乙醇，水溶液呈碱性反应。具有耐热性，可贮存较长时间而效果不减。

【作用与用途】为常用的一种阳离子表面活性剂，具有广谱杀菌作用与去垢效力。可杀死细菌繁殖体，但不能杀死细菌芽孢；对革兰阳性菌的杀灭能力比革兰阴性菌强，对病毒的作用较弱。对组织刺激性小。主要用于皮肤、黏膜和伤口消毒。

【用法与用量】苯扎溴铵溶液，500毫升：25克。创面消毒：配成0.01%溶液；皮肤、手术器械消毒：配成0.1%溶液。

【注意事项】禁与肥皂及其他阴离子表面活性剂、碘化物和过氧化物等配合使用。

第五章 羊场常用的生物制品及科学使用要求

第一节 生物制品的概念和种类

一、生物制品的概念

生物制品是利用免疫学原理，用微生物、动物血液、组织制成的，用以预防、治疗以及诊断家畜家禽传染病的一类物质。

二、生物制品的种类

生物制品分为三大类，即预防类、治疗类和诊断类，这里主要介绍前两类。

（一）预防类的生物制品

1. 菌苗

菌苗按抗原菌株的处理，可分为死菌苗和活菌苗。活菌苗具有接种剂量小，接种次数少，免疫期长的特点；死菌苗性质稳定，安全性高，但免疫力不及活菌苗。

2. 疫苗

疫苗是用病毒和立克次体，接种于动物、鸡胚或经组织培养液培养后，加以处理而制成的。疫苗可分为弱毒疫苗和灭活疫苗（死毒疫苗）。

3. 类毒素

类毒素是用细菌产生的外毒素加入甲醛处理后，使之变为无毒性但仍有免疫原性的制剂。

（二）治疗类的生物制品

1. 免疫血清

免疫血清指经多次免疫的动物血清，包括抗菌血清、抗病毒血清和抗毒素。

2. 免疫增效剂

免疫增效剂是指通过影响机体免疫应答反应而增强机体免疫功能的药物，如黄芪多糖、左旋咪唑、维生素 E、转移因子和干扰素等。

第二节　羊场的免疫接种技术

一、免疫的概念及羊免疫力获得的途径

（一）免疫的概念和作用

免疫是动物机体识别自我物质和排除异己物质的复杂的生物学反应，也是动物在长期的进化过程中所形成的一种保护性生理功能。免疫具有抵抗外来病原体的感染，保持自身稳定和免疫监视的作用。

（二）羊免疫力获得的途径

羊免疫力获得可分为先天性免疫、后天性免疫、自然自动免疫、自然被动免疫、人工自动免疫和人工被动免疫。

1. 先天性免疫

由于羊的遗传因素决定，羊出生后就具有对某些病原微生物及其有毒产物的天然不感受性，称为先天性免疫。先天性免疫是羊的一种生物学特性，这是羊在种族进化过程中，由机体与微生物抗争结果而建立和形成的天然自身防御机能，可以和其他生物学特性一起遗传。

2. 后天性免疫（获得性免疫）

羊出生后，在生长发育过程中获得的对某种病原微生物及其有毒产物的不感受性，称为后天性免疫或叫获得性免疫。此种免疫只具有特异性，即羊只对一定的病原体或毒素有抵抗力，而对其他的病原微生物或毒素仍有感受性。

3. 自然自动免疫

羊自然感染了某种传染病能痊愈，常能获得对该病的免疫力，称这种免疫力为自然自动免疫。

4. 自然被动免疫

羊在胚胎发育时期，通过胚盘或出生后通过吸吮初乳，由免疫母体被动地获得抗体而形成的免疫称为自然被动免疫。自然被动免疫持续的时间很短，仅为初生羔羊所有。

5. 人工自动免疫

羊出生后接种疫（菌）苗或类毒素等生物制品刺激以后所产生的免疫称为人工自动免疫。人工自动免疫是相对的免疫，免疫持续时间因生物制品的性质、羊机体的反应性等因素而不同。如接种弱毒活苗产生的免疫，有效期比较长。而接种灭

活苗所形成的免疫，只能维持4~6个月时间。

6. 人工被动免疫

给羊注射含抗体的高免血情、免疫球蛋白等后所获得的免疫，或为了治疗先天性或后天性免疫缺陷，对种羊输入干扰素、胸腺素、转移因子等，这都属于人工被动免疫。人工被动免疫产生迅速，但其持续时间短，一般仅为2~3周，多用于紧急预防或治疗，其所用的生物制品价格也较高，只适用于价值较高的种羊或已培育成功的新品种种羊。

二、羊场常用的疫（菌）苗

我国用于预防羊主要传染病的疫（菌）苗如表5-1所示。

表5-1　羊主要传染病常用预防疫（菌）苗

序号	疫（菌）苗名称	所防病名	用法及用量	产生免疫时间（天）	免疫期（月）	适宜注射期	保存要求及时间
1	黑疫、快疫混合苗	黑疫、快疫	皮下或肌内注射3毫升	14	12	春或秋季	2~15℃冷暗处，可保存1年半
2	三联苗	快疫、猝狙、肠毒血症	皮下或肌内注射5毫升	14	6~8	春、秋季	2~15℃冷暗处，可保存1~1.5年
3	四联苗	快疫、猝狙、肠毒血症、羔羊痢疾	皮下或肌内注射5毫升	14	6~8	春、秋季	2~15℃冷暗处，可保存1~1.5年
4	五联苗	快疫、猝狙、肠毒血症、羔羊痢疾、黑疫	皮下或肌内注射5毫升	14	12	春或秋季	2~15℃冷暗处，可保存1~1.5年
5	羔羊痢疾氢氧化铝菌苗	羔羊痢疾	母羊分娩前20~30天或10~20天，分别皮下注射2毫升和3毫升	10	5	每胎产羔前	2~15℃冷暗处，可保存1年半
6	第Ⅱ号炭疽芽孢苗	炭疽	绵羊股内侧或尾皮内注射0.2毫升或皮下注射1毫升；山羊只能尾部皮下注射0.2毫升	14	12	春或秋季	2~15℃冷暗处，可保存2年
7	口蹄疫灭活疫苗	口蹄疫	肌内或皮下注射，成年羊1毫升羔羊0.5毫升（用时注意毒型）	14	6	春、秋季	2~10℃以下，可保存1年
8	传染性脓疱弱毒苗（口疮弱毒细胞冻干苗）	口疮	口腔黏膜内划痕或注射，每只0.2毫升	10	6	春、秋季	-10~-20℃冷暗处，可保存10个月

（续表）

序号	疫（菌）苗名称	所防病名	用法及用量	产生免疫时间（天）	免疫期（月）	适宜注射期	保存要求及时间
9	破伤风明矾沉淀类毒素	破伤风	皮下注射0.5毫升，第2年注射1毫升或0.5毫升	30	12	春或秋季或产前1个月或受伤时	2~15℃冷暗处，可保存3年
10	破伤风抗毒素	破伤风	皮下或静脉注射，预防量1万~2万u，治疗量2万~5万u	6小时后	0.5~0.7（15~21天）	春或秋季或产前1个月或受伤时	2~15℃冷暗处，可保存3年
11	羊痘鸡胚化弱毒冻干苗（山羊痘弱毒冻干苗）	羊痘	尾内或股内侧皮下注射，绵羊0.5毫升，山羊1毫升	6	12	春季	-15℃以下冷暗处，可保存2年，8~15℃保存10个月
12	羊链球菌氢氧化铝菌苗	羊链球菌病	皮下注射3~5毫升。3月龄以下羔羊在第1次注射3毫升，14~21天后再注3毫升；3月龄以上5毫升	14~21	6	春、秋季	2~15℃冷暗处，可保存1年半
13	羊大肠杆菌病菌苗	羊大肠杆菌病	皮下注射，3月龄以上2~3毫升，3月龄以下0.5~1毫升	14	5~6	春、秋季	2~15℃冷暗处，可保存1年半
14	布氏杆菌羊型5号菌苗	布氏杆菌病	股内侧皮下注射或肌内注射1毫升（含50亿活菌），或室内气雾免疫20分钟，每只羊50亿活菌	21	12	春或秋季	0~8℃冷暗处，可保存1年
15	布氏杆菌猪型2号冻干苗	布氏杆菌病	同上法，还可饮或喂服，每只羊用含200亿活菌的菌苗，加入水中饮用	21	24	春或秋季	0~8℃冷暗处，可保存1年
16	干燥布氏菌2号活菌苗	布氏杆菌病	除3月龄以内羔羊、孕羊、病羊外，其他羊肌内注射1毫升（含50亿活菌）	21	12	春或秋季	0~8℃冷暗处，可保存1年
17	羊流产衣原体油佐剂卵黄灭活苗	山羊衣原体性流产	在孕前或孕后1个月内皮下注射3毫升	14	12	春或秋季	4~10℃冷暗处，可保存1年
18	山羊传染性胸膜肺炎氢氧化铝菌苗（羊肺炎支原体氢氧化铝灭活菌）	山羊传染性胸膜肺炎	皮下或肌内注射，6月龄以上5毫升，6月龄以下3毫升	14	12~18	春或秋季	2~10℃冷暗处，可保存1年半
19	狂犬病灭活疫苗	狂犬病	皮下注射10~25毫升	10	6	春、秋季	2~10℃冷暗处，可保存半年
20	狂犬病弱毒冻干疫苗	狂犬病	皮下或肌内注射，剂量参考瓶签说明	10	6	春、秋季	-15℃冷暗处，可保存1年

三、羊场科学安全使用生物制品的要求

（一）疫（菌）苗的选购要求

1. 对疫（菌）苗的具体要求

（1）疫（菌）苗应具有抗原性　疫（菌）苗毒株应有良好的免疫原性，免疫原性是抗原能刺激机体产生抗体及致敏淋巴细胞的能力；与相应抗体结合发生反应的特性称为反应原性或免疫反应性。抗原的这两种性质合称为抗原性。

（2）疫（菌）苗应绝对安全并有较高的毒价（含毒量）　抗原必须达到一定的剂量，才能刺激机体产生抗体。

（3）疫（菌）苗毒性应纯，不含外源病原微生物　疫（菌）苗内不应含其他病原微生物，否则会产生各自相应的抗体而相互抑制，降低疫（菌）苗的使用效果。

2. 选购疫（菌）苗的注意事项

（1）选购正规企业产品　选购通过 GMP 验收的生物制品企业和具有农业部颁发的生产许可证和批准文号的企业产品。到国家指定或畜牧兽医管理部门准许经营的兽用疫（菌）苗销售网点购买。

（2）检查外包装　在选购疫（菌）苗时应对瓶签、瓶子外观、瓶内疫（菌）苗的色泽性状等进行仔细检查：检查项目包括包装是否规范、瓶子口和铝盖封闭是否完好、是否松动，瓶签上的说明是否清楚，疫（菌）苗是否过期、失效和变质。此外，要特别注意疫（菌）苗的批准文号、生产日期、有效期和使用说明书。

（3）确定阶段购买量　羊场要根据对各类疫（菌）苗的使用量和疫（菌）苗的有效期等确定阶段购买量。一般提前两周，以 2 ~ 3 个月的用量为准来选购。

（二）运输保存疫（菌）苗的注意事项

1. 运输疫（菌）苗要求

羊场运输疫（菌）苗时要把疫（菌）苗放到有冰袋的保温箱内，做到“苗冰同行，苗到冰未溶”。运输途中避免阳光照射和高温，运输过程中时间越短越好，中途不得停留停放，应及时运往羊场放入恒温冰箱内，防止疫（菌）苗失效。油乳剂苗运输应注意切勿冻结，否则使用前解冻，会出现破乳和分离现象而失效。

2. 保存疫（菌）苗的温度要求

所有的冻干活疫（菌）苗均应在低温条件下保存，其目的是为了保持疫（菌）苗毒的活性。冻干活疫（菌）苗保存温度愈低，疫（菌）苗毒的活性（保存期）

就愈长。但如果疫（菌）苗长时间放置于常温环境，疫（菌）苗毒的活性就会受到很大影响，冻干活疫（菌）苗就可能变成普通死菌了，其免疫效果就会失去。通常情况下，冻干活疫（菌）苗保存在－15℃以下，保存期可达1～2年；0～4℃，保存期为8个月；25℃，保存期不超过15天。虽然油乳剂苗属于灭活菌，但也不宜保存在常温或较高温度的环境中，否则会对疫（菌）苗毒的抗原性产生很大影响。对油乳剂苗应保存在4～8℃，在此温度下既能较好地保持疫（菌）苗毒株的抗原性，也可使油乳剂苗保持相对的稳定（不破乳、不分层）。

3. 保存疫（菌）苗的几个要点

① 记录疫（菌）苗生产厂家、批准文号、检验号、生产日期、失效日期、疫（菌）苗的物理性状与说明书是否相符等，并注意检查苗瓶有无破损，瓶盖有无松动，标签是否完整，避免购入伪劣产品。

② 仔细阅读说明书，严格按说明书的要求贮存。

③ 冰箱要保持清洁和存放有序，并定时清理冰箱的冰块和过期的疫（菌）苗。

④ 停电时尽量少开冰箱门。

（三）疫（菌）苗使用前的注意事项

1. 检查苗瓶

疫（菌）苗使用前逐瓶检查苗瓶有无破损，封口是否严密，头份是否记载清楚，物理性状是否与说明书相符，以及生产日期、有效期、生产厂家等。

2. 了解羊群情况

羊场兽医在接种疫（菌）苗前应向饲养人员了解羊群的健康状况，有病、体弱、食欲和体温异常的羊，暂时不能接种。不能接种的羊要记录清楚，选择适当时机补免。

3. 对免疫接种器械进行严格消毒

免疫接种前对注射器、针头、镊子等进行清洗和煮沸消毒；并备足酒精棉球或碘酊棉球，准备好稀释液、记录本和肾上腺素等抗过敏药物。

4. 防止羊群应激反应

羊场在对羊群疫（菌）苗接种前后，对羊群尽可能避免一些剧烈活动，如转群或过度驱赶等，防止羊群应激反应影响免疫效果。

（四）疫（菌）苗的稀释要求

1. 注意温差

对于冷冻贮藏的疫（菌）苗，如用生理盐水稀释，必须提前至少1～2天放置在冰箱冷藏，或稀释时将疫（菌）苗同稀释液一起放置在室温下10～20分钟，避免两者的温差太大。

2. 检查瓶内是否真空

稀释前先将苗瓶口的胶蜡除去，并用酒精棉消毒晾干，用注射器取适量的稀释液插入疫（菌）苗瓶内，无需推压，检查瓶内是否真空。真空疫（菌）苗瓶能自动吸取稀释液，失真空的疫（菌）苗必须废弃不用。

3. 现配现用并在规定时间内用完

羊场兽医要根据免疫剂量、计划免疫只数和免疫人员的工作能力来决定疫（菌）苗的稀释量和稀释只数，做到现配现用，稀释后的疫（菌）苗必须在3个小时内用完。稀释后的疫（菌）苗放在有冰袋的保温瓶中，防止长时间暴露于室温中。羊场兽医必须用生理盐水或专用稀释液稀释疫（菌）苗，不能用凉开水稀释。

四、羊场免疫接种的程序制定

（一）免疫程序的概念

不论是绵羊还是山羊，需用多种疫（菌）苗注射后才有可能预防不同的传染病，也需要根据各种疫（菌）苗的免疫特性来合理地安排免疫接种的次数和间隔时间，这就是免疫程序。

（二）免疫接种程序的制定要合理

免疫接种疫（菌）苗是激发羊机体对某种传染病产生特异性抵抗力，使其从易感转为不易感的一种手段。生产实践已证实，在平时常发生某种传染病或有某些传染病潜在危险的地区，羊场有计划地对健康羊群进行免疫接种疫（菌）苗，是预防和控制羊传染病的重要技术措施之一。由于我国大多数地区实行的是春秋两季防疫，目前，国内还没有一个统一的羊免疫程序，因此羊场要根据本地区兽医卫生监督部门和动物疫病防控中心的要求，结合本羊场实际情况，制定出适合本场具体情况，又符合兽医卫生监督部门和动物疫病防控中心要求的免疫程序。比如，在预防羔羊痢疾时，应在母羊配种前的1~2个月或配种后的1个月左右，或母羊分娩前20~30天和10~20天，在皮下注射羔羊痢疾氢氧化铝菌苗2~3毫升，都可达到预防羔羊痢疾的效果。也有科技人员试验在母羊配种前或配种后1个月左右注射一次羔羊痢疾，在产羔前再注射一次，效果更理想。但要注意的是，对妊娠后期的母羊，即怀胎已过3个月，应暂时停止预防注射，以免造成流产。再如预防羊快疫和肠毒血症时，应在历年发病前的1个月接种羊梭菌病四防氢氧化铝菌苗。羊场免疫接种程序也只能在实践中探索，不断总结经验，才能制定出适合本地区本场具体情况的免疫接种程序。

（三）制定免疫程序时要考虑的主要问题

羊场必须根据本场的实际情况，还要考虑本地区的疫病流行特点，结合羊的品种、年龄、饲养管理、母源抗体的干扰以及疫（菌）苗的性质、类型和免疫途径等各方面因素和免疫监测结果，制定适合本场的免疫程序。当然，也可参考有的羊场在制定免疫程序上的成功经验，但不能生搬硬套别人的免疫程序。

1. 季节性和条件性

羊的许多疫病具有较强的季节性，制定免疫程序时要给以考虑。如羊肠毒血症的发生有明显的季节性和条件性，常在春末夏初，或秋末冬初饲料改变时诱发该病，多呈散发，在季节气候骤变，低洼地区放牧或缺乏运动等，均可促使该病发生。因此，每年必须定期接种羊三联苗（羊快疫、羊肠毒血症、羊猝狙），对初次免疫的羊，需间隔2~3周再加强1次，而且免疫注射后，还需加强饲养管理；再如羊黑疫主要在春、夏发生于肝片吸虫流行的低洼潮湿地区，冬季很少发生，因此，在发病地区定期接种羊厌气菌五联苗或羊厌氧苗七联干粉苗，或用羊黑疫、羊快疫二联苗，初次免疫接种后，需间隔2~3周再加强1次。因羊黑疫与肝片吸虫的感染有密切的关系，该病发生的地区和羊场还应作好控制肝片吸虫的感染工作（杀虫灭螺）。

2. 免疫途径

接种疫（菌）苗的途径有注射、饮水、滴鼻等，应根据疫（菌）苗的类型、特点及免疫程序来选择每次免疫的适宜的接种途径。

3. 羊场发病史

制定羊场免疫程序时，要考虑本地区羊病疫情和该羊场已发生过什么疫病，依次确定疫（菌）苗的种类和免疫时机。对本地区、本场尚未证实发生的疫病，必须证明确实已受到严重威胁时才计划接种。

4. 不同疫（菌）苗之间的干扰

一般来讲，同时免疫接种两种或多种弱毒苗往往会产生干扰现象，不同疫（菌）苗之间的干扰影响免疫接种时间的安排，如果不注意就会影响免疫效果。产生干扰的原因可能有两个方面，一是两种病毒感染的受体相似或相同，产生竞争作用；二是一种病毒感染细胞后产生干扰素，影响另一种病毒的复制。生产中，为了消除干扰的原因，一般是一种疫（菌）苗与另一种疫（菌）苗应分别在不同时间和不同部位注射，免疫注射间隔在1周以上为宜，否则前者对后者的免疫有干扰作用。

五、羊场免疫接种的方法及注意事项

（一）羊免疫接种的方法

1. 皮下注射法

主要适用于接种弱毒或灭活疫（菌）苗，注射部位在羊的股内侧或肘后。注射前先用拇指及食指捏住皮肤，然后把针头扎入捏起的皮肤下，如感到针头摆动自如，然后缓缓推压注射器的推管，药液极易进入皮下。如针头扎入皮内，摆动针头时带动皮肤，推压药液感到有阻力时，要重新把针头扎入皮内。

2. 皮内注射法

此法一般适用于羊弱毒苗及少数疫（菌）苗，注射部位为颈侧外和尾根皮肤皱襞，用蓝心玻璃注射器及24 ~26 号针头。注射前对有被毛的注射部位应先把被毛剪去，用酒精棉球消毒后，左手拇指与食指顺皮肤的皱纹，从两边平行捏起皮肤，形成一个皮裙，然后右手持注射器使针头与注射平面平行扎入皮肤的真皮层中，扎入皮肤时宜慢，以防刺入表皮或扎入皮下。注射药液后在注射部位有一蚕豆大或黄豆大的小泡，且小泡会随皮肤移动，其表示确定注入皮内。然后用酒精棉球消毒注射部位针孔及周围皮肤，要注意的是以针孔为中心，向针孔外擦拭棉球消毒。如在羊的尾根皮内注射，先将羊尾翻转，将尾根注射部消毒后，以左手拇指和食指将尾根皮肤绷紧，针头与皮肤平行缓慢扎入皮内，并缓慢推入药液，如注射部位有一蚕豆或黄豆大的小泡，即表明注射成功。

3. 肌内注射

肌内注射适用于接种弱毒或灭活疫（菌）苗，注射部位在羊的颈部两侧及臀部，注射针头一般为12 号针头。

4. 口服法

口服法就是将疫（菌）苗均匀地混入精饲料或饮水中，经口服后而获得免疫。口服免疫时，要按羊只数和每只羊的平均饮水量和采食量，准确计算出疫（菌）苗用量。口服法需注意以下事项。

① 口服免疫前羊群停食或停饮水半天，使每只羊都能采食到拌有疫（菌）苗一定量的饲料或饮到一定量的饮水。

② 疫（菌）苗混入饲料或饮水后，一定要搅拌均匀，而且在2 ~3 小时以内迅速口服，口服时间最好清晨。

③ 用于口服的疫（菌）苗必须是高效价的。

④ 稀释疫（菌）苗的水应是纯净的冷水，在饮水中最好加入0.1%的脱脂奶粉；混有疫（菌）苗的饲料或水的温度，以不超过室温为好，还应注意不要把疫（菌）苗或者混有疫（菌）苗的饲料或者饮水暴露在阳光下。

5. 气雾免疫法

气雾免疫法就是把免疫接种的疫（菌）苗按要求稀释后，装在喷雾器内对羊群进行喷雾。喷雾免疫时必须把羊群关在栏圈内，门窗最好关闭，每立方米用50亿菌喷雾后，羊群需在栏圈内停留30分钟，如在栏圈外进行气雾免疫，疫（菌）苗用量按羊的只数计算，即每只羊用50亿菌，喷雾后羊群需在原地停留20～30分钟。

（二）羊免疫接种要注意的事项

1. 免疫接种时操作技术要规范

规范的操作技术，可使免疫接种能达到一定的效果，也可以这样说，免疫接种的效果如何，主要取决于操作技术是否规范。生产中，一般按以下操作程序和技术对羊进行免疫接种。

① 兽医人员接种时要穿工作服和胶鞋，必要时要戴口罩，接种前后均需洗手消毒。

② 准备好免疫接种的预防表格和编号，以及所用的器具等。注射后在预防表格中清楚填写所注射的疫（菌）苗种类、羊的编号等，已注射的羊戴耳号。

③ 接种时应严格执行消毒及无菌操作，必须做到1羊1针头。对用后的注射器、针头、镊子等要浸泡于消毒液中，时间至少1个小时，然后洗净擦干后用白纱布分别包装，煮沸消毒15分钟。冷却后，纳入消毒盒内待用。

④ 疫（菌）苗使用前必须充分振荡，使其均匀混合后才能应用。但免疫血清不应振荡。沉淀不应吸取，并须随吸随注射。疫（菌）苗应按说明书的要求进行稀释，已经打开或稀释过的疫（菌）苗，必须当天用完，对未用完的应处理后弃去，不可乱丢。

⑤ 注射器吸取疫（菌）苗时，要先除去封口上的石蜡或火漆，用酒精棉球消毒瓶塞。最好在瓶塞上固定一个针头专供吸取疫（菌）苗液，吸液后可不拔出，以便再次吸取药液用，但对此针帽要上盖酒精棉球，以免受到污染。

⑥ 注射器内针筒排出溢出的疫（菌）苗液，不可洒于或排到地下，应吸积于酒精棉球上，将其收集于专用瓶内，并与用过的酒精棉球及苗液一起集中销毁。

2. 免疫的剂量

一般来说疫（菌）苗接种后在羊体内有个繁殖过程，接种到羊体内的疫（菌）苗必须含有足够的有活力的抗原，才能激活羊机体产生相应抗体而获得免疫。若免疫的剂量不足将导致免疫力低下或诱发免疫力耐受，而免疫的剂量过大也会产生应激，使免疫应答减弱甚至出现免疫麻痹现象。因此，免疫剂量的注射一定要按疫（菌）苗说明书的要求用量，不可过大或过小。

3. 紧急免疫接种要与相关措施相结合

发生和流行某种传染病时，为了迅速控制和扑灭疫病的流行，对受威胁区和疫区内未发病的羊群应进行紧急接种，应注意以下几点。

① 羊场紧急接种应与隔离、消毒、药物治疗、加强饲养管理相结合，必要时还要与封锁等措施相结合。

② 紧急接种应在确诊的条件下进行，也就是说要明白已发生和流行了什么传染病，然后用相应的疫（菌）苗进行紧急接种。

③ 对病羊的接种，应采用5～10倍的剂量紧急接种，并在严格隔离的条件下，及时采取合理的对症治疗，以达到治疗该疾病的目的。但对病情特别严重或无治疗价值的羊，最好不要治疗，以免造成经济损失，在这种情况下羊场一定要算经济账。

④ 对病羊污染的圈舍、运动场及物品和用具等都要进行彻底消毒和焚烧处理，对病死羊和不能治的羊，严格按照GB16548—2006《病害动物和病害动物产品生物安全处理规程》，进行无害化焚烧后处理，以免造成新的疫源传播。

4. 免疫接种要注意羊的健康、年龄、体况及饲养条件

兽医临床实践中已证明，免疫接种的效果，与羊的健康、年龄大小、是否正在怀孕或哺乳以及饲养管理条件的好坏有密切关系。成年的、健康体质好或饲养管理条件好的羊群，接种后会产生较强的免疫力；反之，幼年的、体质瘦弱的、有慢性疾病或饲养管理条件不好的羊群，接种后产生的免疫力要差些，甚至可能引起较明显的接种反应。所以，对那些幼羊、弱羊、有慢性病的羊和怀孕后期母羊，除非已经受到传染病的威胁，一般最好暂时不予接种。对那些饲养管理条件不好的羊群，在免疫接种的同时，必须加强饲养管理。

5. 对疫（菌）苗接种效果要检测

（1）定期检测抗体　一个季度抽血分离血清进行一次抗体监测，当抗体水平合格率达不到的应补注一次，并检查其原因。有条件的羊场在疫（菌）苗注射后30天即进行抗体监测，抗体水平的检测是检验免疫接种效果的有效手段。

（2）羊场要注重在生产中考察疫（菌）苗的效果　如长期未见羊痘发生，说明接种的羊痘疫苗效果尚可，在下一次可继续用此疫苗。

六、羊免疫接种后的反应与免疫接种失败的原因及避免免疫失败的措施

（一）羊免疫接种后的反应

免疫反应是一个生物学过程，不可能对羊提供绝对的保护。正常情况下，免疫反应对羊机体是有利的，但在一些特定条件下，免疫反应也能导致不良的后果。尽管目前生物技术生产疫（菌）苗有了很大的发展，但少数羊特别是个别羊注射疫

（菌）苗后，也常出现如下反应。

1. 全身反应

有少数或极少数的羊在注射疫（菌）苗后，会产生震颤、流涎、肺水肿及流产等过敏性休克症状，还有的羊出现瘙痒、皮肤出疹、渗出性湿疹或皮下水肿等皮肤性过敏症状，甚至还会出现淋巴结肿大、发热、食欲减少等症状，特别是用油佐剂疫苗时更为明显。

一般来说，预防性注射不会出现反应。兽医临床上事实也证明，大面积对羊群预防免疫注射，由于疫（菌）苗问题而发生反应，也是少见的。一般羊注射疫（菌）苗后会出现食欲减退、体温略有升高，是由于疫（菌）苗对羊体的刺激作用，是免疫应答的表现。出现剧烈反应的也是疏于注射前健康检查，对怀孕母羊、病羊、体质不佳的羊一般不要注射疫（菌）苗，否则会出现全身反应甚至不良后果。

2. 局部反应

局部反应以注射部位水肿为特征，一般很快消失。也有炎症反应的病例，由于所用油剂的性质及疫（菌）苗成分对注射部位的刺激作用，也可能使病变不同程度表现出坏死和化脓。生产中局部反应的出现也由于注射部位不消毒或消毒不彻底，或注射疫（菌）苗液时过快，都有可能引起局部反应，这属于技术操作不当而引起的。

3. 免疫接种反应的抢救措施

羊在免疫接种后（一般在 12 小时后），要进行反复检查，遇严重反应的羊应根据情况进行治疗，并对死亡的羊进行无害化处理，严禁出售和食用。

（1）观察免疫接种后羊的反应

① 正常反应。一般来说，在正常情况下的免疫接种，羊一般都会表现精神不好或食欲稍减等症状，可自行消退，属于正常反应。

② 严重反应。常见的严重反应有震颤、流涎、流产、瘙痒、皮肤丘疹、注射部位出现肿块、糜烂等，最为严重的可引起羊的急性死亡。

③ 并发症。出现并发症有以下类型。

a. 血清病。出现红肿、体温升高、荨麻疹、关节痛等，要对此羊精心护理和注射肾上腺素等。

b. 过敏性休克。个别羊于注射疫（菌）苗后 30 分钟内出现不安、呼吸困难、四肢发冷、出汗、大小便失禁等，必须立即救出。

c. 全身感染。也可能出现败血症。

d. 变态反应。多为荨麻疹。

（2）处理羊免疫接种后的不良反应的措施　羊免疫接种出现的一般反应如发热、厌食等，一般不治自愈（1～2 天）；过敏反应如震颤、抽搐、休克等，注射

0.1%盐酸肾上腺素1毫升（30分钟可缓解）或地塞米松磷酸钠1毫升等脱敏药物救治，但必须恢复后补注疫（菌）苗。免疫接种后如产生严重不良反应，应采用抗休克、抗过敏、抗炎症、抗感染、强心补液、镇静解痉等急救措施。对局部出现的炎症反应，应采用消炎、消肿、止痒等处理措施。对合并感染的病例用抗生素治疗。

（二）羊免疫接种失败的原因

在实际生产中，也有个别羊甚至一大群羊，免疫接种后出现问题，即免疫接种失败，也就是免疫接种无效果。从一些文献资料及报道上看，影响免疫效果的原因主要有：遗传和环境因素、羊患病、应激反应导致的免疫反应受到抑制、疫（菌）苗保管和使用不当等。此外，免疫接种的时间、剂量、注射疫（菌）苗的部位、疫（菌）苗质量等都会影响免疫效果，特别是羊场在免疫接种操作中，这些方面容易出现问题，会导致免疫失败。

从兽医临床上看，引起免疫失败及出现不良反应的原因分析有以下几点。

1. 疫（菌）苗质量

（1）疫（菌）苗质量可能存在一定的差异　同一种动物疫病有不同的种类，不同生产厂家甚至不同批次的疫苗质量也可能存在一定的差异，所用疫（菌）苗所含抗原的毒（菌）株或血清型与本地或本场不符，都有可能出现免疫失败或者发生不良反应。

（2）疫（菌）苗保管不当　疫（菌）苗保存、运输不当造成疫（菌）苗失效，导致免疫失败及出现不良反应。

2. 流行病学影响

在某种羊的疫病流行的地区，羊场出现强毒株或变异株，在一定条件下，即使免疫后还会使一些羊感染发病。

3. 操作因素

兽医人员免疫过程中无菌观念不强，消毒不严格；免疫接种剂量不足或过大或者稀释液使用不当；随意变更免疫接种的途径和剂量；几种疫苗联合使用造成免疫麻痹；在免疫接种的同时使用抗生素的药物；冷藏的灭活疫苗在用时未事先预温而造成应激反应。

4. 羊的健康因素

羊的免疫器官先天发育不良；感染某种慢性传染病或寄生虫病，机体抵抗力下降，产生的免疫水平参差不齐，从而造成免疫失败或出现不良反应。

5. 抗体的干扰

免疫程序不合理，接种时间过早或者过晚，或者两次免疫间隔时间不当，母源抗体水平过高，都能影响免疫效果。

6. 环境因素

羊的免疫功能受体内神经、内分泌系统的调节，当遇到应激如惊吓、高热、高密度、有害气体、噪声等时，羊机体免疫应答水平下降甚至出现免疫抑制。

（三）羊场避免免疫失败的措施

1. 精心组织和安排免疫接种疫（菌）苗数量和免疫接种时间，严格按免疫接种程序要求进行

一般来说，羊接种疫（菌）苗后，建立免疫应答和产生免疫力，需要 2 ~ 3 天的时间。如果希望羊在某时间内对某病具有抵抗力，就必须在此之前的某时间范围内进行免疫接种，也就是免疫程序要设计安排好。实际工作中，由于羊场生产繁杂，特别在免疫接种预防工作中，要集中使用几种疫（菌）苗，对羊场中不同的羊群要同时进行免疫接种，若操作仓促或时间延误，就会造成某些免疫接种过早或过迟，在一定程度上影响了免疫效果。

2. 注射剂量要掌握准确

注射疫（菌）苗的剂量同样也会影响免疫效果，剂量不足，不足以激活免疫系统；剂量过大，可能因毒力过大造成接种强毒，会出现全身反应，反而致病。

3. 注射部位要准

有些疫（菌）苗对接种部位有特别要求，疫（菌）苗只有接种到要求的部位，机体才会建立快速的免疫应答，部位不准，会降低疫（菌）苗效价或无效。

4. 免疫接种前对羊群进行健康检查

羊场对羊群免疫接种前，一定要对羊群进行健康检查，掌握羊群健康状况。凡发病的，精神、食欲、体温不正常的，体质瘦弱的，幼小的、年老的及怀孕后期的羊均应不予接种或暂缓接种，以免出现不良反应而导致不良后果发生。

5. 认真检查疫（菌）苗

羊场在对羊群免疫接种前，一定要对疫（菌）苗的质量、保存条件、保存期进行认真检查，必要时先做个别羊或小群羊接种试验，然后再大群免疫接种。

6. 免疫前避免对羊群产生应激反应

羊场在免疫接种前，避免羊群受到寒冷、转群、运输、脱水、突然换料、噪声、惊吓等应激。也可在免疫前后 3 ~ 5 天，在饮水中添加速溶多维，或维生素 C、维生素 E 等以降低应激反应。

7. 对羊群加强饲养管理

免疫前后给羊群提供营养丰富、均衡的优质饲料，提高机体非特异性免疫力。并保持羊舍温度、湿度、光照适宜，通风良好，环境卫生，羊舍干燥。还要做好日常消毒工作。

第六章 羊病的种类及综合防控措施与临床诊断治疗技术

第一节 羊病的种类及原因

一、羊病的种类

羊病的种类很多，可根据国家规定的来分类，也可根据羊病的性质来分类。

（一）按国家规定的分类

我国农业部于2008年12月11日发布公告（第1125号文件），公布了一、二、三类动物疫病病种目录，其中，羊的疫病病种有以下种类。

1. 羊的一、二、三类传染病

（1）一类传染病　口蹄疫、羊痒病、蓝舌病、小反刍兽病、绵羊痘和山羊痘。

（2）二类传染病　炭疽、伪狂犬病、狂犬病、魏氏梭菌病、副结核病、布氏杆菌病、弓形体病、棘球虫幼病、钩端螺旋体病、山羊关节炎—脑炎、梅迪—维斯纳病。

（3）三类传染病　李氏杆菌病、类鼻疽、放线菌病、肝片吸虫病、丝虫病、肺腺瘤病、绵羊地方性流产、传染性脓疱、腐蹄病、传染性眼炎、肠毒血症、干酪性淋巴结炎、绵羊疥癣。

2. 人羊共患病

人羊共患病既有病原微生物引起的，也有寄生虫引起的。根据中华人民共和国农业部公告第1149号《人畜共患传染病名录》，人羊共患传染病主要有：布氏杆菌病、炭疽、狂犬病、口蹄疫、副结核、肝片吸虫病、丝虫病、弓形虫病、棘球蚴病、绦虫病等，其病原微生物和寄生虫分别经过病羊的排泄物经消化道、呼吸道、昆虫叮咬、外伤创口等途径进入人体内，感染人发病，给人体健康造成了极大的危害，甚至危害到人的生命。

（二）按羊病发生的性质分类

羊在生活过程中，常常会发生多种多样的疾病，根据其性质，一般分为传染病、寄生虫病和普通病三大类。

1. 传染病

（1）概念　传染病是由病原微生物如细菌、病毒、支原体等侵入羊体而引起的。病原微生物在羊体内生长繁殖，放出大量毒素和致病因子，破坏或损害羊的机体，使羊发病。羊发生传染病后，病原微生物从其体内排出，通过接触或间接接触传染给其他羊，造成疫病流行。病程短、病症表现剧烈的叫急性传染病；病程长、病症表现稍慢的，叫慢性传染病。传染病和其他疾病比较，来势猛、发病急、死亡率高。

（2）传染病的分类

① 病毒性传染病。绵羊和山羊能感染的有 4 种之多，如羊痘、口蹄疫、蓝舌病、传染性脓疱等。

② 细菌性传染病。绵羊、山羊能感染的细菌性传染病达 15 种以上，如炭疽、布鲁氏菌病、羊猝狙、破伤风、沙门菌病、巴氏菌病、链球菌病、结核病、副结核病、羔羊大肠杆菌病、羊快疫、羊黑疫、羔羊痢疾、羊肠毒血症等。

③ 其他传染病。绵羊、山羊感染的其他传染病也有 4 种以上，如传染性角膜炎、钩端螺旋体病、衣原体病、羊支原体肺炎等。

2. 寄生虫病

（1）概念　寄生虫病是由寄生虫如蠕虫、昆虫、蜘蛛、原虫等寄生于羊体内外而引起的。当寄生虫寄生于羊体时，通过虫体对羊的组织、器官造成机械损伤，夺取营养或产生毒素，使羊消瘦、贫血、营养不良、生产性能下降，严重者可导致死亡。寄生虫病与传染病类似，都具有传染性，使多数羊发病，而且某些寄生虫病所造成的经济损失并不亚于传染病，对羊场生产构成严重威胁。

（2）种类　羊常见的寄生虫病种类很多，概括起来主要是蠕虫病、蜘蛛昆虫病和原虫病三大类。

蠕虫病主要有捻转胃虫病、钩虫病、阔口线虫病、结节虫病、鞭虫病、肺线虫病、肝片形吸虫病、前后盘吸虫病、莫尼茨绦虫病、细颈囊尾蚴病、多头蚴（脑包虫病）等。

蜘蛛昆虫病有疥癣病、羊鼻蝇蛆病、伤口蛆疽病、羊虱、蜱病。但原虫病较少见。

3. 普通病

普通病是指除传染病、寄生虫病以外的疾病，包括内外科病、产科病、中毒等。这类疾病是由于饲养管理不当、营养代谢失调、误食毒物、机械损伤、异物刺激或其他外界因素如温度、湿度、气候等原因所致。普通病多为零星发生，但羊误食某些有毒牧草或毒物，也会大批发病死亡，给羊场造成严重的经济损失。

二、我国羊病发生的现状与特点

随着养羊业向规模化、集约化的发展，加上流通渠道增多，范围扩大，又由于羊场饲养管理及条件的不完善，使羊病的发生和流行表现出以下现状和特点。

（一）羊病发生的现状

1. 羊的疾病种类增多，危害大，但流行病学家底不清

羊的疾病种类发生增多，其中，有许多是多种动物共患性传染病；而且普通病有逐渐增多的趋势，特别是由传染病和寄生虫病所引起的继发性内脏器官疾病逐渐增多，对羊场生产危害较大。据世界动物卫生组织有关资料报道，羊的主要疫病有54种，其中，传染病35种，寄生虫病19种。在35种传染病中，病毒性传染病11种，细菌性传染病18种，其他微生物类传染病6种。而根据国内有关羊病的资料记载，在羊的54种主要疫病中，我国已发现49种，另外，5种羊病情况不明。由于长期以来兽医主管部门对羊病重视不够，科研资金投入有限，从而导致用于羊病防控的技术缺乏或水平滞后。除了少数重大传染病如口蹄疫、布氏杆菌病等有一定技术手段和流行病学监测计划以外，其余多数羊病尚无有效的流行病学调查技术手段和相关研究投入，造成流行病学家底不清，使得防制技术研究和有效措施制定非常困难。疫病发生时难以及时控制，造成严重后果发生，尤其对规模化羊场生产危害极大。

2. 寄生虫病发生率越来越高，防治手段单一，难以根除

羊的寄生虫在我国十分普遍，其中，危害较为严重的寄生虫有吸虫病、绦虫、螨虫、肺线虫等。据调查，南方高温高湿地区和北方自然草场放牧地区羊寄生虫的感染率达100%。目前，防治寄生虫病主要采用体内口服和体外药浴及皮下注射等驱虫、杀虫方法，虽有一定效果，但难以根除，而且重复感染状况严重。长期下去还可能产生耐药性，使疾病控制复杂化。而且在养羊生产中，寄生虫病发生率越来越高已有事例所证明。很多调查结果显示，山羊寄生虫感染率比较高，绝大多数山羊同时感染多种寄生虫。线虫为山羊感染的主要寄生虫，感染率为100%。

此外，寄生虫病发生率越来越高其主要原因是不科学的放牧和驱虫。从有关报道上看，当前羊常发的寄生虫病有羊消化道线虫病、反刍兽绦虫病、吸虫病、球虫病、梨形虫病和疥螨病等。特别是夏秋季超载牧地羊群捻转血矛线虫病的持续感染，导致羊消瘦、贫血、异嗜、下颌水肿和衰竭死亡，此时按常规的每年2~3次驱虫根本不能控制病情，湖北省长阳县就出现过这样的状况。长阳县在山羊养殖业发展中，虽然在山羊驱虫方面做了大量工作，但山羊寄生虫的感染率仍然是较高的，检出率达到98.8%。体内同体感染虫卵至少3种，最多的达10种。从镜检的情况看，无论是驱虫还是未驱虫，无论驱虫时间长短，均有虫卵感染，这不排除农

民在给羊服用驱虫药的方法和剂量上失误外，重要的还是与环境污染有关，出现了重复感染。从此案例可见有必要加大山羊体内寄生虫的防治力度，将过去长期坚持的四季驱虫改为双月驱虫。

3. 某些传染病呈暴发流行趋势

饲养管理差，消毒卫生及防疫制度不健全，病死羊尸体不能进行无害化处理，兽医卫生及动物疫病防控部门监管处置不力等，都是目前我国羊传染病发生和流行的一些原因。如山羊传染性胸膜肺炎、羊痘在羊群中发生后，没有有效控制和扑灭措施，很快就会在羊场或当地暴发流行，导致大批病羊死亡。某些传染病呈暴发性流行趋势，也确实引起了一些羊场的恐慌和抛售，严重影响了养羊业的健康发展。

4. 某些细菌性疾病的危害加大

通过对一些羊场的调查可以看到，不少病的病源已广泛存在于环境中，通过多种传播途径以及自然环境条件的改变，已成为一些羊场的常在病菌，如沙门菌病、大肠杆菌病、梭菌性疾病和布鲁氏菌病等。

（二）羊病发生和流行的特点

1. 新发生的羊病种类增多

由于从国外多渠道引种，又缺乏有效的监测手段，以及自然环境的污染加大，市场交流频繁和活羊流动性大等原因，新的羊病也随之出现，如绵羊痒病、梅迪—维斯纳病、小反刍兽疫、山羊关节炎—脑炎、蓝舌病等。小反刍兽疫是2007年由境外传入我国西藏的一种新病。经确诊后，国家采取了果断积极的防疫措施，对疫区及周边区域免疫，限制羊的移动，收效明显，没有发生疫情大面积流行。但通过流行病学监测发现，部分地区有可能发生过感染，防疫工作仍不能松懈。蓝舌病属于虫媒性重大疫病，毒型复杂，目前在我国的流行与分布情况仍不清楚，需要进一步调查。

2. 混合感染和综合征使羊疾病更为复杂化

兽医临床中已证实，羊的常见病例多是由两种或两种以上的病原引起，这种混合感染和继发感染，也确实给诊断和防治带来一些困难。

3. 营养性代谢病发病率高

羊营养性代谢病是营养紊乱和代谢紊乱的总称。前者是因羊所需的某些营养物质供给不足，或因某些营养物质过量而干扰了另一些营养物质的吸收利用引起的疾病；后者是因体内一个或多个代谢过程异常导致内环境紊乱引起的疾病。我国的羊饲养业从整体上看还是处于“夏饱、秋肥、冬瘦、春乏”状况，其原因还是饲养管理粗放，多以放牧为主，又不补饲或不实行营养调控技术，加上一年四季粗饲料、青饲料丰歉不均而造成了这种恶性循环状况。此外，还有一个状况是母羊体质与带羔数量呈负相关等现象，以及所产单羔体重大于双羔，双羔又大于多羔，这些现象都与母羊营养状况、环境等因素有很大关系，特别是舍饲圈养羊，营养代谢病发病率更高。从一定程度上分析，羊营养代谢病发病率过高的主要原因是：过度放牧使草地退化，饲草品质下降与草料单一且短缺，加上饲养不当与饲草料搭配不合理等造成营养物质缺乏；再加上母羊在妊娠泌乳和羔羊生长发育等时期，在不良的环境下生活生存，机体对营养物质的需要量增加又没有得到及时补充，从而导致营养物质相对缺乏而出现营养代谢病发生，如微量元素缺乏后会出现骨营养不良、低镁血症和锌钴缺乏症、绵羊妊娠毒血症、羔头低血糖症等。尤其是牧区因采取天然放牧的饲养模式，基本不添加或少添加精料，因营养不均衡而出现营养代谢病比较严重，如缺铁、缺硒造成的贫血和白肌病等。

4. 中毒病呈地区性群发

一般来说，羊的中毒病与饲养管理方式有关，有地区性和季节性，其危害也越来越大。常见的中毒性疾病如农药中毒、除草剂中毒、有机磷农药中毒、灭鼠药中毒等；有毒植物中毒，如采食有毒野草；毒蛇、毒蜂咬蜇而中毒；饲料中毒，如采食发霉的饲草料，饲喂过量的菜籽饼、棉籽饼、食盐、尿素等。

（三）饲养模式转变和养殖技术不规范的矛盾导致疾病复杂化

随着规模化养羊业的不断发展和每家每户养殖数量的逐渐减少，以及随着养羊数量的增加，饲养方式的改变，羊病的流行和危害也发生了变化。由于传统养羊生产特别是农村山区规模养羊生产存在诸多问题，如羊场业主防病意识淡薄、盲目引种、引种检疫措施不严、疫（菌）苗免疫不到位、疾病检测和防控技术方法少且水平也落后，各种类型养羊场也没有相应的行业（国家）标准可以遵循等。这些矛盾及存在的问题使得羊病日趋复杂化，不仅表现在发病增多，新病出现，还表现在技术力量不足，导致不能及时控制而使某种疫病蔓延、混合或继发感染增多等。规模化养羊生产也表现出很多的问题，如舍饲圈养羊的饲料搭配不合理及饲草单一等问题，使舍饲圈养的羊营养代谢病发生率高及某种疾病难以治愈等，也显示出了饲养模式转变后，规模化养羊技术还处于落后水平，从而也导致了疾病的复杂化。

（四）羊场生产经营者防病意识薄弱，羊病发生未受重视而造成羊病蔓延

根据农业部肉羊产业技术体系专家组对我国一些省市养羊场、户的调研报告，牧区和农区一些羊场及大部分养羊户，日常环境消毒和疾病预防为主的观念很淡薄或没有。认为羊一般无大病，很多羊场很少配备专职兽医，即使是配备了专职兽医，但也有一些兽医人员由于技术水平低、养羊专业技术知识欠缺也难以胜任一个羊场兽医技术员的工作。很多羊场仅仅依靠乡村防疫人员进行羊病预防免疫和疾病防治工作，这显然无法满足当地羊病预防控制的实际需要。现实的羊场业主中有很

多存在三个“说不清”：一是有病或无病说不清；二是有什么病说不清；三是有病怎么防治说不清。很大一部分羊场业主缺乏基本的兽医、兽药常识和防病知识，羊得病时不清楚病因，滥用药物，耽误病情，造成疫病流行蔓延，给羊场带来更大损失和危害，也使某些传染病及寄生虫病一直成为危害羊病的根源。

三、羊病发生的主要原因

羊病的发生原因一般可分为两大类：一是外界致病因素，二是内部致病因素。但是，任何羊病的发生，都不是单一原因引起的，而是外因和内因相互作用的结果。

（一）羊的外界致病因素

羊的外界致病因素有五大类，即生物性致病因素、化学性致病因素、物理性致病因素、机械性致病因素、管理和营养性因素。

1. 生物性致病因素

指病源微生物和寄生虫对羊体的侵害，是危害羊最主要的一类致病因素，可使羊发生传染病和寄生虫病。

2. 化学性致病因素

主要有强酸、强碱、农药、化学毒物、重金属盐类、氨气等化学物质，可引起羊中毒等疾病。此类因素中对羊危害最严重的是氨气。氨气来源于舍内环境，由堆积的粪尿、饲料残渣和垫草等有机物腐败分解产生。氨的浓度取决于羊舍内温度、饲养密度、通风情况、饲养管理水平、粪污清除等因素。氨气是一种无色，但有强烈刺激性臭味的有毒有害气体，可诱发羊的呼吸道疾病，降低羊机体抵抗力，对羊的生产性能有一定影响。

3. 物理性致病因素

指高温、低温、光照、湿度、噪声等因素，当这些因素达到一定强度或作用时间较长时，都可对羊体造成一定危害，其中，湿度、温度对羊影响最大。

4. 机械性致病因素

指打、刺、压、咬等，可引起羊的机体发生损伤。

5. 营养和管理因素

兽医临床实践证实，羊疾病的发生与营养和管理有着直接的和密切的关系。

（1）饲养不合理　羊日粮中蛋白质、维生素和矿物质等搭配不合理，羊会发生营养缺乏症或过多症，易造成疾病发生。

（2）管理不善和卫生条件差　羊栏潮湿又清扫不及时，粪便、垫草发酵分解产生大量氨气、二氧化碳和硫化氢等有害气体，会引起羊发生呼吸系统疾病等，同时也为病原体提供了生存和繁殖的场地，导致病原微生物的增殖，使传染病、寄生虫病等发生。

（二）羊病发生的内因

羊病发生的内因主要指羊机体对外界致病因素的易感性和羊机体对致病因素的抵抗力，这与羊的品种、年龄、性别、营养状况、免疫状态等有很大关系。

1. 羊的品种

羊品种的不同，对同种致病因素的反应存在差别，如绵羊比山羊易感羊快疫和巴氏杆菌病。

2. 羊的年龄

一般幼龄羔的抗病力很弱，成年羊抗病力较强。有些羊病与年龄大小也有一定的关系，如早龄羔羊易发生羔羊痢疾，而羊黑疫多发生在2~4岁的羊。

3. 羊的性别

不同性别的羊，对某些疾病有不同的易感性，如母羊比公羊更易得布氏杆菌病。

4. 羊的免疫状态

羊的免疫状态不同，对同一种病原的抵抗力也不同，如经过免疫接种羊炭疽疫苗的羊，就比未接种过的羊对羊炭疽病原的抵抗力强，也不易发生该病。

5. 营养状况

一般来讲，营养不良的羊对疾病的易感性明显比营养良好的羊增高，这是由于营养不良后机体的抵抗力下降，更易发生疾病。

第二节　羊病的临床诊断与治疗技术

一、羊病的临床诊断技术

兽医临床上对羊病诊断是治疗羊疾病的前提，只有及时准确的诊断，治疗才能达到效果。羊病诊断方法有临床诊断、病理学诊断、实验室诊断等，对羊场兽医来说，最主要是要掌握临床诊断技术，对可疑和难以临床诊断的病可采用病理学和实验室诊断。

（一）羊病的临床检查技术

羊体质健壮，对疾病的忍受能力较强，一般在发病初期不容易发现，需要在饲养中仔细观察，及时发现病羊，及早治疗。并遵守“消除病因，合算则治，先轻后重，易好优先”的原则，切实避免财力、药物的浪费。

1. 判断病羊的方法

（1）观察采食饮水　在放牧、饲喂和饮水时对羊的食欲和饮水状态进行观察。健康羊在放牧时多走在前头，边走边吃草，饲喂时也抢着吃草；当饮水时或放牧中遇见水时，多迅速奔向饮水处，争先喝水。病羊吃草时，多落在后边，边吃边停，或离群停立不吃草，饮水时不喝或暴饮，如发现这样的羊，应作个体诊断检查。

（2）观察运动　主要观察羊的精神外貌和姿态步样。健康羊精神活泼，步态平稳，不离群，不掉队。而病羊多精神不振，沉郁或兴奋不安，步态踉跄，跛行，前肢软弱跪地或后肢麻痹，有时突然倒地发生痉挛等。发现这些异常表现的羊时，应将其剔出进行个体检查。

（3）观察休息　要有顺序地并尽可能地逐只观察羊的站立和躺卧姿态。健康羊吃饱后多合群卧地休息，时而进行反刍，当有人接近时常起身离去。病羊一般是常独自呆立一侧，肌肉震颤及痉挛，或离群单卧，长时间不见其反刍，有人接近也不动。其次，注意观察羊的天然孔及分泌物。健康羊鼻镜湿润，鼻孔、眼及嘴角干净；病羊则表现为鼻镜干燥，鼻孔流出分泌物；有时鼻孔周围污染脏土杂物，眼角附着脓性分泌物，嘴角流出唾液，发现这样的羊，应将其剔出复检。

（4）观察粪便　健康的羊粪便呈椭圆形，落地后互不黏结，颜色较黑。病羊的粪便干结无光泽，或者粪稀，常混有黏液、脓血、虫卵，发臭，尾部及后肢污染有稀粪。

（5）观察声音　健康羊能发出洪亮而有节奏的叫声，而病羊叫声音高低有变化，还能听到咳嗽声。

2. 个体羊临床诊断

个体羊检查是通过看、嗅、摸、听，综合起来加以分析，可以对疾病做出初步诊断。

（1）看　主要观察病羊的表现，包括羊的肥瘦、姿势、步态、被毛、皮肤、黏膜、反刍、粪尿等。

① 肥瘦。一般慢性病如寄生虫病，病羊身体多瘦弱，而一般急性病，如瘤胃急性臌胀，急性炭疽等病羊身体仍然肥壮。

② 步态。羊患病时常表现行动不稳，或不喜行走。

③ 被毛和皮肤。健康的羊被毛富有光泽，而病羊被毛粗乱失去光泽。患螨病的羊被毛脱落，同时皮肤变厚变硬，出现蹭痒和擦伤。

④ 采食和反刍。采食和反刍好坏直接反映羊全身及消化系统的健康状况。无病的羊每次采食 30 分钟后开始反刍 30 ~ 40 分钟，一昼夜反刍 6 ~ 8 次。病羊反刍减少或停止，饮食废绝，说明病情严重，若吃而不敢嚼，应查口腔和牙齿异常。

⑤ 黏膜。一般健康羊的眼结膜、鼻腔、口腔、阴道和肛门黏膜呈粉红色。如

黏膜发红并带有红点、血丝或呈紫色，是由于严重的中毒或传染病引起的。口腔黏膜发红，多半是由于体温升高，身体上有炎症。

（2）嗅　主要闻分泌物、排泄物、呼出气体及口腔气体。羊患胃肠炎时，粪便腥臭或恶臭；肺坏疽时，鼻液带有腐败性恶臭。

（3）摸　又叫触诊，用手感触被检查的部位，并施加压力，以便确定被检查的各器官组织是否正常。触诊常用以下几种方法。

① 体温检查。一般用手摸羊耳朵或把手插进羊嘴里去握住舌头，可知道病羊是否发烧。但是准确的方法，是用体温表测量。在给病羊量体温时，先把体温表水银柱甩下去，涂上油或沾上水以后，再慢慢插入肛门里，体温表的1/3留在肛门外面，插入后滞留的时间一般为2～5分钟。羊的正常体温是38～40℃，如高于正常体温为发热，常见于传染病。

② 体表淋巴结检查。主要检查颌下、肩前、膝上和乳房上淋巴结。当羊患上结核病、伪结核病、羊链球菌病菌时，体表淋巴结往往肿大。

（4）听　在清静的地方，使用听诊器，利用听觉来判断羊体内正常的和有病的声音。

① 心脏听诊。心脏跳动的声音，正常时可听到“嘣—咚”两个交替发出的声音。“嘣”音为心脏收缩时发生的声音，叫第一心音；“咚”音为心脏舒张时产生的声音，叫做第二心音。心音增强，见于热性病的初期，心音减弱，见于心脏机能障碍的后期或患有渗出性胸膜炎。听到其他杂音，多为创伤性心包炎、胸膜炎等。

② 肺脏听诊。主要听取肺脏在吸入和呼出空气时，由于肺脏振动而产生的声音，一般有5种。

肺泡呼吸音：过强，多为支气管炎等；过弱，多为肺泡肿胀，渗出性胸膜炎等。

支气管呼吸音：是空气通过喉头狭窄部发出的声音，类似“嚇”的声音，在肺部听到多为肺炎的肝变期，见于羊的传染性胸膜肺炎等。

啰音：分干啰音和湿啰音。干啰音甚为复杂，有咝咝声、笛声、口哨声等，多见于慢性支气管炎，慢性肺气肿等。湿啰音似含漱音、沸腾音，多发生于肺水肿、肺出血、慢性肺炎等。

捻发音：像用手指捻毛发时所发出的声音，多发生于慢性肺炎、肺水肿等。

摩擦音：多发生在肺与胸膜之间，多见于纤维性胸膜炎、胸膜结核等。

（二）羊病的病理学诊断技术

病理学诊断对羊场而言主要是指尸体剖检，也叫病理剖检，是羊病现场诊断比较重要的一种诊断方法。

1. 尸体剖检的作用

羊发生了传染病、寄生虫病特别是中毒性疾病时，器官和组织会呈现出特征性的病理变化，通过尸体剖检就可迅速做出诊断。如山羊患传染性胸膜肺炎，肺实质发生肝变，切面呈大理石样变化；再如羊患肠毒血症时，除肠道黏膜出血或溃疡外，肾脏会软化如泥；再如羊患肺丝虫病，尸体一般清瘦，支气管中含混有血丝的分泌物团块，团块中有成虫、成卵和幼虫，支气管黏膜充血肿胀，并有小出血点，肺有不同程度的膨胀和肺气肿。因此，在实践中，有条件的羊场尽可能剖检病羊尸体，必要时可剖杀典型病羊。当然，除肉眼观察外，有条件的羊场必要时采取病料，进一步作病理组织学检查。但要注意的是对某些传染病要严禁尸体剖检，如炭疽病禁止尸体剖检，应就地消毒深埋。

2. 尸体剖检要注意的事项

（1）剖检前要做好准备工作　消毒药、乳胶手套、解剖刀、解剖剪、镊子等有关器械都要在尸检前准备好，如需采取病料，还要准备灭菌的容器装病料。不管是传染病，还是非传染病，取料的器械和容器都需要消毒。取料时，最好是一套器械取一种病料，一种病料放一种容器，不可混装。

（2）剖检数量　要多剖检几只病死羊尸体，以便诊断出共同的病理变化。

（3）剖检要做好记录　内容有羊的品种、性别、年龄、死亡日期、剖检日期、外观检查症状和病理剖检症状等。

（4）剖检时间　死亡后立刻剖检，剖检时间不要超过 6 个小时，越早越好，最好在白天进行，以便准确观察病变。

（5）剖检地点　选择远离居民区、牧场、水源和道路的地方，以防止病原体传播。有条件的也可在羊场兽医室内，剖检后彻底消毒。

（6）剖检后的尸体和污染物要严格按有关规定消毒处理　可焚烧或深埋处理，并对剖检地方彻底消毒，撒生石灰或用 5% ~10% 氢氧化钠喷洒场地。

（7）部检时要做好个人防护　严禁闲杂人员围观。

3. 尸体剖检程序和检查方法

（1）尸体剖检程序　为了全面准确而系统地检查尸体内所呈现的病理变化，尸体剖检必须按照一定的程序进行。尸体剖检程序为：外部检查→剥皮与皮下检查→腹腔剖开与检查→骨盆腔器官的检查→胸腔剖开与检查→脑和脊髓取出与检查→鼻腔剖开与检查→骨、关节与骨髓的检查。

（2）尸检的主要部位

① 外部检查。包括羊的品种、性别、年龄、毛色、特征、营养状况、皮肤、死后变化、天然孔（口、眼、鼻、耳、肛门和外生殖器）及可视黏膜。

② 剥皮与皮下检查。羊的皮比较容易剥下，将尸体仰卧固定后，先由下颌经颈、胸、腹（绕开乳房，阴户和阴茎）至肛门进行一纵切口，然后再由四肢系部

经其内侧至上述切线分别做四条横切口后，可剥离全部皮张。剥皮后对皮下检查，主要检查皮下脂肪、血管、血液、肌肉、乳房、外生殖器官、食管、喉、舌、气管、淋巴结等的变化。

③ 腹腔的剖开与检查。剥皮后，让尸体呈左侧卧位，从右侧部沿肋骨弓至剑状软骨切开腹壁，再从髋结节至耻骨联合切开腹壁。腹腔切开后，先检查有无肠变位、腹膜炎、腹水、腹腔积血等异常。然后在横膈膜之后切断食道，用左手握住食道向后牵拉，右手持刀将胃、肝、脾背部的韧带和后腔静脉、肠系部根部切断，随后取出腹腔内脏器。

④ 脏器的检查内容。一般情况下，不管是何种疫病，都要取心、肺、肝、脾、胃、淋巴结，作为被检材料。

胃的检查：在切开胃的同时，注意内容物的质量、数量、质地、颜色、气味、组成及黏膜的变化，特别要注意皱胃有无黏膜炎症和寄生虫，还要注意网胃内的异物刺伤和穿孔，瓣胃的阻塞状况，以及瘤胃内容物的情况等。

肠的检查：重点检查内容物和肠系膜，检查内容物的质地、气味、颜色和黏膜的各种炎症变化。

肝、脾、肾、胰脏的检查：主要检查这些器官的颜色、大小、质地、形状、表面和切面等有无异常的变化，为尸检的重点。

心脏检查：应注意观察心包液、颜色、心脏的大小形态、软硬度、心室和心房的充盈度、心内外膜的变化等。

肺的检查：肺的大小、颜色，切开肺后，观察肺部内有无寄生虫和虫卵等。

（三）羊病的实验室诊断

兽医实验室诊断是羊病综合诊断的重要诊断方法之一，是羊疾病确诊的重要手段。实验室诊断的主要内容包括病料的采集、保存、包装和运送，血、尿、粪的常规检验及生化分析、细菌学检查、病毒学检查、血清学试验、寄生虫学检查和毒物检验等内容。一般要求，羊病在经临床检查、病理剖检以后，根据已获得的资料和症状，还不足以做出明确的诊断时，就需要拟定实验室诊断方案，进一步选择并实施实验室诊断项目的内容。

二、羊病的临床治疗技术

羊病的治疗是通过物理性的、化学性的和手术等方法的处置，亦即清除疾病，而兽医临床治疗技术是治疗羊病最重要的措施。

（一）羊病治疗的基本原则

为了达到有效治疗羊病的效果，必须根据羊病的特点和疾病的具体情况来选择适当的治疗方法，并根据每种疾病的不同治疗方法，遵循一些共同的基本原则。

1. 对因治疗原则

羊的任何疾病，都有致病原因，因此，治疗羊病必须明确致病原因，并力求清除病因，采取对因疗法。这就是说，根据不同的治疗原则，采取不同的治疗方法。如肺丝虫病引起羊咳嗽，应先选择驱虫药进行驱虫治疗，然后对重症者可抗菌消炎。

2. 主动治疗的原则

主动治疗的原则主要是早期预防、早期治疗，首选特效药和坚持疗程。只有这样才能及时地发挥治疗作用，防止病情蔓延，阻断病程的发展，迅速而有效地消灭疾病，达到使病羊迅速恢复健康的目的。如羊群中感染传染性脓疱或羊痘后，首先要及时隔离或淘汰病羊，严格隔离消毒，紧急接种疫苗，并加强饲养管理，这是控制传染性脓疱或羊痘的最实用而又有效的措施。

3. 综合治疗原则

综合治疗法就是根据具体病例实际情况，选择采取多种治疗手段和方法，并采取必要的配合治疗方法。如对羔羊痢疾的治疗，在对羔羊进行抗菌消炎和对症治疗的同时，必须加强母羊的饲养管理，并对产房进行消毒。而在之前，每年要对母羊注射羔羊痢疾疫苗，并在产前的2～3周再加强1次，母羊产羔前要对产房彻底消毒（可用1%～2%的热氢氧化钠液或20%～30%石灰水），并注意接产，脐带消毒，辅助羔羊吃上初乳等。

4. 局部治疗结合全身治疗原则

羊疾病发生过程中，局部与全身是密切相关的，局部病变与全身的生理代谢状态有关系，并会影响到其他局部，甚至全身。因此，治疗时应采取局部治疗法与全身治疗法相结合的原则。

（二）临床治疗技术

1. 羊的保定

在临床治疗时，为了便于诊疗和保证人羊安全，以人力、器械或药物控制羊的方法，称为保定。一般要求，在给羊注射或灌服药前，要把羊先保定住。抓羊时应抓羊腰背处皮毛，不可直接抓腿，以防扭伤羊腿；更不可将羊按倒在地使其翻身，这样易造成肠套叠、肠扭转而引起死亡。抓住羊后，人骑在羊背上，用腿夹住羊前肢固定，便可打针喂药了。

2. 常用给药方法

（1）混饲给药　将药物均匀混入饲料中，让羊吃料时能同时吃进药物。此法简便易行，适用于长期投药。此法要注意药物与饲料必须混合均匀，并应准确掌握饲料中药物所占比例。混饲给药的技术与方法及注意事项，参见第三章第一节。

（2）混水给药　将药物溶解水中，让羊自由饮用。对因病不能吃食但还能饮水的羊，此法尤其适合。采用此法必须注意根据羊可能饮水的量，来计算药量与药液浓度。在给药前，一般应停止饮水半天，以保证每只羊都能饮到一定量的水。所用药物应易溶于水。混水给药的技术与方法及注意事项参见第三章第一节。

（3）口服给药

① 液体药物：当给羊灌服液体药时，可将药液倒入细口长颈的玻璃瓶或一般酒瓶中，抬高羊头呈水平状，一手拿灌药瓶从羊的侧口角插入，稍向一侧颊部推入，然后将药液倒入。药量大时，倒入部分药物后稍停，让羊吞咽后再倒。

② 片剂药：一人用手抬高羊头呈水平状，另一人的手从一侧口角插入让羊张嘴，将药片投入羊口中让其吞咽。

口服给药的技术与方法及注意事项参见第三章第一节。

（4）灌肠法　将药物配成液体，直接灌入直肠内。便秘或驱除大肠后段寄生虫时，可用直肠灌注法。方法是保定病羊，将灌肠管慢慢插入肛门，再提起漏斗把药物慢慢灌入肠内。灌肠给药法的技术与方法及注意事项参见第三章第一节。

（5）注射法　注射法是将液体药物用注射器注入羊的体内。注射法分皮下注射、肌内注射、静脉注射、腹腔内注射和瓣胃内注射法等。注射前要将注射器和针头用清水洗净，煮沸 30 分钟。注射器吸入药液后要直立推进注射器活塞，排除管内气泡，再用酒精棉球包住针头，准备注射。

① 皮下注射：先用碘酒消毒羊颈部要注射的部位，用左手拉起羊的皮肤成三角形皱襞，右手拿注射器将针头刺入皮下，便可推入药液。

② 肌内注射：在羊的颈部上 1/3 处，肩胛前缘部分，先用碘酒局部消毒，然后用左手拇指和食指呈“八”字形压住肌肉就可注射药液。药量大时要徐徐注射，注射快时药液易从针孔处漏出。注射完后拔出针头，针孔用碘酒消毒。

③ 静脉注射：注射部位为羊耳部或颈部，剪掉注射部位的羊毛用碘酒消毒，然后用手拍打静脉，将针头刺入静脉顺血管平推，注射完后消毒针孔。

皮下注射、肌内注射、静脉注射的技术与方法及注意事项参见第三章第一节。

④ 腹腔内注射：是利用药物的局部作用和腹膜的吸收作用，将药物注入腹腔内的一种注射方法。腹腔注射药物吸收快，注射方便，可以大量补液，对腹腔器官疾病有一定的作用。腹腔注射部位成年羊在右肷窝部，羔羊在两侧后腹部。对成年羊腹腔内注射，先站立保定，注射部位剪毛消毒，右手持针头从中央垂直刺入腹腔，并回抽判断无血液、尿液、粪液等，即可注入药液，注射完毕，用左手持酒精棉球压迫针孔部，迅速拔出针头；对羔羊腹腔内注射，可倒立保定，局部剪毛消毒，在耻骨前沿 3 ~5 厘米腹中线的两侧，或者脐与耻骨连接中点，避开血管垂直刺入皮肤，向下进针 1 ~2 厘米后再向腹腔进针，之后回抽判断，再注射药液，完毕后拔针消毒。腹腔注射注意不可用有刺激性的药液，如药液量大，则宜用等渗溶液，最好将药液加温至近似羊体温的程度为宜。

⑤ 瓣胃内注射法：将药液直接注入瓣胃内，主要治疗瓣胃阻塞，使其内容物软化通畅。注射前羊站立保定，注射部位在羊右侧第 8 ~ 9 肋间（羊有 13 对肋骨，由后向前数，第 6 个肋骨即是第 8 肋骨，第 8 肋骨与第 9 肋骨之间即为第 8 肋间）与肩关节水平线交界处下方 2 厘米处。用 12 号 7 厘米长的注射针头，注射部位剪毛消毒后，向对肩关节方向刺入 4 ~ 5 厘米深。也可先注入生理盐水 20 ~ 30 毫升，回抽一部分，如液体中有食物或液体被污染，证明已刺入瓣胃内，然后注入所需的药物，如石蜡油 100 毫升，或 25% 硫酸镁溶液 30 ~ 40 毫升，注射完后拔出针头，消毒注射部位。

3. 穿刺法

穿刺法是使用特制的穿刺器具，如套管针、穿刺器，刺入羊体腔、脏器内，排除内容物或气体，或注入药物以达到治疗目的。穿刺法对病羊治疗有以下几种。

（1）瘤胃穿刺法　此法用于瘤胃急性臌气时的急救排气和向瘤胃内注入药液。

① 穿刺部位：在羊的左侧肷窝部，也可选在瘤胃隆起最高点穿刺。

② 穿刺方法：羊保定后，用细套管针，也可用静脉注射针头，先把穿刺部位剪毛清毒，右手持套管针或注射针头，向侧肘头方向迅速刺入 10 ~ 12 厘米，左手按压固定套管针或针头，如是套管针拔出内针，用手指不断堵住管口，间歇式放气，使瘤胃内的气体间断排出。气体排出后，可经针头或套管向瘤胃内注入制酵剂，如松节油 3 ~ 10 毫升，福尔马林液 1 ~ 5 毫升，常水 100 ~ 150 毫升。注完药液，拔出套管针或针，同时用力压住皮肤，局部消毒。

（2）腹腔穿刺　用于排出腹腔的积液，或采取腹腔积液，以助于胃肠破裂、内脏出血、腹膜炎和肠变位等疾病的鉴别诊断。

① 穿刺部位：羊在脐与膝关节连线的中点。

② 穿刺方法：病羊保定后，操作人员蹲下，左手稍移动皮肤，右手控制套管针或针头，由下向上垂直刺入 3 ~ 4 厘米。左手把持套管，右手拔出内针，即可流出积液或血液，放液不可过急，应用拇指不断堵住套管口或针头口，作间断式放出积液。

（3）膀胱穿刺　当尿道完全阻塞而发生尿闭时，为防止膀胱破裂或尿中毒，进行膀胱穿刺排出膀胱内的尿液。

① 穿刺部位：羊在后腹部耻骨前缘，触摸有膨臌满和弹性感，即为穿刺部位。

② 穿刺方法：对羊进行侧卧保定，并将左右后肢向后牵引，于耻骨前缘触摸膨满波动最明显处，左手压迫，右手持连有橡胶管的针头，向后下方刺入，并把握住针头，防止滑脱，待排出尿液，拔出针头，部位消毒，并涂上火棉胶封住针孔部位。

4. 药浴法

体外寄生虫对绵羊的产毛量和羊毛品质，以及山羊板皮都有不良影响。体外寄生虫不仅消耗营养，而且传播疾病，对羊场生产能造成一定的经济损失。因此，除对病羊及时隔离并严格进行圈舍消毒、灭虫外，药浴是防治疥螨等体外寄生虫病的有效办法，对羊定期药浴是饲养管理的重要环节。羊一年可进行两次药浴，特别是绵羊，一次是预防性药浴，在夏末秋初进行，另一次药浴一般在剪毛后 10 ~ 15 天进行，一般要求第一次药浴后 8 ~ 14 天应进行第二次药浴，效果最好。药浴方法有池浴和淋浴两种。羊群较小时，可用小型药浴槽、药浴缸、药浴盆等代替药浴也可。药浴法的具体技术参看第三章第一节。

第三节 羊场防控羊病的综合技术措施

兽医临床实践已证实，搞好羊病的预防工作，必须实行“预防为主，防重于治，饲养在先”的原则，并采取综合预防措施，把羊的饲养管理与兽医卫生、防疫工作紧密结合起来，才能取得防病灭病的综合效果，也才能保证羊场生产达到一定的生产效率和经济效益。兽医临床实践中对羊场预防羊病的发生，必须做好以下综合技术措施。

一、科学的饲养管理

合理的饲养管理可保证羊良好的生长发育和生命活动，使羊具有健康体质。羊体质健壮，则抗病能力强，可降低羊群发病率。羊的营养需要主要靠放牧和舍饲采食牧草，羊的生长发育好坏和生产性能的高低与采食牧草有着十分密切的关系。但当冬春草枯、牧草营养下降或放牧采食不足时，必须进行补饲，特别是对正在发育的幼龄羊、怀孕期和哺乳期的成年母羊补饲尤其重要。再如，合理的划区轮牧，可显著降低寄生虫病的发生率；细致的管理，可防止普通病的发生，同时，也可减少传染病的发生。

二、合理有计划的免疫接种

免疫接种是激发羊体产生特异性抵抗力，使其对某种传染病从易感转化为不易感的一种手段。因此，有组织有计划地进行免疫接种，是预防和控制羊群传染病的重要措施之一。免疫接种必须按合理的免疫程序进行，因各地区各羊场可能发生的传染病不止一种，而用来预防这些传染病的疫苗的性质又不尽相同，免疫期长短不一。因此，羊往往需用多种疫苗来预防不同的病，也需要根据各种疫（菌）苗的免疫特性来合理地安排疫（菌）苗接种的次数和间隔时间，这就是所谓的免疫程序。我国目前大多实行的是春秋两季防疫，但羊场要根据本场实际情况，制定出适宜本羊场具体情况的免疫程序。

三、建立完善可行的兽医卫生制度

对一个羊场来说，建立完善可行的兽医卫生制度非常重要，并把所制定的兽医卫生制度上墙公示，以此警示，并纳入羊场的日常管理工作中。

（一）环境卫生工作

羊所处环境卫生状况，与疫病的发生有密切关系。环境污秽，有利于病原体的滋生和疫病传播，也有利于蚊、蝇、老鼠等病原体宿主和携带者的繁衍。因此，羊圈、场地要保持清洁、干燥，每天清扫圈舍，粪便堆积发酵。要保证羊的饲草饲料和饮水的卫生，并做好灭虫灭鼠工作，只有保证羊舍的环境卫生清洁，才有利于羊的健康。

（二）做好消毒工作

消毒是贯彻“预防为主”方针的一项重要措施，其目的是消灭传染源散播于外界环境中的病原微生物，切断传播途径，阻止疫病继续蔓延。

消毒是羊场重要且必须的兽医卫生工作，消毒方法的正确与否是预防羊场疫病感染和控制疫病暴发的重要措施之一。对羊舍的消毒方法：一般先彻底清扫干净，再用消毒液对羊舍消毒。常用的消毒药有10%～20%漂白粉、2%～3%氢氧化钠溶液、3%～5%来苏儿、10%～20%石灰乳等。消毒液的用量以每平方米1升为宜。消毒方法是将消毒液盛于喷雾器内，先喷洒墙壁，再喷天花板，然后再喷洒地面，最后开窗通风。并用清水刷洗饲槽、用具，将消毒药味除去。一般每月可消毒二三次，对病羊舍和隔离舍可用2%～3%的氢氧化钠溶液或10%克辽林溶液彻底消毒。产房在产羔前消毒1次，产羔结束后可再进行1次消毒。

（三）做好隔离工作

对于一个羊场来说隔离也是最容易忽视而又不被重视的一项工作。生产实践已证实，隔离也是一个复杂的工作，除了羊场的选址是隔离的一项措施外，还包含以下事项必须做到。

1. 羊场的隔离

羊场要设立围墙或防疫沟，门口设置消毒池，严禁非生产人员、车辆入内。凡入羊场的人员、车辆都得经过严格的消毒方可入内。

2. 新引进羊的隔离

新引进的种羊或羔羊应隔离观察1个月左右，确定无病后方可进入生产区或合群饲养。

3. 病羊和可疑羊的隔离

要经常检查羊群，发现病羊和可疑症状的羊要先隔离后，再进行诊断治疗。

4. 定期捕杀鼠类

鼠类是人畜多种传染病的传播媒介，鼠以盗食饲料为主，并污染饲料和饮水，对羊场危害也极大。因此，定期灭鼠也是羊场环境卫生的一项工作，防鼠灭鼠的主要措施如下。

（1）防止鼠类进入羊场建筑物　鼠类多以墙基、瓦顶、下水沟等处窜入羊场建筑物内，在设计施工时要注意，墙基最好用水泥制成。碎石和砖砌的墙基，应用水泥灰浆抹缝，墙面要平直光滑，可防鼠类沿粗糙墙面攀爬。空心砖体易使鼠类隐匿营巢，在砌缝时一定要用水泥浆压实，不留空隙。各种管道周围要用水泥砂浆填平，对排水沟和粪尿沟的出口均应安装孔径小于 1 厘米的铁丝网，以防老鼠窜入。

（2）灭鼠方法　一是器械灭鼠。方法简单易行，效果可靠，对人羊无害。可采用夹、压、关、卡、扣、粘等灭鼠机械，也可采用电灭鼠和超声波驱鼠等方法，也有一定效果。二是化学灭鼠。化学灭鼠效率高，成本低，见效快，使用也方便。缺点是有些鼠类对药剂有选择性、拒食性和耐药性，投放不当还能引起人羊中毒。因此，采用此法时须选好灭鼠药物和注意使用方法，以保安全有效。现在灭鼠药物种类较多，主要有灭鼠剂、熏蒸剂、化学绝育剂等。羊场的饲料库是灭鼠的重要区域，可采用熏蒸剂毒杀。投放毒饵时，要防止毒饵混入饲料。要选用鼠类长期吃惯的食物作饲料，突然投放，饵料充足，分布广泛，以保证灭鼠的效果。此外，对鼠尸应及时清理，可采用焚烧法或土埋法。

5. 定期捕灭昆虫

羊场易滋生蚊、蝇等有害昆虫，会骚扰羊群和传播疾病，也给人羊健康带来危害，应采取以下综合措施进行杀灭。

（1）搞好羊场环境卫生　保持环境清洁干燥，是杀灭蚊蝇的基本措施。蚊虫需在水中产卵、孵化和发育，蝇蛆也需在潮湿环境及粪便等废弃物中生长。因此，填平无用的水沟和洼地，保持排水系统畅通，对阴沟、沟渠等定期畅通，勿使污水储积。对羊舍内外的粪便应定时清除，并及时处理，对污水池（贮粪池）应加盖并保持四周环境清洁。对永久性水体，如鱼塘池塘等，蚊虫多滋生在水浅而有植被的边缘区域，应修整边岸，填充浅湾，能有效地防止蚊虫滋生。

（2）采用化学杀灭法　化学杀灭是使用天然或合成的毒物，以不同的剂型，通过不同途径（胃杀、触杀、熏杀、内吸等）毒杀或驱逐蚊蝇。化学杀虫法具有见效快，使用方便等优点，是杀灭蚊蝇较好的方法。化学杀虫法可使用的药物有以下几种。

① 马拉硫磷。有机磷杀虫剂，为室内滞留喷洒杀虫剂。其杀虫作用快而强，具有胃毒和触毒作用，也可用作熏杀。杀虫范围广，可杀灭蚊、蝇、蛆、虱等，对

人羊毒害小，故适用于羊舍及运动场使用。

② 合成拟菊酯。是一种神经毒药剂，可使蚊蝇等迅速呈现神经麻痹而死亡，特别是对蚊子的毒效比敌敌畏、马拉硫磷等高10倍以上，而且对蝇类因不产生耐药性，可长期使用。

③ 敌敌畏。有机磷杀虫剂，具有胃毒、触毒和熏杀作用，而且杀虫范围广，杀虫效果好，可杀灭蚊、蝇等多种害虫。但敌敌畏对人羊有较大毒害，易被皮肤吸收而中毒，故在羊场内使用时，可在傍晚喷洒在羊舍和运动场外围，可有效防止蚊蝇骚扰羊群休息。

（3）物理法杀灭蚊蝇　利用光、声、电等物理方法，捕杀、诱杀或驱逐蚊蝇，都具有防除效果。我国生产的多种紫外线灯光或其他光诱器，特别是四周装有电栅通有220伏变为550伏的10毫安电流的蚊蝇光诱器，诱灭蚊蝇等害虫，效果良好。

6. 羊场粪尿的隔离消毒与处理利用

羊的粪尿是羊场的主要污染物质，而且羊的粪尿恶臭，对羊场及周边环境都会产生不良影响。因此，对羊场羊粪的隔离消毒与处理利用，不仅有利于改善羊场内及周边环境，而且还能够提高羊粪的利用价值，增加羊场收入，这也是提高羊场养殖效益的一条途径。目前对羊粪的处理利用方法主要有以下两种。

（1）堆积发酵处理法　就是将羊粪与垫草、秸秆等按一定比例堆积，控制一定水分、温度和氧气，在微生物作用下进行生物化学反应，达到自然分解，使大量无机氮转化为有机氮的形式固定下来，形成了比较稳定一致且基本上无臭味的、以腐殖质为主的有机肥料。堆积处理方法简单，无需专用设备，因而处理费用低廉，生产出的有机肥料利用价值很高，特别适用于采用干清粪工艺的羊场。羊粪堆积发酵处理有两种方式，一种叫需氧堆肥法，堆肥中用玉米秆或其他秸秆捆成束状而形成通风管；另一种叫厌氧堆肥法，堆肥中无通风管道，省工，需时间长。堆肥发酵过程为三个时期，第一个时期为温度上升期，一般3~5天，需氧微生物大量繁殖，使简单的有机物质分解，放出热量，使堆肥增温；第二个时期为高温持续期，温度达50℃以上后维持在一定的范围内，此时复杂的有机物在大量嗜热菌作用下，开始形成稳定的腐殖质，使病原菌、其他嗜中温的微生物和蠕虫卵死亡，温度维持1~2周可杀死绝大部分病原菌、寄生虫卵和一些害虫。第三个时期为温度下降期，随着有机质的被分解，放出的热量减少，温度下降到50℃以下，高温菌逐渐减少，堆内形成厌氧环境，厌氧微生物繁殖，使有机质转变为腐殖质，堆肥的体积也减少，标志着堆肥发酵处理已结束。

生产中为了使堆肥发酵处理达到一定效果，必须在实际操作中注意以下几点。

① 提高微生物数量。堆肥处理实质上是多种微生物作用的结果，其中，高温纤维分解菌起着重要作用，为增加其含量，可在羊粪及垫草中加入10%~20%的已腐熟的堆肥土。

② 保证有机物的含量。堆料中有机物的含量要达到25%以上，碳、氮比例为（26～35）：1。

③ 水分要适宜。堆料中水分以30%～50%为宜，过高会形成厌氧环境，过低会影响微生物的繁殖。

④ pH值中性或弱碱性。中性或弱碱性环境适合纤维分解菌的生长繁殖。为减少堆肥过程中产生的有机酸，可加入适量的生石灰、草木灰等调节pH值。

⑤ 保证一定的高温度。堆肥内温度一般以50～60℃为宜，气温高有利于堆肥效果和堆肥速度。

⑥ 空气流动不可过大。需氧堆肥法需要氧气供给，但堆料中通风量过大，影响堆肥的保温保湿，使温度不能上升到50～70℃，因此，空气流动状况需要适宜。

⑦ 堆面封泥土要有一定厚度。堆料后形成一个圆土状或长方形状，都要在堆料外层进行封泥，一般以5厘米厚为宜，冬季特别是北方地区还可增加厚度。封泥对保温防蝇和减少臭味及保肥都有一定作用。在一定程度上讲，不对堆料进行封泥，一般起不到堆肥发酵处理的作用，也没有什么效果。

（2）沼气池处理法　羊粪是沼气发酵的优质原料之一，羊粪和草或秸秆以（2～3）：1的比例，在碳氮比（13～30）：1，pH值为6.8～7.4条件下，利用微生物进行厌氧发酵，可产生可燃性气体——沼气。沼气发酵是一个复杂的生物化学过程，其过程为：首先在好气性微生物作用下，将多糖分解为单糖后被细菌利用；接着在氧耗尽的无氧环境下，厌氧性细菌开始活动，将复杂的有机物分解为简单的醇、脂肪酸等，最后再由甲醇烷菌将其分解为甲烷和二氧化碳，制成沼气。沼气池处理羊粪及垫草等后，产生的沼气用于照明、烧水和做饭，节约了能源，发酵后的沼渣可用于养鱼、栽培食用菌，还可养殖蚯蚓后养鸡。沼渣还是优质的有机肥，可供无公害蔬菜、果业之用。因此，沼气池处理法为生态循环经济，有条件的羊场对羊粪及垫草等废弃物的处理可采用沼气池处理法，也是提高羊场综合效益、增加收入、节约开支的有效途径。

（四）制定合理的驱虫制度

一般采取定期内服驱虫药物预防体内寄生虫的发生，定期药浴预防体外寄生虫病的发生。

1. 驱虫时间

（1）母羊驱虫　母羊于配种前25天驱虫1次，间隔7天再驱虫1次。已怀孕的母羊暂不可驱虫，待分娩后20天左右再驱虫。

（2）种公羊驱虫　一般1年驱虫2次（春秋二季），每次驱虫10天后再补驱1次。

（3）羔羊的驱虫一般在50日龄驱第1次，90日龄驱第2次，以后每隔2～3个月驱1次。

（4）育成羊驱虫　一般1年驱2次，第1次时间在3～4月，10天后再驱1次。因为3～4月气候温和，是寄生虫较为活跃的时期，很多寄生虫都会随着季节的到来而萌发，容易造成感染。第2次可选在秋季的9～10月驱虫，10天后再驱1次。但可根据情况，某些寄生虫严重地区，在6～7月可增加1次驱虫。

2. 药浴

药浴是防治羊的体外寄生虫病，特别是羊螨病的有效措施。药浴可在特建的药浴池内进行，养羊少的羊场，也可用人工方法抓羊在大盆（缸）或帆布袋中逐只洗浴。药浴技术见第三章第一节中所述。

（五）实施药物预防

定期在羊饲料或饮水中加入药物饲料添加剂或保健添加剂进行药物预防。用药物预防疾病也是一项重要措施，目前广泛使用的药物饲料添加剂可促进羊的生长发育，而且可增强其抗感染的能力。一般实施药物预防时间为5～7天，必要时也可以酌情延长。注意不能长期使用，以免引起中毒反应或使羊体产生耐药性，同时，长期使用药物饲料添加剂会造成羊瘤胃生理紊乱。生产中实施药物预防最好选用中草药饲料添加剂，安全、无残留、无副作用。羊场实施药物预防，禁用国家明文规定的兽药及其他化合物。

第七章　羊的主要传染病及防治技术

第一节　羊传染病的特性及防治措施

一、羊传染病的特性及类型

（一）羊传染病的概念

羊的传染病是指由病原微生物引起，具有一定的潜伏期和临床表现，并具有传染性的疾病。

（二）羊传染病的特性

1. 具有其特异的致病性微生物

传染病的种类很多，但每一种传染病都有其特异的致病性微生物，如口蹄疫是由口蹄疫病毒引起，而破伤风则是由破伤风梭菌引起。

2. 具有传染性和流行性

从传染病病羊体内排出的病原微生物，可侵入到另一有易感性的健康羊体内，可引起同样症状的疾病，并能在羊群中互相传染；而且在适宜的条件下，在一定时间内，某一地区的羊群直接或间接通过媒介互相传染，致使传染病蔓延散播，形成流行。

3. 具有特征性的临床表现

大多数传染病都具有该种病特征性的临床症状、潜伏期和病程经过。

4. 被感染的机体发生特异性免疫反应

传染病是由病原微生物与机体相互作用所引起的，羊被感染后，在传染发展过程中，由于病原微生物的抗原刺激作用，机体发生免疫生物学反应，大多数羊产生特异性抗体和变态反应等，同时也能获得特异的抵抗能力。

5. 耐过的病羊能获得特异性免疫

病羊耐过传染病后，在大多数情况下均能产生特异性免疫，在一定时间或终生不再感染该种传染病。

（三）传染病的感染类型

病原微生物侵入羊机体，并在一定的部位定居、生长繁殖，从而引起机体一系列的病理反应，这个过程称为感染。感染的过程是病原体与宿主（羊）相互斗争的复杂过程，表现出多种形式和类型，兽医临床上通常按病程的长短将其分为下列几种类型。

1. 最急性

最急性传染病病程短促，病羊常在数小时或一天内突然死亡，症状和病变不明显，如炭疽、羊快疫等。此型常见于疾病的流行初期。

2. 急性

急性感染病程较短，几天至几周不等，羊伴有明显的典型症状，如口蹄疫、蓝舌病、链球菌病等。

3. 慢性

慢性感染的病程发展缓慢，常在 1 个月以上，临床症状不明显或不表现出来，如结核病、布氏杆菌病等。

传染病的病程长短，决定于动物机体的抵抗力和病原体的致病力，以及预防、治疗、饲养管理、环境等因素。同一种传染病的病程并不是一成不变的，一个类型常易转变为另一个类型。如羊支原体性肺炎，有的病羊从急性转为慢性经过，反之，慢性也可转为急性。再如，结核病在病势恶化时由慢性亦可转为急性经过。

二、羊传染病的发生和流行特征

（一）传染病的发生和流行

羊传染病的一个基本特征是能在羊群之间直接接触传染或间接地通过媒介物互相传染，构成流行。羊传染病的流行过程，就是从羊个体感染发病发展到羊群体发病的过程，也就是传染病在羊群中发生和发展的过程。

（二）传染病流行过程的三个基本环节

传染病在羊群中蔓延流行，必须具备 3 个相互连接的条件，即传染源、传播途径及对传染病易感的动物。这 3 个条件称为传染病流行过程的 3 个基本环节，当这 3 个条件同时存在并相互联系时就会造成传染病的蔓延。

1. 传染源

传染源又称传染来源，具体说就是受感染的羊，包括已患传染病的病羊和带菌（毒）的羊，其中，病羊是主要的传染源。

2. 传播途径

病原体由传染源排出后，经一定的方式再侵入其他易感动物，经过的途径称为传播途径。传播途径在传播方式上可分为直接接触传播和间接接触传播。

（1）直接接触传播　即在没有任何外界因素的参与下，病原体通过传染源与健康羊直接接触而引起的传染。这种传播方式的特点是一个接一个发生，有明显的连锁性。这种方式使疾病的传播受到限制，一般不易造成广泛的流行。

（2）间接接触传播　即在外界环境因素的参与下，病原体通过媒介，如污染的物体、饲草饲料、饮水、土壤、空气、人、畜、吸血昆虫、鼠类和野生动物等，间接地使健康羊发生传染病。大多数传染病以间接接触为主要传播方式，如口蹄疫、炭疽等。

3. 羊的易感性

易感性是抵抗力的反面，指羊对于每种传染病病原体感受性的大小。羊对传染病感受性的有无及高低，直接影响传染病能否造成流行以及疫病的严重程度。羊易感性的高低虽与病原体的种类和毒力强弱有关，但主要还是由羊的遗传特征、特异免疫状态等因素决定的。另外，外界环境条件和饲养管理等因素也可直接影响到羊群的易感性和病原体的传播。在兽医临床上给羊注射疫（菌）苗、抗病血清等使羊获得免疫力，或通过母源抗体获得，如对怀孕后期母羊，在产前 2 ~ 3 周注射羔羊痢疾苗，可使新生后的羔羊对羔羊痢疾不易感，这都是常采取的措施。

（三）羊传染病的发展阶段

羊传染病的发展过程在大多情况下可分为 4 个阶段，即潜伏期、前驱期、明显期和转归期。

1. 潜伏期

病原体侵入羊机体后，从开始繁殖到出现最初临床症状这段时间称为潜伏期。不同的传染病其潜伏期的长短常常是不相同的，就是同种传染病的潜伏期也有较大的变动范围。如炭疽的潜伏期最长为 14 天，最短的仅数小时，平均为 1 ~ 5 天，但相对来说还是有一定的规律性。一般来说，急性传染病的潜伏期一般较短，疾病经过较严重；而慢性传染病的潜伏期一般较长，病程经过较缓。在兽医临床上要对潜伏期的羊引起注意和重视，它们可能是潜在的传染源。

2. 前驱期

潜伏期过去以后即转入前驱期，是疾病的征兆阶段，从多数传染病来说，这个时期可出现一般症状。对羊而言，此期大多数病羊表现体温升高、食欲减退、精神沉郁等一般的临诊症状。各种传染病和各个病例的前驱期长短不一，一般来说特征症状在这时仍不明显，前驱期通常只数小时或 1 ~ 2 天。

3. 明显（发病）期

前驱期之后，该传染病的特征性症状逐步表现出来，也是疾病发展的高峰阶段，在临床上比较容易诊断。

4. 转归期（恢复期）

疾病进一步发展为转归期。在兽医临床上，虽然对患病羊进行了治疗，如果病原体的致病性能增强，或羊机体的抵抗力减退，则传染过程以羊死亡为转归。如果羊机体的抵抗力得到改进和增强，则临床症状逐渐减轻或消失，羊体内病理变化逐渐减弱，正常的生理机能逐渐恢复，机体便逐步恢复健康，多数还有一定的免疫反应，羊达到了恢复期。

三、羊传染病的防治措施

（一）综合性防疫措施

羊传染病的发生和流行是一个复杂的过程，它是由传染源、传播途径和易感动物三个因素相互联系而造成的。因此，羊场采取适当的防疫措施来消除或切断造成三个因素的相互联系作用，就可以使疫病不再继续传播。然而，羊场进行任何一项单独的防疫措施是不够的，必须采取包括“养、防、检、治”4 个基本环节的综合性措施，这也是执行国家对传染病防控实行“预防为主，养防结合，防重于治”方针的具体体现。对羊场来说，综合性防疫措施主要有以下两个方面。

1. 平时的预防措施

（1）加强饲养管理　羊场养羊生产最好采取以自繁自养为主，可减少疫病传播。羊场重点要加强饲养管理，搞好环境卫生消毒工作，增强羊机体的抗病能力。

（2）定期预防接种　羊场必须制订和执行定期预防接种及补充接种计划。

（3）做好兽医卫生工作　羊场要定期对羊舍、运动场、用具等进行消毒，还要定期杀虫、灭鼠，并对粪便进行无害化处理。

2. 发生疫病时的扑灭措施

（1）上报疫情　羊场对传染病要及时发现、诊断并上报疫情，并告知邻近羊场做好预防工作。

（2）隔离及封锁　羊场发生传染病后，要迅速隔离病羊，对污染的羊舍、场地等进行紧急消毒。若发生危害大的疫病如口蹄疫、炭疽等应采取封锁等措施。

（3）紧急接种　羊场对未感染传染病的羊，可用疫（菌）苗进行紧急接种，对病羊进行及时和合理的治疗。

（4）采取无害化处理　羊场兽医要对死羊尸体和危害病羊及污染物进行合理的无害化处理。

（二）及时而正确的诊断

及时而正确的诊断是羊场兽医防治传染病的重要环节，它关系到能否有效地组织防疫措施。诊断羊传染病常用的方法很多，但不是每一种传染病和每一次诊断工作都需要全面去做。由于传染病的特点各有不同，常需根据具体情况而定，有时需要几种方法进行，有时仅需采用其中几种方法进行，有时仅需采用其中的一、两种方法就可以及时作出诊断。对羊传染病的诊断方法有以下几项。

1. 临床诊断

临床诊断是兽医临床最基本的诊断方法。它是利用人的感官或借助一些最简单的器械，如体温计、听诊器等直接对病羊进行检查，有时也包括血、粪尿的常规检查，一般来说这都是最简便易行的方法。对于某些具有特征临床症状的典型病例，如破伤风、口蹄疫、炭疽、羊痘等，经过仔细的临床症状和尸体检查，一般不难作出正确诊断。但临床诊断也有其一定的局限性，特别是发病初期尚未出现有诊断意义特征症状的病例，或对非典型病例和无症状的隐性患羊，依靠临床诊断检查往往难于作出诊断。在兽医临床很多情况下，临床诊断只能提出可疑疫病的大致范围，必须结合其他诊断方法才能作出确诊。因此兽医在进行临床诊断时，应注意对整个发病羊群所表现的综合征状加以分析判断，不要单凭个别或少数病例的症状轻易下结论，以防误诊。

2. 流行病学诊断

在兽医临床上流行病学诊断是经常与临床诊断结合在一起的一种诊断方法。流行病学诊断对临床诊断能起到一定辅助作用，在羊传染病中某些疫病的临床症状虽然基本是一致的，但其流行的特点和规律却很不一致。如口蹄疫、传染性脓疱、羊猝狙、羊黑疫等病，在临床症状上几乎是完全一样的，基本无法区别，但从流行病学方面却不难区分。兽医临床上流行病学诊断是在流行病学调查即疫情调查的基础上进行的，疫情调查可在临床诊断过程中进行，调查的内容一般有以下几个问题。

（1）本次流行的情况　最初发病的时间、地点、随后蔓延的情况，目前的疫情分布；发病羊的数量、种类、年龄、性别。查明其感染率、发病率、死亡率。

（2）疫情来源的调查　本场本地过去曾否发生过类似的疫病？何时何地及流行情况？是否经过确诊？有无疫病历史资料存查？采取过何种防治措施？效果如何？这次发病前是否引进过种羊、运送过饲料？等等。

（3）传播途径和方式的调查　本场本地羊的饲养方式情况？产地检疫、屠宰检疫、市场检疫的情况如何？病死羊的处理情况？疫区的地理、地形、河流、交通、气候、植被、野生动物、节肢动物等的分布和活动情况，它们与疫病的发生和蔓延传播有无关系？

从以上几项可看出，疫情调查不仅可给流行病学诊断提供依据，而且也能为兽医及羊场业主拟定防治疫病措施提供依据。

3. 病理学诊断

病理学诊断就是对病尸进行剖检。但对炭疽病死亡的羊严禁剖检。一般患各种传染病而死亡的病羊，多有一定的病理变化，可作为临床诊断的依据之一。如羊肠毒血症、羊黑疫、羊快疫等病例，其体内外的病理变化即有很大的诊断价值。病理学诊断要注意的是，对病死羊或急宰后剖检的时间越早越好，以免病尸发生腐败，有碍于正确的观察、检查和诊断。兽医临床上在病理剖检时，应先观察尸体外表，注意其营养状况、皮毛、可视黏膜及天然孔的情况。再按剖检的程序，作认真系统的观察和检查，包括皮下组织、各部淋巴结、脑腔和腹腔的各器官、头部的脑、脊髓等的病理变化，进行详细的记录和分析，找出其主要的特征性变化，作出初步的诊断。如需作实验室检查，应按情况采集病料。

4. 实验室检查诊断

运用兽医微生物学的方法进行病原检查，是诊断羊传染病的重要方法之一。一般常用下列方法和步骤进行检查诊断。

（1）病料的采集　正确采集病料是实验室检查的重要环节。采集的病料力求新鲜，最好能在濒死时或死后数小时内采集，尽量要求减少杂菌污染，用具器皿应尽可能严格消毒。通常可根据所怀疑病的特性来决定采取哪些器官或组织的病料。如口蹄疫、传染性脓疱等则取水疱液和水疱皮；痘病则刮取痘痂；结核病则取结核病灶。如怀疑炭疽则非必要时不准作尸体剖检，只割取一个耳朵就可以了。原则上要求采取病原微生物含量多、病变明显的部位，同时易于采取，易于保存和运送。

（2）病料涂片镜检　通常在有显著病变的不同组织器官和不同部位涂抹数片，进行染色镜检。此法对于一些具有特征性形态的病原微生物，如炭疽杆菌、巴氏杆菌、链球菌、羊快疫、羊支原体性肺炎等可以迅速作出诊断。但对大多数传染病来说，只能提供进一步检查的依据或参考。

（3）分离培养和鉴定　用人工培养的方法将病原体从病料中分离出来。分得病原体后，再进行形态学、培养特性、动物接种及免疫学试验等方法作出鉴定。如沙门菌病、布氏杆菌病、羊猝狙、羊黑疫等，确诊要进行细菌分离鉴定。

（4）动物接种试验　将病料用适当的方法进行人工接种，然后根据对不同动物的致病力、症状和病理变化特点来帮助诊断。当实验动物死亡或经一定时间杀死后，观察体内变化，并采取病料进行涂片检查和分离鉴定。动物接种试验，通常选择对该种传染病病原体最敏感的动物进行人工感染试验，一般应用的实验小动物有家兔、小鼠、豚鼠、家禽、鸽子等。在实验小动物对该病体无感受性时，可以采用有易感性的大动物进行试验，羊场可采用淘汰羊，这样可降低费用，但需要严格的隔离条件和消毒等措施。

（5）免疫学诊断　免疫学诊断是传染病诊断和检疫中常用的重要方法，包括血清学试验和变态反应两类。如羊痘、蓝舌病等可利用血清学试验确诊，而副结核病确诊需通过细菌学试验和变态反应检查。

（三）隔离和封锁

1. 隔离

当羊场发生传染病时，隔离病羊和可疑感染的病羊是防治传染病的重要措施之一。根据《中华人民共和国动物防疫法》规定，发现饲养的动物染疫或者疑似染疫的，应当立即向当地畜牧兽医有关部门报告，并采取隔离控制措施，防止动物疫情扩散。隔离病羊是为了控制传染源，防止健康羊继续受到感染，以便将疫情控制在最小范围内加以就地扑灭。因此，在兽医临床上防治羊传染病的首要工作是隔离，而不是忙于治疗。首先应查明羊群中蔓延的程度，应逐只检查羊的临诊症状，根据诊断检查的结果，可将羊场受检羊群分为病羊、可疑感染羊和假定健康羊等三类，以便分别对待，分别隔离。

2. 封锁

当暴发某种重要传染病特别是烈性和人畜共患传染病时，除严格隔离病羊之外，还应采取封锁的措施，以防止疫病向安全区散播而被传染。

（四）免疫接种和药物预防

1. 免疫接种

免疫接种是激发动物机体产生特异性抵抗力，使易感动物转化为不易感动物的一种手段。有组织有计划地进行免疫接种，是预防和控制羊传染病的重要措施之一。根据免疫接种进行的时机不同，可分为预防接种和紧急接种两类。

（1）预防接种　在经常发生某些传染病的地区和有某些传染病潜在的地区，或受到邻近地区某些传染病威胁的地区，为了防患于未然，有计划地给健康羊群进行的免疫接种，称为预防接种。预防接种通常使用疫苗、菌苗、类毒素、血清等生物制品，根据所用生物制品的品种不同，采用皮下、皮内、肌内注射或皮肤刺种、点眼、滴鼻、喷雾、口服等不同的接种方法，接种后经一定时间（数天至三周），可获得数月至一年以上的免疫力。

（2）紧急接种　紧急接种是在发生传染病时，为了控制和扑灭疫病的流行，而对疫区和受威胁区尚未发病的羊进行的应急性免疫接种。从理论上讲，紧急接种以使用免疫血清较为安全有效，但因血清用量大、价格高、免疫期短，且在大批羊群接种时往往供不应求，只能对种用价值高的种羊使用。多年来的实践证明，在疫区内使用某些疫（菌）苗进行紧急接种是切实可行的。如发生口蹄疫等一些传染病时，广泛应用此种疫病疫苗作紧急接种取得了较好的效果。

2. 药物预防

药物预防是为了预防某些疫病，在羊群的饲料、饮水中加入某种安全的药物进行预防，在一定时间内可以使受威胁的易感羊不受疫病的危害，这也是预防和控制羊传染病的有效措施之一。

（五）羊传染病的治疗原则和方法

1. 羊传染病的治疗目的和原则

（1）治疗目的　羊传染病的治疗，一方面是为挽救病羊，减少羊场损失；另一方面在某种情况下也是为了消除传染源，是综合性预防措施中的一个组成部分。

（2）治疗措施与原则

① 发现病羊及早治疗。对羊传染病的治疗采取“治疗病羊、预防健羊、消灭病源”的三位一体的综合防治措施，还要遵守“消除病因，合算则治；先轻后重，易好优先”的原则，切实避免羊场财力、药物的浪费。对有些传染病是不允许治疗的坚决不治疗，可按规定作无害化处理，如口蹄疫，布鲁氏菌病等，要坚决淘汰病羊，净化羊场，这对羊场长远发展和防止传染病发生有利无弊。

② 淘汰处理。目前，对各种家畜传染病的治疗方法虽不断有所改进，治疗技术也不断提高，但仍有一些疫病尚无有效的疗法，特别是一些病毒性传染病。在兽医临床上，当诊断的病羊无法治愈，或治疗需要很长时间，所用的医疗费用超过病羊痊愈后的价值，或当病羊对周围的人畜有严重的传染威胁时，必须淘汰宰杀作无害化处理。尤其是当某地传入一种过去没有发生过的危害性较大的新病时，为了防止疫病蔓延扩散，造成难以收拾的局面，应在严密消毒的情况下将病羊淘汰处理。

③ 综合治疗。传染病病羊的治疗与一般普通病不同，特别是那些流行性强，危害严重的传染病，必须在严密封锁或隔离的条件下进行，务必使治疗的病羊不至于成为散播病原的传染源。羊场兽医在治疗中，在用药方法上要本着因地制宜、勤俭节约的原则。既要考虑针对病原体，消除其致病作用，又要帮助羊机体增强一般抗病能力和调整、恢复生理机能，必须采取综合性的治疗方法。此外，对病羊的治疗必须及早进行，不能拖延时间，并要有一个合理的可行的治疗方案。

2. 羊传染病的治疗方法

（1）针对病原体的疗法　在羊传染病的治疗方面，帮助羊机体杀灭、抑制病原体或消除其致病作用的疗法是很重要的，兽医临床上一般可分为特异性疗法、抗生素疗法和化学合成药物疗法及中药制剂疗法等。

① 特异性疗法。应用针对某种传染病的高度免疫血清等特异性生物制品进行治疗，因为这些制品只对某种特定的传染病有效，而对其他种病无效，故称为特异性疗法。如破伤风抗毒素血清只能治破伤风，对其他病无效。高度免疫血清主要用于某些急性传染病的治疗，如炭疽、破伤风等，一般在临床诊断确定的基础上，在

病的早期注射足够剂量的高度免疫血清，常能取得良好的疗效。如缺乏高度免疫血清，也可用耐过动物或人工免疫动物的血清或血液代替，也可起到一定的作用，但用量必须加大。由于免疫血清价格高、用量也大，因此在兽医临床实践中的应用远不如抗生素或磺胺类药物及中草药广泛。

② 抗生素疗法。抗生素为细菌性急性传染病的主要治疗药物，已在兽医临床上广泛应用，并已获得显著成效。具体使用抗生素时一般要注意以下几个问题。

a. 掌握抗生素的适应证。抗生素各有其主要适应证，可根据临床诊断，估计致病微生物的种类，选用适当的对症药物。最好以实验室分离的病原菌进行药物敏感性试验，选择对此菌敏感的药物用于治疗。

b. 要考虑到用量、疗程、给药途径、不良反应、经济价值等问题。对羊场来讲，在治疗病羊时还要考虑到药物的供应贮存和价格等问题。凡有疗效好、来源广、价格便宜的磺胺类药物或中草药可以代替的应尽量优先选用。

c. 不要滥用抗生素。兽医临床上滥用抗生素不仅对病羊无益，反而会产生种种危害。如常用的抗生素对各种病毒性传染病无效，一般不宜应用，即使在某种情况下用来控制继发感染，但在病毒感染继续加剧的情况下，对病羊也是无益而有害的。再如对发热不明、病情不太严重的病羊也不要轻易用抗生素治疗。在兽医临床上把抗生素当做退烧药的做法更是错误的。此外，在兽医临床上使用抗生素尽量做到凡是可用可不用者尽量不用，可用窄谱抗生素时即不用广谱抗生素，一种抗生素能达到疗效时，就不必使用两种甚多种抗生素，这样可减少或避免细菌耐药性的产生。

d. 抗生素的联合应用应结合临床诊断经验控制使用。抗生素联合应用时有可能通过协同作用增进疗效，如青霉素与链霉素的合用，可表现协同作用。但是，不恰当的联合使用，如青霉素与氯霉素类、土霉素合用，常产生拮抗作用，而且更易广泛地使病菌产生耐药性。在兽医临床上青霉素与磺胺类药物的联合应用，常比单独使用抗菌效果好，一般常用于治疗某些细菌性传染病。再如链霉素和磺胺嘧啶的协同作用，可防止病菌迅速产生对链霉素的耐药性，在兽医临床上这种方法常用于羊李氏杆菌病的治疗，也有人通过研究后提出可用于布氏杆菌病的治疗。

③ 化学合成药物疗法。使用有效的化学合成的抗微生物药物，帮助动物机体消灭或抑制病原体的治疗方法，称为化学合成药物疗法。化学合成的抗微生物药物主要有磺胺药及抗菌增效剂、喹诺酮类、其他抗菌药等。

④ 中药制剂疗法。中药制剂目前有黄芪多糖注射液、板蓝根注射液、黄连注射液等，其中，黄芪多糖注射液在兽医临床上应用相当广泛。近些年研究发现黄芪多糖具有特殊的药理作用，即可显著增强机体免疫功能，并能促进抗体的形成，从而抗击各种病毒性和细菌性疾病。此外，中草药中还有一些抗病毒剂型在市场上有售，如黄连解毒散、银翘散、板蓝根冲剂等，都可用于羊传染病的防治。从目前的

兽医临床上看，有些中药制剂在抗病毒效果上还是比较明显的。

（2）针对羊机体的疗法

① 对病羊加强护理。对病羊护理工作的好坏，直接关系到兽医医治疗效的好坏，是治疗工作的基础。传染病病羊的治疗应在严格隔离的羊舍中进行，冬要保暖，夏要防暑降温。隔离羊舍必须阳光可照射、光线与通风良好，并安静、干净、防闲杂人员入内。对病羊最重要的是供给干净充足的饮水和新鲜易消化的饲料，必要时可人工灌服。兽医要根据病情的需要，对病羊可注射葡萄糖、维生素或其他营养性物质以维持生命，帮助机体渡过难关。总之，应根据羊场及病羊的具体情况、病的性质和该病羊的临床症状进行适当的护理工作。

② 对病羊对症疗法。在羊传染病治疗中，为了减缓或消除某些严重的症状，调节和恢复羊机体的生理机能而进行的内外科疗法，均称为对症疗法。如使用退热、止痛、镇静、强心、利尿、止泻、防止酸中毒和碱中毒、调节电解质平衡等药物，以及某些急救手术和局部治疗等，均属于对症疗法的范畴。

（六）检疫工作

检疫就是应用各种诊断方法，对羊及羊产品进行疫病检查，并采取相应的措施，防止疫病的发生和传播，这是一项重要的经常进行的防疫措施。对羊场来讲，检疫主要是产地检疫，是对羊场羊群的检疫和引进羊的检疫，这是直接控制羊传染病传染与传播的最好办法。

（七）消毒、杀虫和灭鼠

1. 消毒

消毒是羊场执行“预防为主”方针的一项重要措施，消毒的目的是消灭被传染源散播于羊场环境中的病原体，以切断传播途径，阻止疫病继续蔓延的有效措施。

（1）消毒的分类　根据消毒的目的，可分以下类型。

① 预防性消毒。羊场结合平时的饲养管理，对羊舍、场地、用具、饮水等进行定期消毒，以达到预防一般传染病的目的。

② 疫病发生时消毒。在发生传染病时，为了及时消灭刚从病羊体内排出的病原体而采取的消毒措施。消毒的对象包括病羊所在的羊舍、隔离场地以及病羊分泌物、排泄物和可能污染的场所、用具和物品等。

③ 终末消毒。在病羊解除隔离、痊愈或死亡后，或者在疫区解除封锁之前，为了消灭疫区内可能残留的病原体所进行的全面彻底的大消毒。

（2）消毒的方法

① 机械性消除。如清扫、洗刷、通风等清除病原体，是最普通、最常用的

方法。

② 物理消毒法。有阳光、紫外线和干燥及高温消毒。阳光是天然的消毒剂，其光谱中的紫外线有较强的杀菌能力，阳光的灼热和蒸发水分引起的干燥亦有杀菌作用。一般病毒和非芽孢性病原菌，在直射的阳光下由几分钟至几小时可以杀死，因此，阳光对牧场、草地、羊舍、场地、用具和物品等的消毒具有很大的现实意义，应该充分利用。紫外线灯消毒已成为羊场门口对进出人员进行消毒的首选方法。高温消毒主要有火焰的烧灼和烘烤，这是最简单而有效的消毒方法。但这种方法在羊场应用并不广泛，当发生抵抗力强的病原体引起的传染病时如炭疽等，病羊的粪便、饲草、垫草、饲料残渣、污染的垃圾和其他价值不大的物品，以及死亡的病羊尸体，均可用火焰加以焚烧。不易燃的羊舍地面、墙壁和金属制品可用喷火消毒。应用火焰消毒时，必须注意羊舍和周围环境的安全。高温消毒中还有煮沸消毒和蒸汽消毒，其中，煮沸消毒是经常应用而又效果确实的方法。

③ 化学药品消毒法。在兽医防疫实践中，常用化学药品的溶液来进行消毒，是防治传染病发生和传播最有效的措施。实践已证实，化学药品消毒的效果决定于许多因素，如病原体抵抗力的特性、所处环境的情况和性质、消毒时的温度、药剂的浓度、作用时间长短等。羊场兽医在选择化学消毒剂时，应考虑对该病原体的消毒力强、对人与羊的毒性小、不损害被消毒的物体、易溶于水、在消毒的环境中比较稳定、不易失去消毒作用、价廉易得和使用方便等。

2. 杀虫

虻、蝇、蚊、蜱等节肢动物都是羊疫病的重要传播媒介。因此，杀灭这些媒介昆虫和防止它们的出现，在预防和扑灭疫病方面也有重要作用。

3. 灭鼠

鼠类是很多人畜传染病的传播媒介和传染源，因此，羊场应把灭鼠也纳入正常的防疫工作中。

第二节　羊场常见的主要病毒性传染病的防治

一、口蹄疫

口蹄疫俗称“口疮”、“蹄疫”，是由口蹄疫病毒引起的主要侵害偶蹄动物的急性、热性、高度接触性人畜共患传染病。本病传染性极强，对养殖业危害严重，可直接引起巨大经济损失。我国农业部已将该病定为一类动物传染病，也被世界动物卫生组织（OIE）列为必须上报的动物传染病。

（一）临床特征

口蹄疫的临床特征是口腔黏膜、蹄部和乳房等处皮肤出现水疱和烂斑。本病传播迅速，流行面广，发病率高，病原复杂多变，成年动物多取良性经过，幼年动物多因心肌受损而死亡率较高。

（二）病原

口蹄疫病毒属于微 RNA 病毒科中的口蹄疫病毒属，是 RNA 病毒中最小的一个。病毒粒子直径 20～25 纳米，呈圆形，无囊膜，基因组为单股线状正链 RNA。口蹄疫病毒具有型多、易变异的特点，到目前为止，世界上发现 A 型、O 型、C 型和南非 1、2、3 型（SAT1、2、3 型），以及亚洲 I 型（AsiaI 型）等 7 个血清型和 80 多个亚型，其中 O 型较常见。同一血清型内又有若干个不同的亚型。各血清型之间几乎没有交叉免疫性，同一血清型其亚型之间仅有部分交叉免疫性。口蹄疫病毒主要存在于患病动物的水疱液以及淋巴液中。发热期，病畜的血液中病毒的含量高；退热后，在口涎、乳汁、泪液、粪便、尿液等分泌物、排泄物中都含有一定量的病毒。口蹄疫病毒对外界环境抵抗力强，自然情况下，含病毒组织或被病毒污染的饲草、饲料、皮毛及土壤等可保持传染性数周至数月。

口蹄疫病毒在低温下十分稳定，但对直射日光（紫外线）、热、酸、碱均很敏感。虽然病毒在 50% 甘油生理盐水中于 5℃下能存活一年以上，而在 pH 值 3.0 以下和 pH 值 9.0 以上的缓冲液中，病毒的感染性将在瞬间消失。常用的消毒剂有 2% 氢氧化钠溶液、20%～30% 热草木灰水、1%～2% 福尔马林溶液、0.2%～0.5% 过氧乙酸、4% 碳酸氢钠溶液等，对病毒均有较好的杀灭作用。

（三）临床诊断要点

1. 流行特点

自然条件下可感染多种动物，患病动物及带毒动物是该病最主要的传染源，病初的动物是该病最危险的传染源。病毒的水疱皮、水疱液、唾液、粪尿、奶和呼出的空气都含有大量致病力很强的病毒，当食入和呼入这些病毒时，便可引起感染。此外，环境的污染也可造成该病的传播。病毒以直接或间接的接触方式传播，主要由消化道感染，也可经黏膜和皮肤感染。该病传染性很强，一旦发生往往呈现流行性，新疫区发病率可达 100%，老疫区发病率在 50% 以上。流行具有一定的周期性，一般三年左右大流行一次，但也可连续流行，也常呈现一定的季节性。在牧区口蹄疫常从秋末流行，冬季加剧，春季减弱，夏季基本平息。该病多呈良性经过，病程一般为 2～3 周。成年羊的发病率可达 80% 或更高，但死亡率低，在 1%～2%；羔羊的发病率可达 90%，死亡率约 40%。

2. 临床症状

潜伏期一周左右。患羊体温升高，精神不振，食欲减退，反刍减少或停止，常见于口腔黏膜、蹄部皮肤上形成水疱、溃疡和糜烂，有时病害也见于乳房部位。绵羊多于蹄部、山羊多于口腔形成水疱，呈现弥漫性口炎。口腔损害常在唇内面、齿龈、舌面及颊部黏膜发生水疱和糜烂。病羊疼痛，流水流涎呈泡沫状。蹄部损害常在趾间及蹄冠皮肤，表现红、肿、热、痛，继而发生水疱、烂斑。病羊蹄部疼痛，发生跛行，呈现支跛，甚至跪地或卧地不起。

病羊水疱破溃后，体温降至常温，全身症状好转。如单纯于口腔发病，一般1～2周痊愈，而当累及蹄部或乳房时，则2～3周痊愈。一般呈良性经过，死亡率为1%～2%。而羔羊发病常表现为恶性口蹄疫，发生心肌炎，有时呈现出血性胃肠炎而死亡，死亡率可达20%～50%。怀孕母羊患病后常流产。

3. 病理变化

患病羊除口腔、蹄部和乳房等处出理水疱、烂斑外，严重病例咽喉、气管、支气管和前胃黏膜有时也有烂斑和溃疡形成，皱胃和大、小肠黏膜可见出血性炎症。心包膜有出血斑点，心脏有心肌炎病变，心肌松软，似煮熟状。心肌切面呈现灰白色或淡黄色的斑点或条纹，似老虎身上的斑纹，称为“虎斑心”。

4. 现场诊断与类症鉴别

（1）现场诊断　根据急性经过、主要侵害偶蹄兽、一般良性经过、特征性临床症状和病理变化，可作出现场诊断。

（2）类症鉴别　羊口蹄疫要与羊传染性脓疱、蓝舌病等类似疾病区别。

① 与羊传染性脓疱的鉴别。羊传染性脓疱主要发生于幼龄羊，患病羊的特征是口唇部发生水疱、脓疱以及疣状厚痂，病变呈增生性的，病羊一般无体温反应。

② 与蓝舌病的鉴别。口蹄疫是一种高度接触性传染病，而蓝舌病则主要通过库蠓叮咬传播。口蹄疫牛、猪易感性高，均可感染发病；而蓝舌病牛发病较少，猪一般不感染。

（四）防治措施

1. 预防措施

（1）预防与消毒　羊场要严禁从有病地区引进购买种羊、肉羊和羔羊及饲草等。羊场要加强饲养管理，保持羊舍环境卫生干净、干燥，并按期按时用2%～4%烧碱溶液、0.2%～0.5%过氧乙酸、10%石灰乳喷洒进行消毒，对粪便进行堆积发酵处理或用5%氨水消毒。

（2）预防接种　在口蹄疫流行地区，应坚持免疫接种，应选用与当地流行毒株同型的疫苗。目前，可选用口蹄疫O型亚洲I型二价灭活疫苗，羊每只注射1毫升，肌内注射，15～21天后再加强免疫1次，免疫保持期为4个月。

2. 扑灭措施

如已发生疫情，羊场应立即采取严格封锁隔离消毒措施，并按《中华人民共和国动物防疫法》规定，对患病羊不允许治疗，应采取扑杀，直接作无害化处理。

3. 治疗措施

对贵重或价值高的种羊，经有关部门批准，可在严格隔离的条件下及加强护理的同时，根据患病部位不同，给予不同治疗。

（1）口腔患病　用0.1%～0.2%高锰酸钾、0.2%福尔马林或2%～3%醋酸（或食醋）洗涤口腔，然后给溃烂面上抹碘甘油，也可散布冰硼散。

（2）乳房患病　用肥皂水或2%～3%硼酸水洗涤乳头，然后涂以1%龙胆紫溶液或抗菌消炎软膏等。

（3）蹄部患病　用1%福尔马林、3%煤酚皂溶液或3%～5%硫酸铜浸泡蹄子。最好不要多次清洗蹄子，因潮湿妨碍痊愈。也可用10%碘酒涂抹，或用煅石膏和锅底灰各半，研末后加少量食盐，涂在患部也有良效。

（4）恶性口蹄疫　应及时用强心剂和葡萄糖注射液维护心脏机能。为了预防和治疗继发性感染，可肌内注射青霉素80万～160万国际单位，每日2次，连用3～5日；还可口服结晶樟脑，每次1克，每天2次，效果良好。

二、羊痘

羊痘是由羊痘病毒引起的一种急性、热性、接触性传染病，分绵羊痘和山羊痘，其中绵羊痘是动物痘病中病情最为严重的一种。我国将羊痘列为一类动物疫病，世界动物卫生组织（OIE）列为必须报告的重大传染病。

（一）临床特征

羊痘的临床特征为发热，在皮肤及黏膜发生丘疹和疱疹，尤以无毛或少毛的皮肤和黏膜上发生特征性的痘疹为特征。典型病例初期为丘疹，后变水疱、脓疱，最后结痂脱落。

（二）病原

病原为羊痘病毒，分绵羊痘病毒和山羊痘病毒，同属于痘病毒科羊痘病毒属。它们之间不会产生交叉感染，山羊痘只感染山羊，同群绵羊不受传染。羊痘病毒颗粒呈砖形，是动物病毒中最大的病毒，是唯一在细胞质内复制的有囊膜的双股DNA病毒，可在易感细胞质内形成包涵体。该病毒主要存在于病羊的痘疱、浆液及痂皮内。病毒对外界抵抗力较强，耐干燥，在干燥的痂皮内能生存数年，在干燥环境中可存活6～8周，但一般消毒药物（如酒精、碘酒、红汞、福尔马林、来苏儿、石炭酸等）可将其杀死。不同毒株对热敏感程度不一，一般55℃持续30分钟即可灭活。

（三）临床诊断要点

1. 流行特点

病羊是主要传染源。羊痘多由含有羊痘病毒的皮屑随风和灰尘吸入呼吸道而感染，也可通过损伤的皮肤及消化道传染。被病羊污染的垫草、饲草、用具及病羊的排泄物、分泌物、皮毛和体外寄生虫都可成为传播的媒介。该病主要在冬末春初呈地方性或广泛流行。绵羊痘危害较重，不同品种、性别、年龄的绵羊都易感染，其中以细毛羊最为易感。羔羊又比成年羊易感，羔羊致死率可达100%，故产羔季节流行可招致羊场很大损失。妊娠母羊感染后极易流产。

2. 临床症状

（1）绵羊痘　绵羊痘又名绵羊“天花”，是各种家畜痘病中危害最为严重的一种。潜伏期一般为6～8天，病羊以体温升高为特征，可达41～42℃。精神沉郁，食欲废绝，鼻黏膜和眼结膜潮红，先后出现浆液性、黏液脓性鼻液。病羊很快消瘦，全身症状严重。经1～4天后开始发痘。痘疹多发生于皮肤、黏膜无毛或少毛部位，如眼周围、唇、鼻、颊、四肢内侧、尾内面、阴唇、乳房、阴囊以及包皮上，开始为红斑、红疹，继而体温下降，1～2天后形成丘疹，突出皮肤表面，坚实而苍白。随后，丘疹逐渐扩大，变为灰白色或淡红色半球状隆起的结节。结节在2～3天内变为水疱，水疱内容物逐渐增多，中央凹陷呈脐状。不久水疱变为脓性，不透明，形成脓疱、化脓。化脓期间体温再度升高。如无继发感染，则几日内脓疱干缩成为褐色的瘢痕，经3～4周痊愈。非典型病例不呈现上述典型症状或经过，主要见于体质强壮的成年羊，仅出现体温升高，呼吸道和眼结膜的卡他性炎症，不出现或仅出现少量痘疹，或痘疹呈硬结状，在几天内经干燥后脱落，不形成水疱和脓疱，发展到丘疹期而终止，即所谓“顿挫型”经过。少数病例，因发生继发感染，痘病出现化脓和坏疽，形成较深的溃疡，发生恶臭，常为恶性经过，病死率可达25%～50%。该病可继发肺炎或化脓性乳房炎，怀孕后期的母羊多流产。

（2）山羊痘　自然情况下，山羊痘比较少见，其临床症状和病理变化与绵羊痘相似，主要在皮肤和黏膜上形成痘疹。痘疹不仅发生于皮肤无毛部位，也可发生于头部、背部、腹部有毛丛的皮肤。痘疹大小不一，多为圆形，初为红斑，随之转为丘疹。后丘疹坏死、结痂，经3～4周痂皮脱落。眼的痘疹见于瞬膜、结膜和巩膜。此外，痘疹也易见于口腔与上呼吸道黏膜。

3. 病理变化

尸检可见前胃和第四胃黏膜往往有大小不等的圆形或半球形坚实结节，单个或融合存在，严重者形成糜烂或溃疡。咽喉部、支气管黏膜也常有痘疹，肺部有干酪样结节和卡他性炎症变化。也常见淋巴结肿大。

4. 现场诊断与类症鉴别诊断

（1）现场诊断　根据临床特征表现为发热、在皮肤及黏膜发生丘疹和疱疹，可作出现场诊断。

（2）类症鉴别诊断　羊痘和羊传染性脓疱病都是病毒性疾病，二者的主要区别在于：羊传染性脓疱全身症状不明显，病羊一般无体温升高，病变多局限于口、唇部（蹄型和外阴型病例少见），很少波及躯体部皮肤，痂垢下肉芽组织增生明显，且传染性脓疱病一般发生于秋季。

（四）防治措施

1. 预防措施

（1）加强饲养管理　本病的发生与圈舍不良环境有很大的关系，如饲养密度过大，圈舍阴暗潮湿，不定期消毒，还有羊痘疫苗注射不按时，夏季不药浴等是诱发本病的主要因素。排除这些不良因素，是预防本病发生的主要措施。因此，定时对羊舍要打扫干净，保持清洁，定期对羊舍环境和用具进行消毒。消毒剂可采用2%氢氧化钠溶液、2%福尔马林、30%热草木灰水等。羊群要抓好秋膘，冬春季节要适当补饲。这些都是预防本病的有效措施。

（2）免疫接种　在羊痘常发地区，每年应定期进行预防接种、注射羊痘鸡胚化弱毒疫苗，绵羊不论大小，一律在尾内侧或股内侧皮内注射0.5毫升，3月龄的哺乳羔羊，断乳后应加强1次。山羊无论大小，均皮下注射2毫升。4~6天产生免疫力，免疫期绵羊为1年，山羊暂定为6个月。山羊痘的预防，以往是用绵羊痘鸡胚化弱毒疫苗进行免疫接种，近年来我国已经研制出山羊痘弱毒疫苗，可用于山羊痘的预防，皮下接种0.5~1毫升，保护期1年，免疫效果确实，可推广应用。

2. 治疗措施

羊场发生羊痘时，立即将病羊隔离，并做好消毒工作，必要进行两个月的封锁期。即将病羊隔离，对尚未发病的羊群，用羊痘鸡胚化弱毒疫苗进行紧急接种注射。按照《中华人民共和国动物防疫法》的规定，羊痘是一类传染病，发病后应尽快上报畜牧兽医行政主管部门划定疫区，捕杀病羊作无害化处理，一般不准治疗，受威胁地区进行紧急预防接种。兽医临床上在申报允许治疗情况下，可用以下处方治疗。

处方1：1%高锰酸钾溶液500毫升，患部清洗；或用碘甘油100毫升，患部涂抹。干后涂以碘酒或硼酸软膏或四环素软膏等。

对继发感染的羊，肌内注射青霉素80万~160万国际单位，每日2次，连用3日；或用10%磺胺嘧啶钠注射液10~20毫升，肌内注射，每日1次，连用3日。

也可用免疫血清治疗，每只羊皮下注射10~20毫升。

处方2：中药疗法，金银花100克、黄连100克、黄芩100克、黄柏100克、柴胡50克、栀子50克、地骨皮50克，加水10升，文火煎至3.5升，用细纱布7层过滤3次，装瓶灭菌，皮下注射，大羊每次10毫升，小羊每次5毫升，每日2次，连用3天，据资料介绍一般均可治愈。

处方3：防风10克、荆芥10克、板蓝根12克、黄芩10克、柴胡10克、连翘10克、金银花12克、甘草12克、川黄连15克，剂量可随症加减，一般取水1 500毫升。煎成400毫升后灌服，每天2次。为防止继发感染，肌内注射青霉素160万国际单位，每天2次。外用1%的高锰酸钾水或1%的硼酸水洗涤后，用碘酊、紫药水或四环素软膏涂于患部。并口服维生素C，每次6片，大黄苏打片每次20片，连服4天（大羊量，小羊减半），作为辅助治疗。据资料介绍，用此处方后，3~5天逐渐好转，约10天痘块干燥或变为棕色痂块，后颜色渐变淡而痊愈。

三、传染性脓疱

羊传染性脓疱是由传染性脓疱病毒引起的以羊为主的一种急性、高度接触性、嗜上皮性的人兽共患传染病，又称“羊口疮”。该病传染性强，发病率高，常呈群发性流行。

（一）临床特征

临床特征是在口、唇、舌、鼻、乳房等部位的皮肤和黏膜形成红斑、丘疹、水疱、脓疱、溃疡和菜花状厚痂。

（二）病原

传染性脓疱病毒（羊口疮病毒）属于痘病毒科副痘病毒属，该病毒对外界环境抵抗力强，干燥痂皮内的病毒于夏季日光下经30~60天开始丧失其传染性，散落于地面的病毒可以越冬，至来年春仍具有感染性。病料在低温冷冻条件下保存，可保持毒力达数年之久。本病毒对高温较为敏感，60℃30分钟和煮沸3分钟即可被灭活；不耐酸、碱，可被2%福尔马林浸泡20分钟和紫外线照射10分钟灭活。常用的消毒药为2%氢氧化钠溶液、10%石灰乳剂、20%热草木灰溶液。

（三）临床诊断要点

1. 流行特点

本病只危害绵羊和山羊，且以3~6月龄的羔羊发病为多，发病率可达90%。病羊和带毒动物是该病的主要传染源。病毒经脓疱和水疱的内容物，以及干燥的痂块排出，污染饲草、羊舍等播散该病，患病母羊及其吮乳羔羊能相互传染。病毒主要通过皮肤和黏膜擦伤感染。此病流行无季节性，以春夏发病为多。由于病毒的抵抗力较强，本病在羊场羊群内可连续危害多年。

2. 临床症状

本病潜伏期为4～8天，全身症状较轻，一般无发热，体躯皮肤无病变。在临床上一般分为唇型、蹄型和外阴型3种类型，也见有混合感染病例。

（1）唇型　此型多见。病羊首先在口角、上唇或鼻镜上出现散在的小红斑，逐渐变为丘疹、小结节、水疱和脓疱，之后结成黄色或棕色的症状硬痂，若为良性，1～2周后痂皮干燥，脱落，病羊逐渐康复。严重病例羊，患部继续发生丘疹、水疱、脓疱、痂垢，并相互融合，波及整个口唇周围及眼眶和耳郭等部位，形成大面积龟裂、易出血的污秽痂垢。痂垢下伴以肉芽组织增生，痂垢不断增厚，整个嘴唇肿大外翻呈桑葚状隆起，严重影响采食饮水，病羊日渐消瘦，最后衰竭而死，病程一般在2～3周。部分病羊常伴有坏死杆菌、化脓性病原菌的继发感染，引起深部组织化脓和坏死，致使恶化而死亡。有些病例口腔黏膜也发生水疱、脓疱和糜烂，使病羊采食、饮水、咀嚼和吞咽困难而衰竭死亡。

（2）蹄型　病羊多见一肢患病，也偶有混合型。通常于蹄叉、蹄冠或系部皮肤上形成水疱、脓疱、溃疡，如继发感染则发生化脓、坏死，常波及基部、蹄骨，甚至肌腱或关节。病羊跛行，长期卧地，病情缠绵，严重者因严重衰竭或败血症而死亡。

（3）外阴型　此型较为少见，病羊表现为黏性或脓性阴道分泌物，在肿胀的阴唇及附近皮肤上发生溃疡；哺乳病羔的母羊乳房和乳头皮肤（多系病羔吸乳时传染）上发生脓疱、烂斑和痂垢，病程长的病例，可发生溃疡。公羊表现为阴囊肿胀，出现脓疱和溃疡。

3. 病理变化

上述3种类型病变只在唇周围、蹄、乳房、阴唇、包皮等处发生，不波及体躯皮肤，各内脏器官也无明显病变。

4. 现场诊断与类症鉴别

（1）现场诊断　可根据流行特点、临床特征进行综合诊断，特别是病羊口角周围有增生性桑葚状突起及流行情况不难做出诊断。流行特点是主要在春夏季散发，羔羊易感发病，临床特征主要是在口唇、阴部和皮肤、黏膜形成丘疹、脓疱、溃疡和疣状厚痂。

（2）类症鉴别　本病须与羊痘、坏死杆菌病等类似疾病相鉴别。痘病的痘疹多为全身性的，而且体温升高，全身反应严重。痘疹结节呈圆形突出于皮肤表面，界限明显，似脐状。坏死杆菌病主要表现为组织坏死，一般无水疱、脓疱病变，也无疣状增生物。

（四）防治措施

1. 预防

（1）加强饲养管理，严格隔离消毒　本病主要是通过创伤而感染，因此要保护皮肤黏膜不发生损伤，如有创伤及时进行外科处理。尽量清除饲草或垫草中的芒刺和异物，饲喂柔软多汁的草料，补充配合饲料或放置舔砖，减少羊啃墙、啃土。不从疫区引进羊或购入饲草料，引进羊需隔离观察 2～3 周，严格检疫，兽医检查证明无病后方可混入大群饲养。用 3% 福尔马林、2% 氢氧化钠溶液等消毒剂对环境、用具定期进行消毒。

（2）免疫接种　本病流行区可使用羊口疮弱毒疫苗进行免疫接种，使用疫苗毒株型应与当地流行毒株相同。在兽医临床实践中，也可在严格隔离的条件下，采集当地自然发病羊的痂皮回归易感羊制成活毒疫苗，对未发病羊的尾根无毛部用“井”字形进行划痕接种，10 天后即可产生免疫力，保护期可达一年左右。

2. 治疗

羊场发生羊传染性脓疱病后，要隔离病羊，并对未发病羊用羊口疮弱毒苗 0.2 毫升，下唇黏膜划痕法紧急接种。兽医临床上可采用下列处方治疗。

处方 1：对病羊可先涂以水杨酸软膏将痂垢软化，除去痂垢。用 0.2%～0.3% 高锰酸钾溶液 500 毫升冲洗创面，用 5% 龙胆紫或 5% 碘甘油 100 毫升涂抹患部，每日 1～2 次。蹄部病羊可将蹄部置于 5% 福尔马林溶液中浸泡 1～2 分钟，间隔 5～6 小时，连泡 3 次，也可隔日用 3% 龙胆紫溶液或土霉素软膏涂抹患部。

处方 2：用消毒外科剪和镊子刺破口腔内外黏膜和皮肤的丘疹、水疱，去掉病羊水疱皮、脓疱皮及厚痂，用 1% 高锰酸钾溶液冲洗患部，再用冰硼散末（冰片 50 克、硼砂 500 克、元明粉 500 克、朱砂 30 克，共研末，混匀备用）喷布于整个口腔。皮肤等患部用 1% 高锰酸钾溶液洗后，可将冰硼散末对水调成糊状，涂抹患部，每天 2～3 次，连用 5～7 天，患部痂皮或结痂脱落，痊愈。同时每只病羊用病毒唑（三氮唑核苷注射液，100 毫克/毫升）、地塞米松注射液（5 毫克/毫升）按 2∶1 比例混合肌内注射，成年羊 3 毫升，羔羊减半，据资料介绍，用此处方，一般用药 2～3 天效果显著，治愈率较高。

四、蓝舌病

蓝舌病是由蓝舌病病毒引起的、以库蠓为传播媒介的、主发于绵羊体内的一种非接触性传染病。由于病羊特别是羔羊长期发育不良，胎儿畸形、皮毛损坏以及死亡等，可造成羊场巨大的经济损失。我国农业部已将该病定为一类动物疫病。

（一）临床特征

该病主要发生于绵羊，其临床特征为发热、消瘦，口、鼻和胃黏膜有溃疡性炎症变化，且口腔黏膜及舌发绀；病羊蹄部也常发生病理损害，因蹄真皮层遭受侵害而发生跛行。

（二）病原

蓝舌病病毒属呼肠孤病毒科环状病毒属，病毒颗粒呈圆形，病毒核酸类型为双股 RNA。蓝舌病病毒对外界抵抗力较强，可耐干燥和腐败，在 50% 甘油内于室温下可保存数年，60℃30 分钟不能灭活。病毒主要存在于病畜的血液以及各脏器之中，病毒可在康复动物的体内存活达 4～5 个月。对胰蛋白酶、3% 氢氧化钠溶液和 2% 过氧乙酸溶液敏感。

（三）临床诊断要点

1. 流行特点

蓝舌病呈地方性流行，绵羊不分品种、性别和年龄均可感染，而以纯种的美利奴羊更为敏感。该病一般发生在 5～10 月，多发生于湿热的夏季和秋季，特别是池塘、河流较多的低洼地区。其发生和分布与库蠓的分布、习性和生活史密切相关。羊和带毒的动物是该病主要的传染源，在疫区临床健康的羊也可能携带病毒成为传染源。本病主要通过媒介昆虫库蠓叮咬传播，当库蠓吸吮带毒动物的血液后，病毒就在虫体内繁殖，当再次叮咬绵羊时，即可发生传染。在新疫区羊群中的发病率为 50%～70%，病死率为 20%～50%。

2. 临床症状

潜伏期 3～10 天，病初体温升高达 40℃以上，稽留 5～6 天，稽留后体温降至正常。病羊精神委顿，表现厌食、流涎、口唇水肿，蔓延至面颊、耳部，甚至颈部、胸部、腹部。口腔黏膜和舌头充血、糜烂，严重病例舌头发绀，呈现出蓝舌病特征症状。有的蹄冠和蹄叶发炎，呈现跛行，病羊消瘦、衰弱，有的发生便秘或腹泻，甚至便中带血，最终死亡。孕羊可发生流产，胎儿脑积水或先天畸形。某些病羊痊愈后出现被毛变粗、变硬、脱落等现象。病程 6～14 天，发病率 30%～40%，死亡率 2%～3%。病羊多因并发肺炎和胃肠炎引起死亡。山羊的症状与绵羊相似，但表现一般比较轻微。

3. 病理变化

病羊以舌发绀，舌及口腔充血、瘀血，鼻腔、胃肠道黏膜发生水肿及溃疡为特征。呼吸道、消化道、泌尿系统黏膜以及心肌、心内外膜可见有出血点。大部分病例可见到心血管损伤，主要是充血，最明显的是肺动脉根部出血灶，有的可达 2～3 厘米长。肌肉充血，出血也较明显，此外是消化道充血、水肿以及局部充血。严重病例，消化道黏膜常发生坏死和溃疡。蹄冠等部位上皮脱落但不发生水疱，蹄叶发炎并形成溃烂。

4. 现场诊断与类症鉴别

（1）现场诊断　根据发热，口唇肿胀、糜烂，舌及口腔黏膜充血、发绀、出现青紫色，蹄部炎症、跛行及流行季节等，可作出现场诊断。

（2）类症鉴别　羊蓝舌病通常应与口蹄疫、羊传染性脓疱等疾病进行区别。口蹄疫为高度接触性传染性疾病，临床症状典型而明显。蓝舌病则主要通过库蠓叮咬传播。羊传染性脓疱在羊群中以幼龄羊发病率为高，患病羊口唇、鼻端出现丘疹和水疱，破溃以后形成疣状厚枷，痂皮下为增生的肉芽组织。病羊特别是成年羊，一般不显严重的全身症状，无体温反应。

（四）防治措施

1. 预防

羊群放牧要选择高地势区域，可减少感染机会。定期对羊群驱虫，消灭库蠓。日本已采用鸡胚化弱毒冻干疫苗，每年接种一次，可有效预防该病，孕羊禁用。此外，严禁从有此病的地区和国家购买羊，非疫区一旦传入本病，应立即采取措施，扑杀发病羊和与其接触过的所有易感动物，并彻底进行消毒处理。

2. 治疗

该病无特效药物治疗，按照《中华人民共和国动物防疫法》的规定，羊的蓝舌病为一类传染病，不准治疗，羊发病后应尽快上报畜牧兽医行政主管部门，划定疫区，捕杀病羊并作无害化处理，受威胁区可进行紧急预防接种。

第三节　羊场常见的主要细菌性传染病的防治

一、羊炭疽

炭疽是由炭疽杆菌引起的人畜共患的急性、热性、败血性传染病。

（一）临床特征

羊突然发病，多呈最急性，高热稽留，呼吸困难、全身战栗、摇摆、眩晕倒地、磨牙、眼结膜等可视黏膜发绀，皮下及浆膜下结缔组织及天然孔出血，血液凝固不良，呈煤焦油样，病羊数分钟或数小时内即可死亡。

（二）病原

病原为炭疽杆菌。炭疽杆菌是一种粗而长的革兰阳性大杆菌，不运动。分类属芽孢杆菌科，芽孢杆菌属。该菌繁殖体抵抗力不强，60℃30～60分钟即可杀死，但一旦繁殖体形成芽孢，则其抵抗力极强，在干燥的土壤中可存活数十年之久，煮沸15～25分钟或高压灭菌121℃5～10分钟方可杀死该菌芽孢。兽医临床上常用20%漂白粉、10%氢氧化钠溶液、5%～10%福尔马林作为消毒剂。该菌对青霉素类、四环素类、磺胺类药物敏感。

（三）临床诊断要点

1. 流行特点

本病多发于夏季，呈散发或地方性流行。病畜是主要的传染源，主要由消化道、呼吸道及皮肤伤口感染，也可由吸血昆虫的叮咬传染。病死羊若尸体处理不当，炭疽杆菌形成芽孢并污染土壤、水、地面，则成为长久的疫源地。

2. 临床症状

该病的潜伏期一般为3～6天，绵羊可以短至12～24小时。羊多为急性发作，突然发病，表现为突然倒地、全身痉挛、磨牙、体温升高到42℃，站立时摇摆不定、呼吸困难、黏膜发绀、天然孔流出带有气泡的黑红色液体，于几分钟内死亡。病程发展稍慢的羊，表现兴奋不安、行走摇摆、呼吸急促、黏膜发绀，后期卧地不起、全身痉挛、天然孔出血，在数小时内死亡。

3. 病理变化

患炭疽病的病死羊禁止解剖，只有在具备严格的防护、隔离、消毒条件下，方可剖检。病死羊外观尸体迅速腐败，腹部膨胀，尸僵不全，天然孔流血，血液呈酱油色煤焦油样，凝固不良，可视黏膜发绀或有点状出血。脾脏肿大，皮下和浆膜下结缔组织呈现出血性胶样浸润。

4. 现场诊断与类症鉴别

（1）现场诊断　依据临床症状和病理变化可作出初步诊断。

（2）类症鉴别　羊炭疽病与羊快疫、羊肠毒血症、羊猝狙、羊黑疫在临床上很相似，都是突然发病、病程短、死亡快，但致病菌不同，可通过微生物学检查对病原进行鉴别。

（四）预防措施

1. 预防

在疫区或常发地区，每年用无毒炭疽芽孢苗（仅用于绵羊、皮下注射0.5毫升）或第二号炭疽芽孢苗（山羊和绵羊1毫升，皮下注射），接种14天后产生免疫力，免疫期为一年。

2. 治疗

当有炭疽病发生时，要及时隔离病羊，迅速上报有关部门，尸体禁止剖检，应就地深埋。病死动物躺过的地面应除去表土20厘米，并与20%漂白粉混合深埋，污物用火焚烧。对污染的羊舍、地面及用具要立即用10%热火碱水或20%漂白粉溶液喷洒消毒，每隔1天喷1次，连续喷3次。已确诊的患病动物，一般不予治疗，而应严格销毁。对种用价值高的羊，如必须治疗，应在严格隔离和防护条件下进行。对同群的未发病羊，使用青霉素连续注射3天，有预防作用。对病程稍缓羊，必须在严格隔离条件下进行治疗，病初期可使用抗炭疽血清，每次40～80毫升，静脉或皮下注射，第一次剂量注射应适当加大，经12小时后再注射1次。炭疽杆菌对青霉素、土霉素敏感，其中青霉素最常用，第一次用青霉素160万国际单位，以后每隔4～6小时用80万国际单位肌内注射1次。兽医临床实践证明，抗炭疽血清与青霉素合用效果较好。对可治的病羊，要考虑其种用价值和治疗费用，羊场要算经济账。此外，羊场相关人员应加强个人防护，保护好自身的安全。

二、羊布氏杆菌病

布氏杆菌病是由布氏杆菌引起的人、畜共患的慢性传染病，主要侵害生殖系统。本病分布很广，不仅感染各种家畜，而且易传染给人。

（一）临床特征

临床病理特征为生殖器官和胎膜发炎，引起流产、不育和一些器官的局部增生性病变。羊感染后，以母羊发生流产和公羊发生睾丸炎为特征。

（二）病原

布氏杆菌是革兰阴性需氧杆菌，分类上为布氏杆菌属。本属细菌为非抗酸性，无芽孢、无荚膜、无鞭毛，呈球杆状。布氏杆菌的抵抗力较强，在土壤和水中可生存72～114天，在乳汁内可生存60天，在粪尿中可存活45天。对热的抵抗力弱，60℃30分钟、70℃5～10分钟即死亡。用0.1%新洁尔灭溶液、2%～3%来苏儿溶液、2%氢氧化钠溶液、2.5%～5%福尔马林均可杀死该菌。该菌对青霉素不敏感，但对链霉素、卡那霉素、庆大霉素等敏感。

（三）临床诊断要点

1. 流行特点

本病的易感动物范围很广。母羊较公羊易感性高，性成熟后对本病极为易感。山羊最易感。传染源为病羊和带菌羊，尤其是患此病的妊娠母羊，在流产时随胎儿、胎衣、羊水和阴道分泌物等排出大量病原菌。患此病公羊的精液中也含有大量的病原菌，随配种而传播。消化道是主要感染途径，也可经配种及破损皮肤和黏膜感染。羊群一旦感染此病，主要表现为孕羊流产，开始仅为少数，以后逐渐增多，严重时可达半数以上，多数病羊流产一次。

2. 临床症状

多数病例为隐性感染，除流产外不表现临床症状。怀孕母羊流产是本病的主要症状，但不是必有的症状。流产多发生在怀孕后的3～4个月。流产胎儿多为弱胎或死胎，流产后阴道持续排出黏液性或脓性分泌物，易发生慢性子宫内膜炎，发情后屡配不孕。有时患病羊发生关节炎和滑液囊炎而跛行。公羊睾丸炎（睾丸肿大），母羊乳房炎，少数病羊发生角膜炎和支气管炎。

3. 病理变化

流产胎儿主要为败血症病变，浆膜和黏膜有出血点、出血斑，皮下和肌肉间发生浆液性浸润，脾脏和淋巴结肿大，肝脏中有坏死灶，第四胃中有淡黄色或白色的黏液絮状物，胃肠或膀胱的浆膜下可见到出血点和出血斑。公羊可发生化脓性坏死性睾丸炎和附睾炎，睾丸肿大，后期睾丸萎缩，质地较硬。

4. 现场诊断与实验室检查

（1）现场诊断　可根据流行病学，流产胎儿、胎衣的病理损害，胎衣滞留以及不育等可作出初步诊断。由于发生流产的原因很多，而该病的临床症状和病理变化均缺乏明显特征，同时隐性感染较多，所以，确诊需依靠实验室检查。

（2）实验室检查　实验室检查布氏杆菌病的方法较多，除流产材料的细菌学检查外，以平板凝集反应简单易行，进一步确诊常用补体结合反应。

（四）防治措施

1. 预防措施

（1）羊场要创建无病羊群　要以“预防为主”的原则，在未感染羊群中，控制本病传入最好措施是自繁自养。必须引进种羊时，要严格检疫。对引进种羊隔离饲养 2 个月，同时进行布氏杆菌病的检查，全群两次免疫学检查阴性者，才允许与原有羊群接触。羊场每年要对羊群进行检疫，定期检疫 1 ~ 2 次，发现带菌羊，要坚决淘汰。

（2）免疫接种　凝集反应阴性羊用布氏杆菌猪布鲁菌 2 号弱毒活苗或羊布鲁菌 5 号弱毒活苗进行免疫接种。猪布鲁菌 2 号弱毒活菌，山羊每只 25 亿活菌，绵羊每只 50 亿活菌，皮下或肌内注射。也可口服免疫，山羊和绵羊不论年龄大小，每只一律口服 100 亿活菌，免疫持续期羊为 3 年。羊口服 1 次，连服 2 ~ 3 年可达到控制标准。羊布鲁菌 5 号弱毒活苗，羊 10 亿活菌，皮下注射，配种前 1 ~ 2 个月进行，孕羊禁用，免疫持续期 1. 5 年。

2. 控制措施

此病无治疗价值，一般不予治疗。发现疑似病羊立即向有关部门报告，发病后的防控措施是用试管凝集或平板凝集反应进行羊群检疫，发现阳性和可疑反应的羊均应及时隔离，以淘汰屠宰为宜。病羊污染的圈舍等严格消毒，流产胎儿、胎衣、羊水和产道分泌物焚烧或深埋。此外，要做好消毒工作，对羊舍场地采用喷雾消毒方式杀灭布氏杆菌。夏季定期饮用季胺类消毒药，可杀灭经消化道进入体内的病菌。

三、羊沙门菌病

羊沙门菌病是由羊流产沙门菌和都柏林沙门菌引起的传染病。主要引发母羊流产和羔羊副伤寒两种病。沙门菌有地方流行性。

（一）临床特征

临床特征为妊娠母羊怀孕后期流产、羔羊发生急性败血症和下痢。

（二）病原

羊流产的病原主要是羊流产沙门菌，羔羊副伤寒的病原以都柏林沙门菌为主。沙门菌是肠杆菌科的一个属，是一种革兰阴性、较小的细菌。沙门菌对干燥、腐败、日光等因素具有一定的抵抗力，在水、土壤和粪便中能存活几个月，但不耐热，一般消毒药均可将其杀死。

（三）临床诊断要点

1. 流行特点

沙门菌病无季节性。各种年龄的羊均可发生，其中，以断乳或断乳不久的羊最易感染，孕羊流产多发生于晚秋和早春。患病动物和带菌动物为主要传染源，可通过消化道、呼吸道和生殖道感染。各种因素均可促使本病的发生。

2. 临床症状

本病据临床表现可分为下痢型和流产型。

（1）下痢型　多见于7～15日龄的羔羊，也见于2～3日龄的羔羊。病羔体温高达40～41℃，食欲减退，严重腹泻，排黏性带血稀粪，有恶臭，精神沉郁，虚弱，低头拱背，继而卧地。病羔往往死于败血症或严重脱水，病程1～5天死亡，有的经2周后恢复。病羔耐过的生长发育缓慢，发病率一般为30%，死亡率25%左右。

（2）流产型　病羊阴唇肿胀，一般在流产前1～2天常流出带血黏液，体温升至40～41℃，精神沉郁，不食，母羊多在妊娠最后2个月发生流产。部分羊有腹泻症状。羊群流产一般在2周以内结束，流产率可达60%左右。病羊产出的活羔都极为衰弱，并常有腹泻，一般1～7天死亡。母羊流产以后身体消瘦，阴道常排出有黏性带有血丝或血块的分泌物。病母羊也可在流产后或无流产的情况下死亡。羊群暴发一次，一般可持续10～15天，流产率和病死率均很高。

3. 病理变化

下痢型病羔，尸体消瘦，真胃和肠道空虚，黏膜充血，有半液状内容物。肠系膜淋巴结肿大，脾脏充血。流产、死产的胎儿或生后1周内死亡的羔羊呈败血病病变。死亡的母羊呈急性子宫炎症状，其子宫肿胀，内含有坏死组织、浆液性渗出物和滞留的胎盘。

4. 现场诊断与实验室检查

（1）现场诊断　根据流行特点、临床症状和病理变化可作出初步诊断。

（2）实验室检查　对可疑病羊再进行细菌分离鉴定加以确诊。可采取下痢死亡羊的肠系膜淋巴结、脾、心血、粪便或发病母羊的粪便、阴道分泌物、血液以及胎盘和胎儿的组织进行病原沙门氏杆菌的分离培养。要与引起羔羊痢疾的 B 型魏氏梭菌和引起羔羊下痢的大肠杆菌相区别。

（四）防治措施

1. 预防

主要措施是加强饲养管理，定期进行检疫，发现病羊及时淘汰。注意羊舍、饲草和饮水的卫生消毒工作。初生羔羊生后要及早吃上初乳。发病羊群在隔离条件下，全群肌内注射氟苯尼考注射液。对可能受威胁的羊群，有条件时可注射疫苗。对流产母羊及时隔离治疗，流产的胎儿、胎衣及污染物进行无害化处理，对流产场地进行全面彻底消毒。

2. 治疗

治疗原则为抗菌及对症治疗。对患病羊应隔离治疗，病的初期应用抗血清有效，也可选用抗生素药物治疗。兽医临床上首选药物为氟苯尼考，其次是新霉素和土霉素等。

处方 1：5% 氟苯尼考注射液，5 ~ 20 毫克/千克体重，肌内注射，每日或隔日 1 次，连用 3 ~ 5 次。

处方 2：20% 长效土霉素，0.05 ~ 0.1 毫升/千克体重，肌内注射，每日或隔日 1 次，连用 3 ~ 5 次。

处方 3：青霉素 160 万单位，链霉素 100 万单位，蒸馏水 20 毫升，母羊产后子宫灌注，每日 2 次，连用 3 日。

四、链球菌病

羊链球菌病即羊败血性链球菌病，是由 C 群马链球菌兽疫亚种引起的一种急性、热性、败血性传染病，因其有颌下淋巴结和咽喉部肿胀，俗称“嗓喉病”，又由于常继发于大叶性肺炎，呼吸困难，胆囊肿大，故有些地区又叫“大胆病”。该病主要发生于绵羊，其次为山羊，但随着引种的增多，该病似乎有发展的趋势，特别是在引种进来的山羊中如杂交波尔山羊、黄羊、麻羊、黑山羊中易发。

（一）临床特征

临床上以病羊全身性出身性败血症、浆液性肺炎与纤维素性胸膜肺炎、颌下淋巴结和咽喉部肿胀、大叶性肺炎、呼吸异常困难、各脏器出血、胆囊肿大、血便、跛行为特征。

（二）病原

病原为C群马链球菌兽疫亚种，该菌呈球形，具有荚膜、革兰染色阳性，多排成链状或成双排，本菌需氧或兼性厌氧，无运动性，不形成芽孢。病菌通常存在于病羊的各个脏器以及各种分泌物、排泄物中，而以鼻液、气管分泌物和肺脏含量为高。病原体对外环境抵抗力较强。死羊胸积水中的细菌在室温下可存活100天以上，日光直射2小时死亡，0~4℃可存活150天，冷冻6个月其特性不变。但对热和普通消毒剂抵抗力不强，煮沸可很快被杀死。常用的消毒药有2%来苏儿、0.5%漂白粉及2%石炭酸等，均可在2小时内杀死该菌。该菌对青霉素和磺胺类药物敏感。

（三）临床诊断要点

1. 流行特点

本病有明显季节性，一般于冬、春季节气候寒冷、草质不良时多发。新发病区常呈地方性流行，老疫区则多为散发。绵羊易感性高，山羊次之。病羊及带菌羊为主要传染源，通常经呼吸道排出病原体，自然感染主要通过呼吸道，也可通过损伤的皮肤、黏膜以及羊虱、蝇等吸血昆虫叮咬传播。病死羊的肉、骨、皮、毛等可散播病原，对本病传播具有重要作用。

2. 临床症状

（1）最急性型　病羊的初发症状不易被发现，常于24小时内死亡。

（2）急性型　病羊体温升高到41℃以上，呈稽留热，精神沉郁、呆立、拱背、不愿运动。食欲低下，反刍减弱或停止，口流带泡沫涎液；鼻流浆液性、脓性分泌物；眼结膜充血流泪，随后有浆液性分泌物；咽喉肿胀，咽背淋巴结和下颌淋巴结肿大；呼吸困难，咳嗽；粪便松软有黏液或血液；妊娠母羊阴户红肿，多发生流产。病羊死前常有磨牙、呻吟及抽搐现象，多窒息死亡，尤以羔羊多见，病程2~3天。

（3）亚急性型　体温升高40℃左右，食欲减退，喜卧，咳嗽，流黏性透明鼻液，粪便稀软并有黏液或血液，病程1~2周。

（4）慢性型　轻微发热，咳嗽，食欲较差，消瘦，步态不稳，四肢僵硬，有的病羊关节肿胀、跛行或卧地不起，很快消瘦，部分怀孕母羊流产，病程约一个月。

3. 病理变化

剖检病死羊，其病理变化主要以败血性变化为主，各脏器广泛出血。淋巴结肿大出血，肺脏水肿、气肿，肺实质出血、肝变，呈大叶性肺炎，肺脏常与胸壁粘连。肝脏肿大，胆囊肿大2～4倍，胆汁多渗。肾脏肿胀、变软、出血梗死，被膜不易剥离。各脏器浆膜面常覆有黏稠、丝状的纤维样物质。

4. 现场诊断与类症鉴别

（1）现场诊断　依据发病季节、临床症状、剖检变化，可以作出初步诊断。

（2）实验室检查　采取心血或肝脏、脾脏等涂片、染色镜检，发现带有荚膜，呈双球状，偶见3～5个菌体相连成短链的革兰阳性球菌为特征的病原体存在，即可作出诊断。也可将肝脏、脾脏、淋巴结等病料组织做成生理盐水悬液，给家兔腹腔注射，若为链球菌，则家兔常在24小时内死亡。取材料涂片、染色镜检，可发现上述典型形态的细菌。

（3）类症鉴别　羊链球菌病应与羊炭疽、羊梭菌病痢疾、羊巴氏杆菌病相鉴别。羊炭疽病羊无大叶性肺炎及胆囊极度肿大症状，病原形态不同；羊梭菌病痢疾病羊无高热和全身广泛出血变化，病原形态也有差别；羊巴氏杆菌与羊链球菌病在临床症状和病理变化上很相似，但病原形态不同，前者为革兰阴性菌，后者为革兰阳性菌。

（四）防治措施

1. 预防

（1）加强饲养管理　因链球菌在动物体内是常在菌，只有加强饲养管理，提高饲料营养，增强机体免疫力，减少外界应激，才能杜绝该病的发生。此外，要做好羊舍卫生、防寒保暖、定期消毒工作，不从疫区购买种羊及饲草。羊场发现该病立即隔离病羊，粪便堆积发酵处理，环境彻底消毒，同群羊进行紧急免疫接种，或对未发病羊提前注射青霉素有良好的预防效果。

（2）定期免疫　羊链球菌氢氧化铝菌苗预防羊链球菌病，每年的3月、9月各接种1次，免疫期半年，接种部位为背部皮下。6月龄以上的羊每只5毫升，6月龄以下的羊每只3毫升。3月龄内羔羊首免后第14～21天再免疫1次。该病流行严重地区，在每年发病季节到来之前，可用羊链球菌弱毒菌苗，成年羊用1毫升（含活菌50万～100万个），0.5岁～2岁羊用0.5毫克，尾根皮下注射，免疫期1年。

2. 治疗

治疗原则为早期诊断和抗菌消炎。对该病早发现、早治疗，治愈的成功率较高。兽医临床上可选用以下处方治疗。

处方1：早期应用青霉素或磺胺类药物治疗。青霉素每次80万~160万单位，每天肌内注射2次，连用2~3天；20%磺胺嘧啶5~10毫升，每天肌内注射2次，连用3日。

处方2：青霉素5万~10万单位/千克体重（或氧氟沙星注射液2.5~5毫克/千克体重），5%葡萄糖氯化钠注射液100~500毫升，地塞米松注射液4~12毫克，静脉注射，每日1~2次，连用3~5日。也可肌内注射。

处方3：5%氟苯尼考注射液5~20毫克/千克体重，肌内注射，每日或隔日1次，连用3次。发病严重时可全群用药。

处方4：高热者用30%安乃近注射液3~10毫升，肌内注射；或复方氨基比林注射液5~10毫升，皮下或肌内注射，每日1次，连用3日。

处方5：对重病羊，采用静脉注射10%葡萄糖500毫升+维生素C10毫升+头孢噻呋钠1克+地塞米松2毫升+肌苷10毫升，同时肌内注射磺胺间甲氧嘧啶0.1克/千克体重，安钠咖10毫升。灌服健胃散50克/次+小苏打50克/次+葡萄糖粉100克/次。以上治疗用药每天1次，连用5天。

五、羔羊大肠杆菌病（羔羊白痢）

羔羊大肠杆菌病是由致病性大肠杆菌引起的一种急性传染病，因病羔羊排出白色稀粪，又名羔羊白痢。多见于冬、春舍饲季节。

（一）临床特征

该病的主要临床特征是病羔出现剧烈腹泻或败血症。

（二）病原

病原为大肠杆菌，革兰阴性、两端钝圆的中等大小的杆菌，不形成芽孢，一般不具可见的荚膜，多数菌株有周身鞭毛，能运动。该菌对外界不利因素的抵抗力不强，将其加热至50℃，持续30分钟后即死亡，一般常用消毒药可将其杀死。

（三）临床诊断要点

1. 流行特点

该病多发于冬、春舍饲期间，放牧季节很少发生。气候多变、营养不足、初乳不足、圈舍潮湿等可促进该病发生。病羊和带菌羊是该病的传染源，主要通过消化道感染。该病多发生于出生数日龄至6周龄内的羔羊，有些地方6~8月龄的羔羊也可发生，呈地方流行或散发。

2. 临床症状

本病的潜伏期为1~2天。临床上常把本病分为以下两种类型。

（1）败血症　主要见于 2～6 周龄的羔羊。病初体温升高至 41.5～42℃，精神沉郁，迅速虚脱，四肢僵硬，运动失调，头常弯向一侧，视力障碍，之后卧地，口吐泡沫，磨牙，腹泻，最后昏迷，呈急性经过，多于发病后 4～12 小时死亡，死亡率可达 80% 以上。

（2）肠炎型（下痢型）　多见于 2～8 日龄内的羔羊。病羔病初体温升高到 40～41℃，随之出现下痢，腹泻后体温下降，粪便稀薄，呈半液状，带有气泡，恶臭，起初呈黄色，继而变为白色，含有乳凝块，严重时混有血液，粪便污染后躯及腿部。病羔表现腹痛，虚弱，严重脱水，卧地不起，有时出现痉挛。如治疗不及时，可在 24～36 小时内死亡，死亡率为 15%～75%。

3. 病理变化

败血型羊，剖检胸腔、腹腔和心包大量积液，内有纤维素样物；脑膜充血，有许多小出血点；关节肿大，内含浑浊液体或脓性絮片。肠炎型羊，主要为急性胃肠变化，肠黏膜充血、出血和水肿，肠内混有血液和气泡，肠系膜淋巴结肿胀；肺瘀血或有轻度炎症，尸体严重脱水。

4. 现场诊断与类症鉴别

（1）现场诊断　可根据流行病学、临床症状和剖检变化进行诊断，并注意发病季节、年龄及死亡率可作出初步诊断。确诊需采集血液、内脏、肠黏膜等进行细菌学检查。

（2）类症鉴别　本症应与 B 型魏氏梭菌引起的初生羔羊下痢（羔羊痢疾）相区别。

（四）防治措施

1. 预防

首先要加强怀孕母羊的饲养管理，做好抓膘保膘工作，并做好临产母羊的准备工作，严格遵守临产母羊及新生羔羊的卫生制度。尤其是母羊分娩前后，对产房可用 3%～5% 的来苏儿喷洒消毒 1～2 次。其次是加强新生羔羊的饲养管理，重点是搞好新生羔羊的环境卫生，在哺乳前用 0.1% 的高锰酸钾水擦拭母羊的乳房、乳头和腹下，注意对羔羊的保暖，尽早让羔羊吃到足够的初乳。对有病的羔羊，要及时隔离，对病羔接触过的羊舍、地面等，可用 3%～5% 来苏儿等消毒药严格消毒。有条件的羊场可对妊娠母羊接种大肠杆菌疫苗，可使羔羊获得被动免疫。也可根据病原的血清型，选用同型菌苗给孕羊和羔羊进行预防注射。

2. 治疗

大肠杆菌对土霉素、磺胺类和呋喃类药物均具敏感性，但必须配合护理和对症治疗。治疗原则为加强护理，抗菌消炎和对症治疗，口服补液盐水或注射葡萄糖盐水。

处方1：5%氟苯尼考注射液5～20毫克/千克体重，肌内注射，每日或隔日1次，连用3～5次。

处方2：20%长效土霉素注射液0.05～0.1毫升/千克体重，肌内注射，每日或隔日1次，连用3～5次。

处方3：土霉素粉，以每天每千克体重口服0.055～0.11克剂量，分2～3次灌服；或呋喃唑酮（痢特灵），每次0.03克，每天2～3次内服，连用2～5天。对新生羔羊可同时内服胃蛋白酶0.2～0.3克，对心脏弱者可注射强心剂，脱水严重者可适当补充生理盐水或5%的葡萄糖盐水，每日20～100毫升静脉注射，必要时还可加入碳酸氢钠或乳酸钠，以防止全身酸中毒。

处方4：大蒜酊（大蒜100克、95%酒精100毫升，浸泡15天，过滤即成）2～3毫升，加适量水1次灌服，每天2次，连用3天。

六、羔羊痢疾

羔羊痢疾是由B型产气荚膜所引起的初生羔羊的一种急性毒血症，本病多发生于气候寒冷、变化剧烈的冬春季节，特别是刮大风、下大雪之后流行严重，死亡率很高，能给羊场造成巨大损失。

（一）临床特征

该病的临床特征为剧烈腹泻，小肠发生溃疡和羔羊大批死亡，主要危害7日龄以内的羔羊，其中以2　～5日龄初生羔羊最易发病。

（二）病原

通常认为，其主要病原为B型产气荚膜梭菌，又称B型魏氏梭菌。该菌为革兰阳性厌氧杆菌，在动物体内可形成荚膜，能产生芽孢。该菌在羊体内产生的主要毒素是β毒素。该菌的繁殖体在潮湿土壤可存活35天，在干燥粪便中可存活10天，常规消毒药物可将其杀死。

（三）临床诊断要点

1. 流行特点

病羊及带菌羊是该病的主要传染源，可通过羔羊吮乳，或食入被该菌的芽孢污染的牧草、饲料、饮水等，经消化道感染，也可通过脐带或创伤感染。主要以7日龄以内的羔羊，尤其以2～5日龄的发病最多，7日龄以上很少发病。该病的发生主要在不良因素的作用下，病菌在小肠大量繁殖，产生毒素（主要为β毒素）引起发病。此外，母羊怀孕期营养不良，哺乳不当，饥饱不均，羔羊体质瘦弱；气候骤变，大风雪后羔羊受冻，羊群拥挤，羊舍及环境卫生差，羔羊感冒、肺炎等因素均可诱发本病的发生。特别是草质差的年份或气候多变的月份，发病率和死亡率都很高。

2. 临床症状

自然感染潜伏期为 1 ~2 天。羔羊发病后，精神沉郁，低头拱背，不想吃奶，随后发生持续性腹泻，粪便腥臭，有的稠如面糊，有的稀薄如水，颜色黄绿、黄白甚至灰白，部分羔羊后期粪便带血或为血便。后期肛门失禁，病羔逐渐虚弱、脱水、卧地不起，常于 1 ~2 天内死亡。个别羔羊腹胀而下痢，或仅排少量稀粪便，呼吸急促，流白沫，头向后仰，体温降至常温以下，常在数小时至十几小时内死亡。

3. 病理变化

患病羔羊尸体严重脱水，尾部污染有稀粪，剖检后皱胃内存有未消化的凝乳块，小肠尤其回肠黏膜充血发红，常见有直径 1 ~2 毫米的溃疡病灶，溃疡周围有一些出血带环绕。肠系膜淋巴结肿胀、充血、出血。心包积液，心内膜可见有出血点。肺脏常有充血区或瘀斑。

4. 现场诊断与类症鉴别

（1）现场诊断　根据流行病学、临床症状和病理变化，一般可作出初步诊断。实验室检查可进行细菌分离鉴定和毒素中和试验确诊。

（2）类症鉴别

羔羊痢疾与沙门菌病、大肠杆菌病等类似疾病相区别。由沙门菌病引起的初生羔羊下痢，粪便也可夹杂有血液，剖检可见真胃和肠黏膜潮红并有出血点，从心血、肝、脾和脑中可分离到沙门菌。由大肠杆菌引起的羔羊下痢，用魏氏梭菌免疫血清预防无效，而用大肠杆菌免疫血清则有一定的预防作用。

(四) 防治措施

1. 预防措施

（1）加强妊娠母羊的饲养管理　做到对怀孕母羊产前抓膘增强体质，产后保暖防寒，合理哺乳，避免羔羊饥饱不均。

（2）搞好卫生工作　产羔前对羊舍及产房用1% ~2% 热氢氧化钠液或 20% ~30% 石灰水进行严格消毒，并要做好母体、乳房及用具的清洁卫生。注意接产卫生，脐带严格消毒，辅助羔羊吃奶。

（3）做好预防接种　每年秋季给母羊注射羔羊痢疾菌苗或厌气五联苗，必要时可于产前 2 ~3 周再接种 1 次。

（4）预防给药　一旦发病应随时隔离羔羊，对未发病羊要及时转圈饲养并采取预防给药。兽医临床上在常发疫点的羊场可采取药物预防。在羔羊出生后 12 小时内，灌服土霉素 0. 12 ~0. 15 克，每天 1 次，连服 3 天。也可用板蓝根注射液 2

毫升，每日肌内注射2次，连用3天。还可用六茜素针剂，按每千克体重0.25毫克，肌内注射，每日1次，连用3天。均有预防效果。

2. 治疗

治疗原则为早期诊断、抗菌消炎和对症治疗。在兽医临床上，也有一些兽医人员应用板蓝根和黄芪多糖注射液配合口服补液盐水治疗本病，获得了良好的效果。

处方1：5%氟苯尼考注射液20毫升/千克体重，肌内注射，每日1次，连用3日。严重时易感羊群全部注射。

处方2：土霉素0.2～0.3克，胃蛋白酶0.2～0.3克，加水灌服，每天2次，再使用青霉素、链霉素各20万单位混合肌内注射，每天2次，连用5天。

在使用上述药物的同时，要适当采取对症治疗措施，如强心、补液、镇静。

处方3：氧氟沙星注射液2.5～5毫克/千克体重，5%葡萄糖氯化钙注射液20～40毫升/千克体重，地塞米松注射液2～5毫克，盐酸山莨菪碱注射液3毫克，静脉注射，每日2次，连用3日。

处方4：黄芪多糖注射液4～5毫升，每日1次，连用2～3天。

处方5：板蓝根注射液5～10毫升，每日2次，肌内注射，连用3天。

处方6：若有体温升高，全身症状严重者，可用庆大霉素4万～6万单位，地塞米松2～3毫升，维生素C2～4毫升，肌内注射，每日2次，连用2天。

处方7：口服补液盐水疗法。在使用上述其中之一药物治疗的同时，可给病羔口服补液盐水代替输液疗法，配方为：氯化钠3.5克、氯化钾1.5克、小苏打2.5克、葡萄糖20克、温开水1 000毫升，溶解后供病羔自由饮用或灌服，每日2～3次，连用2～3天。

七、羊快疫

羊快疫是由腐败梭菌引起的经消化道感染的一种急性传染病，该病主要见于绵羊。

（一）临床特征

羊快疫的临床特征为突然发病，病程极短，皱胃黏膜发生出血性炎症。

（二）病原

腐败梭菌是革兰阳性的厌气大杆菌，分类上属于梭菌属，菌体细长，两端钝圆。本菌在体内外均能产生芽孢，不形成荚膜，可产生多种外毒素。该菌繁殖体常规消毒药均可将其杀死，但芽孢的抵抗力较强，可用3%福尔马林或20%漂白粉乳剂将其杀死。

（三）临床诊断要点

1. 流行特点

病羊和带菌羊为该病的主要传染源，主要由消化道感染。该菌如经伤口感染，则可引起各种家畜的恶性水肿。腐败梭菌通常以芽孢形式散布于自然界，潮湿低洼的环境可促使羊发病，寒冷、饥饿和抵抗力降低时易诱发本病。该病常发生于秋、冬和早春，当气候剧变，阴雨连绵时易发。该病呈地方性流行，发病率在10% ~ 20%，而死亡率在90%。绵羊最易感，山羊次之。发病羊的营养在中等以上，以6 ~ 18月龄羊多发。

2. 临床症状

羊突然发病，往往来不及表现临床症状即倒地死亡。有的病羊离群独处，卧地，不愿走动，强迫行走时则表现极度虚弱或运动失调，腹部膨胀，有疝痛表现。病羊最后极度衰竭，昏迷，抽搐，口流带血泡沫，腹泻，多在数分钟或几小时内死亡。也有病羊在发病后数小时至1天内死亡，痊愈者极少。

3. 病理变化

病尸迅速腐败，天然孔流出血样液体，可视黏膜充血，呈暗紫色。解剖后体腔多有积液。特征性表现为真胃出血性炎症，黏膜充血，肿胀，黏膜下层水肿。肝脏肿大，呈熟土色，胆囊也多肿胀。肠道内充满气体，常有充血、出血、坏死或溃疡。肾脏软化。

4. 现场诊断与类症鉴别

生前诊断比较困难，病羊死后剖检注意真胃变化，确诊需要进行微生物学检查。

（1）实验室检查　用病羊血液或病死羊肝脏抹片，染色镜检，除见到两端钝圆、单个或短链状的粗大菌体外，还可观察到无关节的长丝状菌体链。

（2）类症鉴别　临床诊断要与类似病症羊肠毒血症、羊黑疫和羊炭疽的区别。

从流行特点上羊快疫发病季节常为秋冬和早春，而羊肠毒血症多在春夏之交和秋季菜籽成熟时发生。从病理变化上羊快疫有明显的真胃出血性炎性特征，而患羊肠毒血症仅见轻微病损。实验室检查羊快疫肝脏被膜触片多见无关节长丝状的腐败梭菌，患羊肠毒血病的血液及脏器中可检查出D型魏氏梭菌。羊快疫和羊炭疽，可用病料组织进行炭疽沉淀试验区别诊断。羊黑疫的发生常与肝片吸虫病的流行有关，其真胃损害轻微，肝脏多见坏死灶，涂片检查可见到两端钝圆、粗大的诺维梭菌。

（四）防治措施

1. 预防

（1）免疫接种　在该病的常发区，每年定期注射羊快疫、羊猝狙二联苗或羊快疫、羊猝狙、羊肠毒血症三联苗。羊不论大小，一律皮下或肌内注射 5 毫升，保护期达半年以上。注射后经过 14 天可获得免疫力。注射后在羊群中有部分羊出现跛行，一般可很快恢复。尤其在老疫区，每年 4 月，在羊发病季节前，用三联苗预防注射，可有效防止此病。

（2）紧急防治措施　羊快疫和羊肠毒血症，常为急性发病，来不及治疗而死，但只要采取好的措施，处理得法，是完全可以控制发病的。在兽医临床上，发现羊群中有病羊时，应尽快将病羊隔离和治疗，对病程较慢的病羊要早期使用抗生素治疗。在病情紧急时，尤其在无疫苗预防时，可全群投放 2% 硫酸铜溶液，每只 100 毫升，或每只服 10% 生石灰水 100～150 毫升，在短期内可显著降低发病羊数。此外，羊群中一旦发现病羊，应立即更换放牧草场，以脱离病原环境对羊群的威胁。

（3）加强羊场饲养管理　保持羊舍干净卫生，定期用 3% 氢氧化钠溶液，20% 漂白粉乳剂等消毒剂消毒羊舍。防止羊受寒冷刺激，避免在早晨，污染地区及沼泽区域放牧。

2. 治疗

当本病发生严重时，应及时转移牧地，并对羊群紧急接种疫苗。由于病程短促，常常来不及治疗。对病程稍长的病羊可采取抗菌治疗，同时应及时配合强心输液等对症治疗措施。

处方 1：青霉素 5 万～10 万单位/千克体重，注射用水 5～10 毫升，稀释后肌内注射，每日 2 次，连用 3～5 日。严重时可全群注射。

处方 2：青霉素 5 万～10 万单位/千克体重，生理盐水 100～500 毫升，10% 安钠咖注射液 5～10 毫升，地塞米松注射液 4～12 毫克；10% 葡萄糖注射液 250～500 毫升，维生素 C 注射液 0.5～1.5 克，依次静脉注射，每日 1～2 次，连用 3 日。

处方 3：病羊内服 10%～20% 石灰乳，每次 50～100 毫升，连服 1～2 次。

八、羊肠毒血症

羊肠毒血症是由 D 型魏氏梭菌在羊肠道内大量繁殖产生的毒素引起的一种急性毒血症。

（一）临床特征

本病以急性死亡，死后肾脏组织易于软化甚至如泥状为特征，又称“软肾病”。本病在临床症状上类似羊快疫，又称“类快疫”。

（二）病原

病原为 D 型产气荚膜梭菌，该菌为厌气性粗大杆菌，革兰染色阳性，在动物体内可形成荚膜和芽孢，芽孢位于菌体中央。

（三）临床诊断要点

1. 流行特点

发病以绵羊为多，山羊次之，通常以 2～12 月龄膘情较好的羊为主。病羊和带菌羊为该病的主要传染源。该菌为土壤常在菌，也存在于污水中，通常羊采食被芽孢污染的饲草和饮水，经消化道感染。该病的发生有明显的季节性和条件性，牧区以春秋之交换青时和秋季牧草结籽后的一段时间发病为多；农区则多见于收割季节或采食大量富含蛋白质饲料时，在雨季、气候骤变、缺乏运动或在低洼地放牧等，均可促使该病发生。一般呈散发性流行，该病开始时来势凶猛，以后逐渐缓和或平息，在发病羊群内可流行 1～2 个月。

2. 临床症状

本病潜伏期很短，多为突然发病，很少见到临诊症状，往往出现临诊症状后便很快死亡。病羊死前步态不稳，呼吸急促，全身肌肉震颤，甩头，倒地抽搐，头颈后仰，左右翻滚，流涎或口鼻流出白色泡沫，有的病羊发生腹泻，哀鸣，昏迷，往往死于 2～4 小时之内。

3. 病理变化

特征变化是肠道和肾脏，尤其是小肠黏膜充血、出血，重病者整个小肠段壁呈血红色，或有溃疡，故对此有“血肠子病”之说。肾脏软化如泥，一般认为是一种死后的变化。体腔积液，心脏扩张，肺脏出血、水肿，肺呈紫红色，肝脏与胆囊肿大，全身淋巴结肿大，呈急性淋巴结炎。

4. 现场诊断与实验室检查

（1）现场诊断　根据流行特点，结合剖检病变，可作出现场诊断。

（2）实验室检查　确诊的依据是在肾脏和其他实质脏器中可发现 D 型产气荚膜梭菌，在肠道内也发现大量该菌。

（四）防治措施

1. 预防

在常发地区羊场应定期接种羊厌气菌病三联、四联或五联苗，初次免疫后，需间隔 2～3 周再加强 1 次。加强饲养管理，夏季避免羊过食青绿多汁饲料，秋季避免采食过量结籽牧草，注意青、粗、精饲料的搭配，并搞好圈舍卫生，定期消毒。

2. 治疗

可参照治疗羊快疫的处方。

九、羊猝狙

羊猝狙又称“C 型肠毒血症”，是由 C 型产气荚膜梭菌的毒素引起的一种毒血症。

（一）临床特征

羊突然发病，急性死亡，溃疡性肠炎和腹膜炎。该病主要发生于成年绵羊。

（二）病原

魏氏杆菌又称为“产气荚膜杆菌”，分类上属于梭菌属。革兰染色阳性，在动物体内可形成荚膜。本菌可产生多种外毒素，依据毒素—抗毒素中和试验，可将魏氏梭菌分为 A、B、C、D、E 五个毒素型。羊猝狙由 C 型魏氏杆菌所引起。该菌的繁殖体常规消毒药均可将其杀死，但芽孢的抵抗力较强，90℃30 分钟可杀死。

（三）临床诊断要点

1. 流行特点

该病主要发生于绵羊，以 1 ~ 2 岁的绵羊发病较多，多发于冬、春季节，呈地方流行性。常见于低洼、沼泽地区，常与羊快疫合并发生。病羊和带菌羊为该病的主要传染源，主要是食入被该菌污染的饲草、饲料及饮水等，经消化道感染。羊食入带雪水的牧草或寄生虫感染等，可诱发该病。

2. 临床症状

该病短促，还未见到临床症状即突然死亡。有时发现病羊掉群，卧地腹痛不安，倒地咬牙，剧烈痉挛，于数小时内死亡。

3. 病理变化

C 型魏氏杆菌随污染的饲料或饮水进入羊的消化道，在小肠特别是十二指肠和空肠内繁殖，主要产生 β 毒素，引起羊发病死亡。剖检病尸，可见十二指肠和空肠黏膜严重充血、糜烂，个别区段可见大小不等的溃疡灶。体腔多有积液，暴露于空气易形成纤维素絮块。死后 8 小时，病菌在肌肉或其他器官继续繁殖，并引起气肿疽的病变。骨骼肌肉间积聚有血样液体，肌肉出血，有气性裂孔，这种变化与黑腿病的病变十分相似。

4. 现场诊断与类症鉴别

（1）现场诊断　根据发病特点、临床症状和病理变化，可作出初步诊断。

（2）类症鉴别　主要与羊快疫等其他梭菌性疾病、炭疽、巴氏杆菌等类似疾病相鉴别。通过实验室检查进行区别，从体腔渗出液、脾脏取材，做 C 型产气荚膜梭菌的分离和鉴定就可确诊。

（四）防治措施

羊猝狙的防治措施同羊快疫。

十、羊黑疫

羊黑疫又称“传染性坏死肝炎”，是由 B 型诺维杆菌引起的绵羊、山羊的一种急性高度致死性毒血症。

（一）临床特征

该病的临床特征为突然发病，病程短促，皮肤发黑，肝实质发生坏死病灶。

（二）病原

病原为 B 型诺维梭菌，分类上属于梭菌属，为革兰阳性大杆菌。本菌严格厌氧，可形成芽孢，不产生荚膜，具周身鞭毛，能运动。

（三）临床诊断要点

1. 流行特点

本菌能使 1 岁以上的绵羊发病，以 2～4 岁，营养较好的绵羊多发，山羊也可患此病。病羊为主要传染源，多通过食入被该菌的芽孢污染的牧草、饲料和饮水等，经消化道感染。该病主要在春、夏发生于肝片吸虫流行的低洼潮湿地区，与肝片形吸虫的感染有密切关系。

2. 临床症状

本病临床表现与羊快疫、羊肠毒血症等疾病极为相似。病羊表现突然死亡，临床表现不明显，常常只能发现尸体。部分病例可拖延 1～2 天，病羊食欲废绝，精神沉郁，反刍停止，呼吸也急促，体温 41.5℃，常昏睡俯卧而死亡。

3. 病理变化

病羊尸体皮下静脉显著瘀血，使羊皮呈暗黑色外观（故称羊黑疫）。体腔多有积液，心内膜常见有出血点。肝脏充血、肿胀，肝表面和深层有数目不等的凝固性坏死灶，呈灰黑色不整圆形，周围有一鲜红色充血带围绕，界限清楚，坏死灶直径达 2～3 厘米，羊黑疫肝脏的这种坏死变化，在兽医临床上具有重要诊断意义。

4. 现场诊断与类症鉴别

（1）现场诊断　根据病羊临床症状、皮呈黑色外观、病理变化可作出初步诊断。

（2）类症鉴别　羊黑疫应与羊快疫、羊肠毒血症、羊炭疽等类似疾病进行区别诊断。

（四）防治措施

1. 预防

在发病地区定期接种羊厌气菌五联苗或羊厌氧菌七联干粉苗，或用羊黑疫、羊快疫二联苗初次免疫后，需间隔2~3周再加强1次。此病流行的地区应作好控制肝片吸虫的感染工作。一是杀虫灭螺，二是对羊群每年至少安排2次定期驱虫。一次在秋末冬初，由放牧转为舍饲之前；另一次在冬末春初，由舍饲转为放牧之前。药物可选用蛭得净（溴酚磷），羊每千克体重为16毫克，一次内服，或使用三氯苯唑，以每千克体重8~12毫克，一次内服。

2. 治疗

对病程稍缓的病羊，可肌内注射青霉素，用法同治疗羊快疫。

第四节 羊的主要其他病原性传染病

一、羊传染性胸膜肺炎

羊传染性胸膜肺炎又称羊支原体性肺炎，俗称“烂肺病”，是由许多支原体所引起的一种高度接触性传染病。它在亚洲、非洲及其他养羊地区广泛流行，已成为我国一些羊场特别是南方地区养羊业一种危害最为严重的传染性疾病，并与羊链球菌病混合感染。

（一）临床特征

该病临床特征为病羊高热、咳嗽、肺和胸膜发生浆液性或纤维性炎症，呈急性或慢性经过，死亡率很高。

（二）病原

该病的病原包括丝状支原体山羊亚种、丝状支原体丝状亚种（能自然感染山羊、绵羊）、山羊支原体山羊肺炎亚种（只感染山羊）和绵羊肺炎支原体（可感染绵羊和山羊）。丝状支原体为一细小、多形微生物，革兰染色阴性。该病病原体对理化作用的抵抗力较弱，1%克辽林溶液在5分钟内能将其灭活，对青霉素和链霉素不敏感。

（三）临床诊断要点

1. 流行特点

自然条件下，丝状支原体山羊亚种只感染山羊，以3岁以下的山羊发病较多，而绵羊肺炎支原体可感染绵羊和山羊。病羊是主要传染源。病肺组织以及胸腔渗出液中含有大量病原体，主要经呼吸道分泌物排菌，耐过的病羊也有传染的危险性，通过空气或飞沫经呼吸道传播，接触传染性强。该病经常呈地方流行性，一年四季均可发生，阴雨连绵、寒冷潮湿、营养缺乏、羊群密集、拥挤等不良因素易诱发本病。

2. 临床症状

根据病程和临床症状，可分为最急性、急性和慢性三种。该病潜伏期平均为18～20天，最急性和急性病羊体温升高到41℃，拒食、呆立、发抖、咳嗽、呼吸困难，流出的鼻液为黏液性或脓性呈铁锈色，粘于鼻孔及上唇。病羊多在一侧出现胸膜肺炎变化，按压此部敏感疼痛，肺部叩诊有实音区，听诊肺呈支气管呼吸，最急性病羊2～5天病情恶化，衰弱倒地死亡。兽医临床上急性病羊最常见，病程多为7～15天，高热稽留不退，孕羊大批流产，有的发生臌胀和腹泻，濒死前体温降到常温以下，幸而不死的转为慢性。慢性多见于夏季，全身症状轻微，病羊间有咳嗽和腹泻，鼻涕时有时无，身体衰弱消瘦，被毛粗乱无光等症状，在此期间如饲养管理不善或其他不良因素，可因并发症使病情可能恶化而导致死亡，病程可长达数月。

3. 病理变化

病变多局限于胸部。胸腔常有淡黄色积液，暴露于空气中后其中的纤维蛋白质易凝固。病理损害多发生于一侧，并呈纤维蛋白性肺炎，间或为两侧性肺炎。肺变质肝变，切面呈大理石样变化，肺胸膜增厚而粗糙，常与胸膜、心包膜发生粘连。肝、脾、胆囊肿胀。肾脏肿大，被膜下可见有出血小点。

4. 现场诊断与类症鉴别

（1）现场诊断　根据流行特点、临床症状和病理变化、胸膜肺炎可作出现场诊断。

（2）类症鉴别　在临床症状和病理变化上，该病和羊巴氏杆菌病很相似，可通过病料染色镜检进行区别。羊支原体性肺炎通常观察到细小的多形性菌体，而羊巴氏杆菌病则可检出两极着色的卵圆状杆菌。

（四）防治措施

1. 预防

（1）有条件的羊场应建立健康羊群　羊场要做到自繁自养，尽量不要从有此病的地区引进种羊。发生该病的羊群，必须严格隔离作育肥处理，不得再做种用。传染性胸膜肺炎是高度接触性传染性疾病，到外地选购种羊时，需严格检疫后方可购入。到场后，必须隔离观察1个月以上才能合群。

（2）免疫接种　传染性胸膜肺炎的潜伏期较长，感染性强，死亡率高，因此，羊场每年春秋两季必须定期进行疫苗接种。该病流行地区，应根据当地病原体的分离结果，选择使用疫苗。如山羊传染性胸膜肺炎氢氧化铝苗预防注射，半岁以下山羊皮下或肌内注射3毫升，半岁以上山羊注射5毫升，免疫期为1年，也可用绵羊肺炎支原体灭活苗免疫。在发病地区及时有效地紧急接种，控制继发感染，是防止疫情蔓延、减少死亡的有效措施。

2. 治疗

从一些资料报道上看磺胺类、青霉素类、盐酸土霉素对该病的治疗效果差或基本无治疗效果。临床上可采取抗菌消炎，对症治疗的原则。

处方1：5%氟苯尼考注射液，5～20毫克/千克体重，肌内注射，每日或隔日1次，连用3～5次。

处方2：使用新砷凡纳明“914”治疗、预防本病有效。剂量：5个月以下羔羊0.1～0.5克，5个月龄以上0.2～0.25克，用灭菌生理盐水或5%葡萄糖盐水稀释为5%溶液，一次静脉注射，必要时隔4～9天再注射1次。

处方3：酒石酸泰乐菌素注射液2～10毫克/千克体重，皮下或肌内注射，每日2次，连用3日。

处方4：对高热者可用复方氨基比林注射液5～10毫升，皮下或肌内注射，每日1次，连用2～3日。

二、传染性角膜结膜炎

传染性角膜结膜炎又名红眼病或流行性眼炎，是由多种微生物引起的危害牛、羊的一种急性传染病。本病广泛分布于世界各国，它虽不是一种致死性传染病，但由于局部刺激和视觉扰乱，对于养羊业也能引起一定的经济损失。

（一）临床主要特征

患羊眼结膜和角膜发生明显的炎症变化，眼睛流出大量的分泌物，其后发生角膜浑浊或呈乳白色，甚至失明。

（二）病原

该病是一种多病原的传染性疾病，目前认为其病原体主要是鹦鹉热衣原体，结膜支原体、立克次体、奈氏球菌、李氏杆菌等也可能参与感染此病。

（三）临床诊断要点

1. 流行特点

该病主要侵害反刍动物，特别是山羊。年幼动物最易得此病，一般是由已感染的动物或传染物质导入畜群，引起同种动物感染，但也能接触感染。蝇类或某种飞蛾可机械传播本病。患畜的分泌物也能散播本病。羊通过直接接触或间接接触而感染。该病多发生在蚊蝇较多的炎热季节，一般在5～10月的夏秋季，以放牧期发病率最高；进入舍饲期也有少数羊发病，多为地方性流行。

2. 临床症状

潜伏期为3～7天，主要表现为结膜炎和角膜炎。多数病羊先一眼患病，后波及另一眼。发病初期呈结膜炎症状，流泪，眼内角流出浆液或黏液性分泌物，后变成脓性粘连睫毛，眼睑闭合。数日后眼睑肿胀、疼痛，结膜潮红，并有树枝状充血，其后发生角膜炎，由于炎症的蔓延，可继发虹膜炎。此后角膜出现浑浊，甚至发生溃疡，有时可波及全眼球组织，导致眼前房积脓或角膜破裂，甚至晶状体脱出，造成失明。

3. 现场诊断

根据临床症状，以及传播迅速和发病季节可作出现场诊断。

（四）防治措施

1. 预防

有条件的羊场应建立健康群。发病后对病羊立即隔离。定时清扫和消毒羊舍。新引进的羊，至少隔离2个月，方能允许与健康羊合群。

2. 治疗

一般病羊若无全身症状，在半个月内可以痊愈，治疗原则为早出现、早隔离，及早抗菌消炎。

处方1：2%～4%硼酸液洗眼，拭干后再用3%～5%弱蛋白银溶液滴入结膜囊内，每天2～3次。

处方2：红霉素眼膏，涂入眼睑，每日2～3次。

处方3：如发生角膜浑浊或角膜翳时，可涂用1%～2%黄降汞软膏，每天1～2次。

处方4：可用0.1%新洁尔灭或用4%硼酸水溶液，逐只羊洗眼后，再滴以5 000国际单位/毫升普鲁卡因青霉素（用时摇匀），每天2次。重病羊加滴醋酸可的松眼药水。

第八章　羊场常见寄生虫病的防治技术

第一节　羊寄生虫病的概念和特征及综合性防治技术

一、寄生虫的概念和特性及种类

（一）寄生虫的概念和特性

寄生是许多种生物所采取的一种生活方式，或者说是生物间相互关系的一种类型。寄生虫指营寄生生活的动物，被寄生虫寄生的动物称为宿主。生活于宿主体表或与体表直接相通的腔、窦内的寄生虫称为外寄生虫，如蜱、螨、虱等；生活于宿主体内组织、细胞、器官和体腔中的寄生虫称为内寄生虫，如肝片吸虫、线虫等。寄生虫成虫期寄生的宿主称为终末宿主，寄生虫幼虫期寄生的宿主称为中间宿主。寄生虫生长、发育和繁育的全过程称为寄生虫的生活史或发育史，可分为若干个发育阶段，各个阶段都有自己固有的形态和生理特性以及完成各发育阶段所需的条件和时间。兽医临床上明确寄生虫的生活史和寄生位置，对防治寄生虫病有一定作用。

（二）寄生虫的种类

寄生于羊体内、外的寄生虫，大小形态不一，种类繁多，根据虫体特征，通常将它们分为吸虫、绦虫、线虫、棘头虫及蜘蛛昆虫等。

二、羊寄生虫病的概念和种类及诊断方法

（一）羊寄生虫病的概念及危害

羊寄生虫病是指寄生虫侵入羊体内或侵害羊体表而引起的疾病。当寄生虫寄生于羊体时，通过虫体对羊的组织、器官造成机械性损伤，掠夺营养或产生毒素，使

羊消瘦、贫血、生产性能下降，影响羊的生长、发育和繁殖，严重者可导致死亡。寄生虫病与传染病类似，也具有传染性，使多数羊发病，而且某些寄生虫病所造成的经济损失，并不亚于传染病，对羊场生产构成严重威胁。

（二）羊寄生虫病的种类

羊的寄生虫病种类较多，概括起来主要是蠕虫病、蜘蛛昆虫病和原虫病三大类，但原虫病较少见。

蠕虫病主要有捻转胃虫病、钩虫病、阔口线虫病、结节虫病、鞭虫病、肺线虫病、肝片吸虫病、前后盘吸虫病、莫尼茨绦虫病、细颈囊尾蚴虫病、多头蚴（脑包虫病）等。

蜘蛛昆虫病有疥癣病、羊鼻蝇蛆病、伤口蛆疽病、羊虱、蜱病等。

（三）羊寄生虫病的诊断方法

由于多数寄生虫病表现为慢性病程，甚至不表现临床症状，往往不易被人及时发现。在兽医临床上，对羊寄生虫病的诊断，应以流行病学调查及临床诊断为基础，结合病理剖检、药物诊断、实验室诊断及免疫学诊断等方法综合进行。

三、羊场防治寄生虫病的药物选择及注意事项

（一）驱虫药物的选择要求

理想的驱虫药，应具备广谱、高效、低毒、无残留和不易产生耐药性等条件。广谱是指能治疗机体各种寄生虫混合感染；高效是指用小剂量即可达到药效；低毒无残留主要指对环境不造成污染，对人体和羊体无公害；不易产生耐药性是对驱虫药物的最低要求标准。在选择驱虫药物种类的时候要注意该药的特性，用药剂量及注意的事项。

（二）驱虫应注意的事项

对羊驱除寄生虫实质上就是防治羊的寄生虫病。兽医临床上驱虫应注意的事项有以下几点：一是在驱虫中严格遵实操作规程，准确的按药品说明书配制；二是根据羊的不同年龄、体质状况，掌握好每只羊的投药剂量，防止剂量过大引起羊中毒，剂量过低又达不到驱虫目的；三是为防止污染环境，驱虫后羊群在 2～4 天应舍饲，避免随地排便，使粪便中未杀死的寄生虫污染环境，很有可能又感染羊群；四是羊群驱虫后，圈舍、运动场的粪便要进行清扫及堆积消毒处理，杀死虫卵；五是驱虫药要经常更新或交替使用，防止虫体产生耐药性，影响驱虫效果。

四、羊场防治寄生虫病的综合性防治措施

（一）制定驱虫计划

羊场防治羊寄生虫病必须采取“治疗病羊、预防健羊、消灭病原”的三位一体的综合防治措施。驱虫是杀灭羊体寄生虫的重要措施，目的是控制和消灭传染源，可分为预防性驱虫和治疗性驱虫两种，但必须和消灭病原相结合。

1. 预防性驱虫

对健康羊群的寄生虫病预防是羊场防治寄生虫病至关重要的措施。一般采取一年两次驱虫的方法，在春季和秋末冬初各驱虫1次，但对羔羊必须采取2～3个月驱虫一次，以减少羔羊的感染机会。

2. 治疗性驱虫

羊场兽医和饲养人员要经常检查羊群寄生虫感染情况，对感染寄生虫的病羊，应及时发现及时驱虫治疗，对症用药。

3. 消灭病原

消灭病原主要是作好4项工作：一是加强羊舍卫生，定期消毒圈舍、运动场；二是对病羊及时隔离驱虫治疗；三是对羊粪进行集中堆积发酵处理；四是实行划区轮牧，每个区间隔7～10天轮牧1次。

（二）净化环境，定期消毒

羊舍要经常清扫，定期消毒，保持通风干燥，环境卫生，切断传播途径。

（三）处理老弱病残羊

一般老弱病残羊是严重的带虫者，饲养也无多大价值，要及时淘汰处理，减少寄生虫病传播感染的机会。

第二节　羊的蠕虫病

一、肝片吸虫病

肝片吸虫病也叫羊片形吸虫病，俗称肝蛭虫病，是由片形科片形属的肝片吸虫和大片吸虫寄生于羊的肝脏和胆管中所引起的一种寄生虫病。该病呈世界性分布，是羊最主要的寄生虫病之一。主要危害绵羊，特别是羔羊，山羊也有发生。除羊感染外，亦可感染人，是一种人畜共患病。

（一）临床特征

该病的临床特征为急性死亡，以及贫血、水肿和消瘦，慢性或急性肝炎和胆管炎，同时伴发全身中毒现象及营养障碍。

（二）病原

病原为肝片吸虫和大片形吸虫。肝片吸虫呈背腹扁平的柳叶状，体表有许多小刺，体长20～30毫米，宽5～13毫米，新鲜虫体呈棕红色，固定后呈灰白色。虫体前端呈圆锥状突起，称头锥。头锥后方扩展变宽，形成肩部，肩部以后逐渐变窄。口吸盘位于头锥的前端，腹部吸盘在肩部水平线中部。生殖孔开口于腹吸盘前方。虫卵呈椭圆形，黄褐色，前端较窄，有一不明显的卵盖，后端较钝。大片吸虫形态基本与肝片吸虫相似，只是身体较窄，较长，肩部不明显。

（三）生活史

肝片吸虫的成虫寄生于羊及其他宿主的胆管内，产出的虫卵随胆汁进入消化道，并与粪便一同排出体外，在水中孵出毛蚴，然后钻入中间宿主椎实螺体内，经多次无性繁殖形成多尾蚴，离开螺体在水生植物和水面上形成囊蚴。当羊食入带有囊蚴的水草或饮水后而被感染，并移行到肝胆管寄生，经2.5～4个月发育为成虫。成虫在动物体内可生存3～5年，但大多数虫体经一年左右可自行排出体外。大片吸虫的生活史与肝片吸虫相似。

（四）临床诊断要点

1. 流行特点

该病呈地方性流行，外界环境和季节对本病的流行有很大影响，多发于温暖多雨的夏、秋季，特别是在低洼潮湿和椎实螺滋生的牧地多发。本病流行严重，我国南方以9～11月羊受感染最为严重。

2. 临床症状

临床上轻度感染往往不表现症状，感染量多时则表现症状，但羔羊即使轻度感染也能表现症状。根据病期一般可分为急性型和慢性型两种类型。

（1）急性型（童虫寄生阶段）　多在秋季发病，多因短期感染大量囊蚴所致。病羊初期体温升高，精神沉郁，食欲减退或废绝，腹胀，有时出现腹泻，排黏液性血便，离群，全身颤抖，衰弱易疲劳，肝区压痛明显，贫血，黏膜苍白，严重者多在几天内死亡。

（2）慢性病（成虫寄生阶段）　较常见，病羊食欲减退后废绝，逐渐消瘦，贫血，低蛋白血症，被毛粗乱无光，便秘与腹泻交替发生，步行缓慢。在眼睑、颌下、胸腹下出现水肿。孕羊多发生流产。一般经1~2个月最后因极度衰竭而死亡。

3. 病理变化

剖检时，病理变化主要呈现在肝脏，其变化程度与感染虫体的数量及病程长短有关。主要表现为肝脏肿大和出血，胆管像绳索样凸出于肝脏表面，在胆管中可发现虫体。胆管内膜粗糙，内壁有盐类沉积，刀切时有“沙沙”声，胆管内有虫体和污浊稠厚的液体。病尸消瘦、贫血和水肿，胸膜腔及心包内蓄积有透明的液体。

4. 现场诊断

急性病例通常查不到虫卵，剖检后在肝脏或其他器官内找到幼虫进行诊断。一般根据临床症状、流行特点和病理变化即可作出诊断。

（五）防治措施

1. 预防

（1）定期驱虫　在本病流行地区每年应结合当地具体情况对羊进行3次驱虫。在春季椎实螺活动以前，用杀成虫的药物进行第一次驱虫，驱虫后的粪便堆积进行生物热发酵处理；在7~9月用杀幼虫的药物进行第二次驱虫，以杀死侵入羊体内的多数幼虫；在11~12月用杀成虫和幼虫的药物进行第三次驱虫，以保护羊群安全过冬。

（2）饮水及饲草要卫生　饲养人员要尽可能避开有椎实螺滋生的牧地放牧，以防感染囊蚴。饮水最好使用自来水、井水或流动的河水。

2. 治疗

正确诊断、定期驱虫、对症治疗为治疗原则。常用的驱虫药物有三氯苯咪唑（肝蛭净）、抗蠕敏、氯氰碘柳胺，溴酚磷、生克清等。

处方1：三氯苯咪唑片（肝蛭净），剂量按每千克体重10毫克，一次口服，对成虫和童虫有效。急性病例5周后应重复内服1次，泌乳母羊禁用。

处方2：溴酚磷片（蛭得净），剂量以每千克体重12毫克，一次内服，对成虫、童虫均有效。

二、双腔吸虫病

双腔吸虫病又称复腔吸虫病，由双腔科的矛形双腔吸虫及中华双腔吸虫在肝脏、胆管和胆囊内寄生所引起的疾病。本病在全国各地均有发生，尤其是在我国西北、华北、内蒙古自治区和东北地区最为常见。该病主要危害反刍动物，严重感染时可导致羊死亡。

（一）临床特征

肝脏肿大变硬，挤压切开的肝脏断面，常见从胆管流出多量的脓性物质，内含有大量的虫体和虫卵；胆囊肿大，同样在胆汁中也有较多的虫体和虫卵。

（二）病原

1. 矛形双腔吸虫

雌雄同体，虫体扁平，呈柳叶状，新鲜虫体半透明，呈棕红色，肉眼能见到内部器官。虫体固定后呈灰白色，表面光滑，前端尖细，后端较钝，呈矛状。体长5～15毫米，宽1.5～2.5毫米，腹吸盘大于口盘。睾丸后方偏右侧为卵巢和受精囊，卵黄腺呈颗粒状，分布于虫体中部两侧，虫体后部是充满虫卵的子宫。虫卵椭圆形，暗褐色，卵壳厚，不对称，一端有明显的卵盖。卵内含有一个毛蚴。

2. 中华双腔吸虫

雌雄同体，其形态基本与矛形双腔吸虫相似，虫体扁平、透明，腹吸盘前方体部呈头锥样，其后两侧肩样突起，虫体较为宽、短。虫卵与矛形双腔吸虫卵相似。

（三）生活史

双腔吸虫在发育过程中需要2个中间宿主参加，第一中间宿主为多种陆地蜗牛，第二中间宿主为蚂蚁。成虫在终末宿主的胆管或胆囊内产出的虫卵随胆汁进入肠内，并随粪便排出体外。含有毛蚴的虫卵被陆地蜗牛吞食后，在其肠内孵出，穿过肠壁行至肝脏发育，经母胞蚴和子胞蚴发育成许多尾蚴。尾蚴聚集成团，外包有黏性物质，称为黏性球。黏性球经陆地蜗牛的呼吸孔排出，黏附在植物或其他物体上。第二中间宿主蚂蚁吞食尾蚴黏性球后，在体内发育成囊蚴，当终末宿主在放牧时如吞食了含有囊蚴的蚂蚁则被感染。囊蚴在羊肠道内脱囊而出，经十二指肠到达胆管寄生。据资料介绍，在绵羊体内经72～85天可发育为成虫。

（四）临床诊断要点

1. 流行特点

本病的发生具有明显季节性，一般在夏、秋感染而多在冬、春发病。本病呈地方流行性。多见于未驱虫的放牧羊群，常有在低洼潮湿牧地放牧的病史。

2. 临床症状

症状表现因感染强度不同而有所差异。轻度感染时，通常无明显症状。严重感染的病羊可见到黏膜黄染，逐渐消瘦，下颌水肿，消化紊乱，腹泻与便秘交替出现，终因极度衰竭而死亡。

3. 病理变化

剖检特征为肝脏肿大变硬，肝被膜变厚，挤压切开的肝脏断面，常见从胆管流出多量的脓性物质，内含有大量的虫体和虫卵。胆囊也肿大，同样在胆汁中也有较多的虫体和虫卵。

4. 现场诊断

根据流行病学、临床症状，结合死后剖检结果即可诊断。如死后剖检将肝脏在水中撕碎，利用连续洗涤法查找出虫体即可确诊。

（五）防治措施

1. 预防

与肝片吸虫病相同，应以定期驱虫为主。注意消灭中间宿主，阻断病原传播途径及感染来源。粪便亦进行堆肥发酵处理，以杀灭虫卵。

2. 治疗

正确诊断、定期驱虫、对症治疗为治疗原则。可用的驱虫药物有海涛林、六氯对二甲苯（血防846）、丙硫苯咪唑片、吡喹酮片等。

处方1：海涛林，羊每千克体重30～80毫克，一次灌服，对双腔吸虫病有特效。

处方2：六氯对二甲苯（血防846），羊每千克体重200～300毫克，一次灌服。

三、反刍兽绦虫病

（一）病原

反刍兽绦虫病由多种绦虫引起，寄生在绵羊及山羊的小肠中的绦虫共有四种，即扩展莫尼茨绦虫、贝氏莫尼茨绦虫、盖氏曲子宫绦虫和无卵黄腺绦虫，常见的是前两种。其中莫尼茨绦虫危害最为严重，多种绦虫既可单独感染，也可混合感染，特别是羔羊感染时，不仅影响生长发育，甚至可引起死亡。

（二）生活史

莫尼茨绦虫、曲子宫绦虫及无卵黄腺绦虫的中间宿主均为地螨。寄生于羊小肠的绦虫成虫，它们的孕卵节片或虫卵随粪便排出后，如被地螨吞食，则虫卵内的六钩蚴在地螨体内发育为似囊尾蚴。终末宿主羊采食时将含有似囊尾蚴的地螨连同牧草一起吞食，似囊尾蚴在羊消化道逸出，在小肠内发育为成虫，成虫在羊体内的生活时间一般为3个月。

（三）临床诊断要点

1. 流行特点

本病在全国广泛分布，但在东北牧区流行更为普遍。该病系放牧感染，多见于1.5～7月龄的羔羊最为敏感。感染高峰在5～8月，多雨的季节，特别是雨后地表层的地螨数量会大大增加。有资料报道在此时放牧，羊每吃入1 000克饲草，就可吞食3 200多个地螨，所以羊很容易被感染。成年羊多数带虫。

2. 临床症状

患羊症状表现的轻重通常与感染虫体的强度及体质、年龄等因素密切相关。一般表现食欲减退，饮欲增加，出现贫血与水肿、腹泻，或便秘与腹泻交替发生，被毛粗乱无光，喜躺卧，起立困难，体重迅速减轻。有时随粪便排出孕节片或链体，特别是羔羊腹泻时，粪中混有虫体节片，有时还可见虫体的一段吊在肛门处。重者虫体寄生过多或成团，可导致肠阻塞，腹围增大，腹痛，甚至发生肠破裂而死亡。后期由于虫体分泌物、代谢产物可致神经中毒而有神经症状。患羊仰头倒地，经常作咀嚼运动，口周围有泡沫，对外界反应几乎丧失，直至全身衰竭而死。

3. 病理变化

剖检死羊可在小肠中发现数量不等的虫体，其寄生处有卡他性炎症，有时可见肠壁扩张，肠套叠乃至肠破裂，体腔内积液。

4. 现场诊断

对因绦虫尚未成熟而无节片排出的患羊，可作诊断性驱虫。如服药后发现排出虫体或症状明显好转，即可作出诊断。

（四）防治措施

1. 预防

（1）定期驱虫　根据本病的季节动态，在流行区对羊群成虫期前驱虫，经10～15天再进行第二次驱虫。羔羊在开始放牧第30～35天进行绦虫成熟期前驱虫，10～15天后，再驱虫一次；第二次驱虫后1个月再进行第三次驱虫。粪便集中堆积进行生物热发酵处理，杀灭虫卵。

（2）科学放牧　污染的牧场停放，避免在清晨、雨后或傍晚时间放牧，以减少食入地螨的机会，有条件的地方，可实行牛、羊与马属动物轮牧。

2. 治疗

可用于驱虫的药物有氯硝柳胺（灭绦灵）、吡喹酮片、硫双二氯酚（别丁）、丙硫苯咪唑等。

处方1：氯硝柳胺（灭绦灵）片，羊每千克体重60～70毫克，一次内服。

处方2：吡喹酮片，羊每千克体重10～20毫克，一次内服。

四、棘球蚴病

（一）病原

病原为棘球蚴。棘球蚴寄生在中间宿主绵羊、山羊等家畜及多种野生动物和人的肝脏、肺脏以及其他各种器官。羊的棘球蚴病主要由细粒棘球绦虫的幼虫——细粒棘球蚴所致。

（二）生活史

成虫细粒棘球绦虫寄生于犬、狼、狐等肉食兽小肠内，每只犬感染虫体的数量甚至可达数千之多，其孕卵节片或虫卵随粪便排出体外，污染牧草、牧场和水源。当羊等中间宿主食入被孕卵节片或虫卵所污染的饲草或饮水后，虫卵内的六钩蚴在其消化道内孵出，并钻入肠壁血管内，随血流到达肝脏停留下来发育为棘球蚴。六钩蚴亦可继续随血流到达肺脏或身体的其他部位发育成为棘球蚴。

（三）临床诊断要点

1. 流行特点

细粒棘球蚴在我国也广泛分布，有二十多个省、区报道，以西北地区最严重，以牧区为多，绵羊感染率达 50% 以上。动物和人都是细粒棘球蚴的感染源，在牧区主要是野犬和牧羊犬。人的感染多因接触犬。因此，该病的流行与养犬有关，且犬有采食生肉和未进行驱虫的病史。

2. 临床症状

轻度感染和感染初期通常无明显症状，如果棘球蚴侵占肺部，表现咳嗽，呼吸困难，叩诊时有局限性半浊音、浊音。棘球蚴破裂则全身症状加重，病情恶化，甚至引起窒息死亡。在肝脏寄生时，触诊有痛感，叩诊浊音区扩大。绵羊严重感染时，出现营养失调，反刍无力，瘤胃臌气，消化不良，消瘦，衰竭，被毛逆立，容易脱落，有特殊的咳嗽。当咳嗽发作时，病羊常躺在地上，死亡率较高。

3. 病理变化

剖检后虫体经常寄生在肝脏和肺脏。可见肺、肝表面凹凸不平，有数量不等的棘球蚴包囊突出于肝肺表面，肝、肺实质中也可表现大小不等的棘球蚴包囊。有时棘球蚴也可发生钙化。

4. 现场诊断

动物棘球蚴的生前诊断较为困难，多通过尸体解剖时才能发现。也可用 X 线或 B 超检查进行诊断，有条件的可做皮内变态反应诊断。

（四）防治措施

1. 预防

加强兽医卫生检验工作，对有病脏器一律深埋或烧毁，严禁用来喂犬和随便丢弃，以防被犬或其他肉食兽吃入成为传染源。消灭野犬，对牧羊犬和家犬进行定期驱虫。可用吡酮片，每千克体重 5 毫克，一次内服；或用氢溴酸槟榔碱，剂量每千克体重 1 ~4 毫克，一次内服；服药后应拴犬 1 昼夜，并将所排出的粪便烧毁或深埋处理，以防病原扩散。在该病严重流行的牧区，对野犬、狼、狐狸等终末宿主应予以捕杀。做好饲草和饮水卫生，不要被粪便污染。人与犬等动物接触或加工狼、狐狸等皮毛时，应注意对个人卫生的防护，严防感染。

2. 治疗

目前对本病尚无有效治疗方法，比较可靠的方法是手术摘除棘球蚴或切除被寄生的器官，但很少用于家畜的治疗。可试用吡喹酮、丙硫苯咪唑及甲苯咪唑等药物。

处方1：吡酮片，羊每千克体重25~30毫克，内服，每日1次，连用5天。

处方2：丙硫苯咪唑片，羊每千克体重90毫克，内服，每日1片，连用2天。

五、羊消化道线虫病

寄生于羊消化道的线虫种类比较多，且多为混合感染，对羊群造成不同程度的危害，也是每年春乏季节引起羊大批死亡的重要原因之一，给养羊业造成很大的经济损失。各种消化道线虫引起的症状大致相似，其中以捻转血矛线虫危害最为严重。

（一）病原

1. 捻转血矛线虫

寄生于皱胃，也偶见于小肠，在皱胃中属大型线虫。虫体呈毛发状，因吸血使虫体显现淡红色，头端尖细，口囊小，内有一角质背矛。雄虫长15~19毫米，淡红色，交合伞发达，背肋呈“人”字形。雌虫长27~30毫米，因白色的生殖器官环绕于红色含血的肠道周围，形成红白线条相间外观，故称捻转血矛线虫，俗称“麻花虫”。捻转血矛线虫感染羊后发病，称为捻转血矛线虫病又称捻转胃虫病。该病的临床特征为病羊放牧掉队，食欲减退，异嗜，贫血、衰弱、消瘦，下颌或颜面水肿，便秘或腹泻，肥壮羔羊常因极度贫血而突然死亡。该病常导致羊群发生持续性感染，能给羊场带来致命性打击。

2. 奥斯特线虫（棕色胃虫）

寄生于皱胃，虫体呈棕色，亦称棕色胃虫。虫体长4~14毫米，雄虫交合伞由两个大的侧叶和四个小的背叶组成。雌虫阴门在体后部，子宫内的虫卵较小。

3. 马歇尔线虫

寄生于皱胃，似棕色胃虫，但虫体较大。雌虫子宫内虫卵也较大。

4. 毛圆线虫

寄生于小肠，也偶见寄生于皱胃和胰脏。虫体小，长5~6毫米，呈淡红色或褐色。

5. 细颈线虫

寄生于小肠或皱胃，为小肠内中等大小的虫体，虫体前部呈细线状，后部较粗。虫卵大，产出时内含 8 个胚细胞，易与其他线虫卵区别。

6. 古柏线虫

寄生于小肠、胰脏，也偶见于真胃。虫体呈红色或淡黄色，大小与毛圆线虫相似，前端角皮膨大，并有许多皱纹。

7. 仰口线虫

仰口线虫又称勾钩虫病。羊仰口线虫寄生于羊的小肠，引起以贫血为主要症状的寄生虫病。虫体乳白色或淡红色，虫体较粗大，尖端向背而弯曲，故称仰口线虫，又有钩虫之称。

8. 食道口线虫

食道口线虫病是由毛线科食道口属多种线虫的幼虫和成虫寄生于肠壁和肠腔引起的疾病。有些食道口线虫的幼虫阶段可使肠壁发生结节，故又称结节病。其临床特征为持续性腹泻，粪便呈暗红色，含有黏液或血液，不同程度消瘦和下颌水肿。虫体较大，呈乳白色，由于其幼虫在发育时钻入肠壁形成结节，故又称结节虫。

9. 夏伯特线虫

夏伯特线虫病是由圆线科夏伯特属线虫寄生于羊的大肠内引起的寄生虫病。该病的临床特征为：冬春季节发病率升高，病羊消瘦、贫血，粪便中带有黏液和血液，有时下痢。该病在我国各地均有发生，有的地区羊的感染率高达 90% 以上。夏伯特线虫亦称阔口线虫，寄生于大肠，虫体大小近似食道口线虫。绵羊夏伯特线虫是一种较大的乳白色线虫，虫体前端稍向腹面弯曲，有一近似球形的大囊，其前缘有两圈有小三角叶片组成的叶冠，腹面有浅的颈沟，颈沟前有稍膨大的头泡。

10. 毛首线虫（鞭虫）

寄生于羊盲肠，整个虫体形似鞭子，也称鞭虫。虫体较大，呈乳白色。

（二）生活史

上述各种线虫的虫卵随羊粪便排出体外，在外界适宜的条件下，绝大部分种类线虫的虫卵先孵化出第一期幼虫，经过两次蜕化后发育成具有感染宿主能力的第三期幼虫。只有毛首线虫的感染性幼虫是在虫卵内发育而成，但不孵化出来，在外界仅以感染性虫卵的形式存在。羊在吃草或饮水时，如食入某种线虫的感染性幼虫或感染性虫卵即被感染。病原进入羊体内后，通常在它们各自的寄生部位，再经 2 次蜕化发育成为第五期幼虫，并逐渐发育为成虫。其中，仰口线虫的感染性幼虫除经口感染外，还能直接钻入皮肤发生感染。食道口线虫的感染性幼虫则需钻入大结肠和小结肠的固有膜深处，形成包囊（结节），幼虫在包囊内发育成第五期幼虫后才自结节中返回肠腔发育为成虫。可见羊的各种消化道线虫均系土源性发育，即在它们的发育过程中不需要中间宿主的参加。羊感染是由于吞食了被虫卵所污染的饲草、饮水所致，而且幼虫在外界的发育难以制约，从而造成了几乎所有的羊不同程度感染发病的状况，而且往往是混合感染，也是对羊群造成不同程度危害的原因。

（三）临床诊断要点

1. 流行特点

该病在全国各地均有不同程度发生和流行，以内蒙古、西北、华北、东北广大牧区最为普通。由于羊消化道线虫的发育均不需要中间宿主，多数种类的虫卵排到外界后即可孵出幼虫。虫卵对外界的抵抗力较强，只要温度、湿度和光照适宜，特别在早、晚和小雨后的初晴天，草叶湿润，阳光又不十分强烈，这时大量幼虫向草叶上爬行，有时一个露滴内就含有几十条甚至上百条蚴虫，是羊被感染的最易发生时机。

2. 临床症状

病羊感染各种消化道线虫的主要症状：主要表现为消化紊乱，胃肠道发炎，腹泻，消瘦，贫血，眼结膜苍白，被毛不顺而粗乱。严重病例下颌间隙水肿，幼羔发育受阻，少数病例体温升高，最终病羊可因极度衰竭而死亡。

3. 病理变化

病死羊尸体消瘦，贫血。剖检可见消化道各部有数量不等的相应线虫寄生。内脏明显苍白，胸腹腔内常积有大量淡黄色液体；大网膜、肠系膜有胶样浸润。肝、脾呈不同程度萎缩、变性。皱胃黏膜水肿，有出血点，有时可见虫咬的痕迹和针尖大到粟粒大的小结节。小肠、盲肠黏膜呈现卡他性炎症。大肠可见到黄色小点状的结节或化脓性结节与溃疡，当溃疡破溃后可引发腹膜泛发性粘连和溃疡性化脓性肠炎等。

4. 现场诊断

通常对症状可疑的羊进行粪便虫卵检查。生前可直肠取粪或采取新鲜粪便，常用的方法是饱和盐水漂浮法和直接涂片法镜检虫卵，必要时可进行虫卵计数。饱和盐水漂浮法具体方法：取可疑粪便 5 ~ 10 克，加入 10 ~ 20 倍饱和盐水混匀，通过 0.25 毫米孔径（60 目）带网过滤，滤过液静置 0.5 ~ 1 小时，则虫卵已充分上浮，用一直径 5 ~ 10 毫米的铁丝圈与液面平行接触，以蘸取表面液膜，将液膜抖落在载片上，覆以盖玻片即可镜检。镜检时，各种线虫虫卵一般不易区分，除了毛首线虫卵、细颈线虫卵、仰口线虫卵、马歇尔线虫卵等具有特征外，其他各种虫卵均不容易区分辨认。加之各种线虫病的防治方法基本相同，一般情况下亦无必要对虫卵的种类加以鉴别，只要在粪检中发现大量虫卵存在，羊的每克粪便内含 1 000个以上虫卵就应驱虫。羔羊每克粪便含 2 000 ~ 6 000个虫卵则认为是重度感染。

死后病尸剖检诊断，可以在相应肠段发现虫体，加以鉴定，可区别是哪些线虫引起的疾病。

（四）防治措施

1. 预防

（1）定期驱虫 选择高效、低毒、广谱的药物给羊群进行预防性驱虫。可采取“虫体成熟期前驱虫”和“秋冬季驱虫”，驱虫前要做小样试验，再进行全群驱虫。目前多采用春秋两次或每年 3 次驱虫，也可依据化验结果确定驱虫时机。对外引进的羊必须驱虫后再合群。放牧羊群在秋季或入冬，开春和春季放牧后 4 ~ 5 周后各驱虫 1 次，炎热多雨季节可适当增加驱虫次数，一般 2 个月 1 次。羔羊在 2 月龄进行首次驱虫。但因地区不同，羊场选择驱虫时间和次数可依具体情况而定。

（2）加强饲养管理 羊群要饮自来水、井水或干净的流水，尽量避免在潮湿低洼地带和早、晚及雨后放牧（即禁放露水草），有条件的地方可以实施划区轮牧；羊场粪便经过堆积进行生物热发酵处理，以杀死虫卵。

2. 治疗

科学选择和轮换使用抗寄生虫药物，可推迟或消除寄生虫耐药性的产生。防治羊线虫病可选择的药物较多，主要有：精制敌百虫、丙硫苯咪唑、甲苯咪唑、左旋咪唑、阿维菌素、硫化二苯胺等。

处方 1：阿维菌素，剂量以每千克体重 0.2 毫克，一次皮下注射或内服，对体内的各种线虫和体表寄生虫均有杀灭作用。

处方 2：精制敌百虫，绵羊剂量按每千克体重 80 ~ 100 毫克，山羊每千克体重 50 ~ 70 毫克，加水一次内服。

六、羊肺线虫病（羊肺丝虫病）

羊肺线虫病是由网尾属丝状网尾线虫寄生于绵羊和山羊的气管、支气管、细支气管乃至肺实质，引起的以支气管炎和肺炎为主要症状的寄生虫病，所以也叫羊肺丝虫病，又叫网尾线虫病。该病在潮湿地区多发，常呈地方性流行，主要危害羔羊，特别是在春乏季节可造成羔羊的大批死亡。

（一）病原

丝状网尾线虫是危害羊的主要寄生虫，该虫系大型白色虫体，虫体呈细线状，乳白色，肠管很像一条黑线穿行于体内，囊小而浅。雄虫长 30 ~ 80 毫米，雌虫长 50 ~ 112 毫升。虫卵呈椭圆形，卵内含有已发育的第一期幼虫（卵胎生）。

（二）生活史

网尾线虫发育过程无中间宿主参加，属土源性发育。成虫寄生于羊的支气管，雌虫也在羊的支气管中产卵，利用宿主咳嗽时，虫卵随黏液一起进入口腔，大多数被咽入消化道。虫卵在通过消化道过程中孵化为第一期幼虫，又随粪便排出体外，在适当的温度和湿度下，经两次蜕化变为第三期能感染性幼虫。当终末宿主羊吃草或饮水时，摄入感染性幼虫。幼虫进入肠系膜淋巴结，经淋巴液循环到达右心，又随血液到达肺脏，虫体在此过程中经第四、第五两期幼虫的发育，最终在肺部发育为成虫。

（三）临床诊断要点

1. 流行特点

丝状网尾幼虫所需发育温度偏低，4～5℃就可以发育，并可保持活力达100天，在21℃以上时幼虫活动就会影响。因此，羊肺线虫病在我国分布广泛，是羊常见的蠕虫病之一。该病常发生于冬季和潮湿牧地，成年羊和没有进行驱虫的放牧羊群感染率高，在春乏季节常呈地方性流行，可造成羊群尤其是羔羊大批死亡。

2. 临床症状

病羊的典型症状是咳嗽，一般发生在感染后16～32天。羊群被感染时，首先个别羊干咳，继而成群咳嗽，特别是在早晨、夜间或被驱赶时咳嗽更为明显，常发出如拉风箱的呼吸声。严重时咳嗽频繁，还常打喷嚏，有时咳出成团虫体和大量幼虫及虫卵。鼻孔中排出黏稠分泌物，干涸后形成鼻痂，从而使呼吸更加困难。有时黏稠分泌物常拖悬在鼻孔下面。病羊逐渐消瘦，贫血，头部及四肢水肿，被毛粗乱，体温不高。通常羔羊发病症状严重，死亡率也高，感染较轻的羊和成年羊常为慢性经过，临床表现不明显。

3. 病理变化

病死羊尸体消瘦，贫血，剖检病变主要在肺部，可见不同程度的肺膨胀不全和肺气肿，表面隆起，呈灰白色，触诊有坚硬感，切开时常有虫体。支气管黏膜浑浊，肿胀充血，有小出血点，内有黏性或脓性混有血丝的分泌物团块，团块内有成虫、虫卵和幼虫。

4. 现场诊断

可根据其症状表现及流行病学作出初步诊断，通过实验室粪便查出第一期幼虫而确诊。

实验室分离幼虫的方法很多，常用漏斗幼虫分离法（贝尔曼法），其操作步骤为：取新鲜粪便15～20克，放在带有粪筛（40～60目）或垫有数层纱布的漏斗内。粪便不必捣碎，漏斗下接一短橡皮管，管内再接一小试管，加入40℃温水至淹没粪球为止，静置1～3小时。此时大部幼虫游于水中，并穿过筛孔或纱布网眼沉于橡皮管底部，然后夹紧橡皮管，拔下底部小试管，取其沉渣制片镜检第一期幼虫即可。镜下如看到幼虫虫体粗大，体长0.50～0.54毫米，头端有一纽扣状突起，头端钝圆，肠内有明显颗粒，色较深，运动极为活跃，即为丝状网尾线虫的第一期幼虫。

（四）防治措施

1. 预防

（1）定期驱虫　在本病流行地区，每年春秋两季（春季2月，秋季11月）进行两次以上计划性驱虫，放牧季节根据情况再适当进行普遍驱虫。冬季补饲期间每隔一天可在饲料中加入硫化二苯胺，成年羊每只1克，羔羊每只0.5克，能大大减少病原的感染，对网尾线虫有预防效果。

（2）粪便堆积发酵处理　羊场在驱虫治疗后，一定要注意收集粪便进行堆积发酵实行生物热处理，可杀死虫卵，以防再感染羊群。

（3）科学放牧　有条件的羊场可实行羔羊与成年羊分群放牧，并对牧地实行轮牧，避免在低湿沼泽地区放牧。并保持圈舍和饮水卫生。

2. 治疗

羊场可选择的驱虫药物有：左旋咪唑、丙硫苯咪唑、氰乙酰肼（网尾素）、乙胺嗪（海群生）、精制敌百虫等。

处方1：乙胺嗪（海群生），剂量以每千克体重200毫克，一次内服。该药适于对早期幼虫的治疗。

处方2：左旋咪唑，按每千克体重8毫克，一次口服或肌内注射。

第三节　羊的体外寄生虫病

羊体外寄生虫病主要是蜘蛛昆虫寄生于羊体表和皮内等部位而引起，也叫蜘蛛昆虫病。主要有疥螨病、痒螨病、羊鼻蝇蛆病、虱病、硬蜱病等，对羊危害最为严重的是前三种。

一、疥螨病

疥螨病也叫疥癣、疥疮、癞等，是由疥螨科疹螨属的疥螨寄生于羊体表和皮内而引起的慢性寄生虫病。其特征是皮肤发生炎症，脱毛，奇痒，具有高度传染性。羔羊症状最为严重，尤其是绵羔羊，往往可导致死亡。

（一）病原

病原为疥螨。疥螨虫体小，长0.2～0.5毫米，肉眼不易看见，呈龟形，浅黄色，背面隆起，腹面扁平。体表生有大量小刺，虫体腹面前部和后部各有两对粗短的足，后两对是不突出于体后缘之外，每个足的末端有两个爪和一个具有短柄的吸盘，足上的吸盘呈钟形，无吸盘足的末端则生有刚毛。

（二）生活史

疥螨的全部发育过程都在宿主体上度过，包括虫卵、幼虫、若虫、成虫4个阶段。疥螨的发育是在羊的表皮内不断凿隧道，并在隧道中不断繁殖和发育，完成一个发育周期需8~22天，平均为15天，其发育速度直接与外界环境有关。隧道有小孔与外界相连，雌螨在隧道内产卵，一生可产40~50个卵，卵经过3~8天孵化出幼虫。蜕化变为若虫，若虫的雄虫经1次蜕化、雌虫经2次蜕化变为成虫。雌雄虫交配后不久，雄虫即死亡，雌虫的寿命为4~5周。

（三）临床诊断要点

1. 流行特点

该病的传染途径为直接接触传播。常发生于冬、春舍饲季节，此时日光照射不足，羊被毛增厚，绒毛增多，皮肤温度增高，尤其是羊舍潮湿、阴暗、拥挤及卫生条件差的情况下，极易造成疥螨病流行。

2. 临床症状

（1）山羊　一般始发于被毛短且皮肤柔软的部位，通常开始发生于嘴唇、鼻面、眼圈及耳根部皮肤，羊表现奇痒，不断在栏杆或围墙等处摩擦，使皮肤发红增厚。随着病情的加重，病羊的痒感表现更为剧烈，继而皮肤出现丘疹、水疱，甚至脓疮，以后形成痂皮。龟裂多发生于嘴唇、口角、耳根和四肢弯曲面。虫体迅速蔓延至全身，严重时病羊消瘦，食欲废绝，最终因衰竭而死亡。

（2）绵羊　患疥螨病时，通常开始于嘴唇上，口角附近，鼻边缘及耳根部，严重时，蔓延至整个头、颈部皮肤，病变如干涸的石灰，故有“石灰头”之称（牧民又称为干瘙）。病初期有痒觉，继而发生丘疹、水疱和脓疮，以后形成坚硬的灰白色橡皮样痂皮。嘴唇、口角附近或耳根部往往发生龟裂，可达皮下，裂隙常被污染而化脓。病灶扩散到眼睑时发生肿胀、羞明、流泪甚至失明。

3. 现场诊断

根据羊的症状表现及疾病流行情况，刮取皮肤组织查找病原，以便确诊。疥螨大多寄生于羊的体表或皮内，刮取皮屑，置于显微镜下，寻找虫体或虫卵就可确诊。

（四）防治

1. 预防

（1）定期药浴和对患羊及时治疗　每年定期对羊群进行药浴，可取得预防和治疗的双重效果。对患羊应及时治疗，对可疑羊应隔离饲养，治疗期间还应注意对饲养人员、圈舍、用具同时消毒，以免病原散布，不断出现重复感染。

（2）保持圈舍卫生　定期对圈舍和用具清洗和消毒，保持圈舍卫生、干燥和通风良好。

2. 治疗

治疗原则是正确诊断，杀除疥螨，特别是对种羊的疥螨要灭净。对羊群采取药浴治疗或喷洒，对个别羊采取驱虫治疗，对羊舍及环境进行药物喷洒。

处方1：注射疗法。适用于各种情况的疥螨病治疗，可用伊维菌素注射液，每千克体重0.2毫克，皮下注射，8~14天后再注射1次。

处方2：药浴治疗。适用于病羊数量多及气候温暖的季节，常用于对疥螨病的预防和治疗。用0.5%~1%敌百虫液，或0.05%双甲脒溶液，或0.05%辛硫磷乳油水溶液，全群药浴或喷洒，第1次药浴后8~14天应进行第2次药浴。羊群药浴前应对所选药物做小群或用几只体质弱的羊做试验，以防羊药物中毒。药浴温度保持在36~38℃，并随时补充新药液。药浴时间1~2分钟，注意要浸泡羊头，药浴前让羊饮足水，以防误饮药液。药浴法详见第三章第一节所述。

处方3：喷洒疗法。用敌百虫0.5%~1%水溶液喷洒羊体表，或用螨净（二嗪农），0.5%溶液喷洒。

处方4：涂药疗法。适宜病羊少，患部面积小，特别适合在寒冷季节使用。涂擦药物之前，应先剪毛去痂，可用温肥皂水或2%来苏儿彻底洗刷患部，以除去痂皮，然后擦于患部用药。涂药应分几次进行，每次涂药面积不得超过体表的1/3。涂药治疗用复方中草药方剂：蛇床子，地肤子、苦参各200克，加水煎煮两次，浓缩煎汁至5 000毫升，过滤后加硫黄100克，搅拌均匀即成。或用蛇床子、地肤子、苦参各200克，硫黄100克，混合粉碎后过40目筛，用温水调湿后加凡士林2 250克，调匀后涂药治疗。

二、痒螨病

（一）病原

病原为痒螨，痒螨属中寄生于各种动物的痒螨形态极为相似，都被认为是马痒螨的变种。痒螨多寄生于绵羊、马、牛、山羊和家兔等家畜，以绵羊、牛和兔最为常见。不同的家畜各有其特殊的痒螨（种或变种）寄生，它们有严格的宿主特异性，如绵羊痒螨只寄生于绵羊身上，山羊痒螨只寄生山羊的耳部。痒螨对绵羊的危害性特别严重。痒螨虫体呈长圆形，比疥螨大，体长0.5~0.9毫米，肉眼可见。虫卵灰白色，呈椭圆形。

（二）生活史

痒螨为刺吸式口器，寄生于皮肤表面，不在表皮内挖凿隧道，终身寄生于动物体上，以口器刺穿皮肤，以组织细胞和体液为食。宿主体表的温度与湿度，对痒螨发育的速度有很大影响。羊体瘦弱，皮肤抵抗力差时容易感染痒螨病；反之，营养良好时则抵抗力强。

痒螨的整个发育过程都在体表进行。雌虫一生可产卵约 40 个，卵经 3 ~ 8 天孵化出幼虫。幼虫三对足，蜕化变为若虫，若虫四对足，若虫的雄虫经一次蜕化，雌虫经二次锐化变为成虫。雌雄虫交配后不久，雄虫死亡。雌虫交配后采食 1 天开始产卵，寿命约 42 天，整个发育过程需 10 ~ 12 天。痒螨具有坚韧的角质表皮，对不利因素的抵抗力超过疥螨，离开宿主以后的耐受力显得更强，如在 6 ~ 8℃的温度和 85% ~ 100% 空气湿度的条件下，在羊舍内能活两个月，在牧场上能活 35 天。在 -2 ~ -12℃时经 4 天死亡。

（三）临床诊断要点

本病为接触性感染，如病羊和健康羊混在同一圈内、牧地和饮水处即可造成相互感染。本病多发于秋末、冬初、初春，此时日光照射不足，羊被毛增厚，绒毛增多，皮肤温度高。尤其是羊舍潮湿、阴暗、拥挤及卫生条件差的情况下，极易造成痒螨病流行。

1. 临床症状

痒螨常寄生于毛根部，在适宜的条件下，感染后 2 ~ 3 周呈现致病作用。

（1）绵羊　绵羊的痒螨病最为常见。病变先发生于长毛的部位，开始局限于背部和臀部，以后很快地蔓延到体侧。病羊表现奇痒，常在墙角、木柱等处蹭痒，或用后蹄肢搔抓患部。患部皮肤最初生成针尖大小的结节，继而形成水疱和脓疱，患部渗出液增加，最后结成浅黄色脂肪样的痂皮。有些患部皮肤肥厚变硬，形成龟裂。患羊被毛逐渐大批脱落，甚至全身脱光。病羊呈现贫血症状，高度营养不良，在寒冷的季节里，加之皮肤秃毛、消瘦，多引起大批死亡。

（2）山羊　山羊患病多发生于耳壳内面，患部形成硬的、坚实的、紧贴皮肤的黄白色痂皮块，炎症常蔓延到外耳道。病羊病变部发痒，常摇动耳朵，也常在硬物上摩擦，病羊食欲减退，缺乏治疗时可引起死亡。

2. 现场诊断

根据流行病学、临床症状可作出初步诊断。确诊需要从健康皮肤与患病皮肤交界处刮取病料，查找虫体。

（四）防治措施

1. 预防

预防措施参照羊的疥螨病。

2. 治疗

山羊痒螨病时除去耳中痂皮，滴入1%～2%敌百虫液少许。其他治疗方法同疥螨病。

三、羊鼻蝇蛆病

羊鼻蝇蛆病又叫羊狂蝇蛆病，是由狂蝇科狂蝇属羊狂蝇的幼虫寄生在羊的鼻腔及附近腔窦内所引起的疾病，主要危害绵羊，对山羊危害轻。在我国西北、东北、华北地区较为常见，流行严重地区感染率高达80%。

（一）病原

羊狂蝇成虫是一种中型的蝇类，形似蜜蜂，全身密生短绒毛，体长10～12毫米。第一期幼虫呈淡黄白色，长1毫米；第二期幼虫呈椭圆形，长20～25毫米，体表刺不明显；第三期幼虫（成熟幼虫）长约30毫米，背面拱起，各节上具有深棕色的横带，腹面扁平，各节前缘具有数列小刺。

（二）生活史

羊鼻蝇的发育需经过幼虫、蛹及成虫三个阶段。羊鼻蝇的成虫直接产出幼虫，经过蛹变为成虫，成蝇系野居于自然界，出现于春季到秋季，以夏季最多，不营寄生生活。雌雄交配后，雄蝇即死亡。雌蝇生活至体内幼虫形成后，亦不叮咬羊只，只是寻找羊向其鼻孔突然冲去，将幼虫产于羊的鼻孔或鼻孔周围，一次能产下20～40个幼虫。每只雌蝇在数日内可产幼虫500～600个，产完幼虫后死亡。产出的第一期幼虫活动力很强，爬入鼻腔后以其口前钩固着于鼻黏膜上，并逐渐向鼻腔深部移行，在鼻腔、额窦或鼻窦内（少数能入颅腔内）经两次蜕化变为第三期幼虫。幼虫在鼻腔和额窦等处寄生9～10个月，到翌年春天，发育成熟的第三期幼虫由鼻腔深部向浅部返回移行。当患羊打喷嚏时，将其喷出鼻孔，成熟幼虫即被喷落地面，钻入土内或羊粪内变蛹。蛹的外表形态与三期幼虫相同，经1～2个月羽化为成蝇，成蝇的寿命2～3周。在温暖地区羊鼻蝇一年可繁殖二代，在寒冷地区每年可繁殖一代。

（三）临床诊断要点

1. 流行特点

本病有明显的季节性，发生于每年的5～9月间，尤其在7～9月较多。

2. 致病作用与临床症状

羊鼻蝇侵袭羊群产幼虫时，使羊群骚动，惊慌不安，互相拥挤，频频摇头，喷鼻，或以鼻孔擦地，或以头部掩藏于另一羊的腹下或腿间，严重影响羊的正常采食和休息，使羊逐渐消瘦。最为严重的危害是幼虫在鼻腔内移行会损伤鼻黏膜，使其肿胀、出血、发炎，鼻腔流出浆液性、黏液性或脓性鼻液，有时混有血液。当大量鼻液在鼻孔周围干涸，形成鼻痂，堵塞鼻腔，使羊发生呼吸困难。此外，病羊打喷嚏，在地上磨鼻尖，摇头，流泪，影响采食，食欲减退，日渐消瘦。症状表现可因幼虫在鼻腔内的发育期不同而持续数月，通常感染不久呈现急性表现，经几个月后，症状逐渐好转。但到幼虫寄生的晚期，幼虫在鼻腔内发育生长，体积增大，并开始由鼻腔移行，又使症状加剧，则疾病表现更为剧烈。当个别幼虫进入颅腔损伤了脑膜或因鼻窦炎而波及脑膜时，可引起神经症状，病羊表现为运动失调，旋转运动，头弯向一侧或发生麻痹。最后病羊食欲消失，陷于极度衰竭而死亡。

3. 现场诊断

结合流行病学、临床症状及发病早期用药喷射鼻腔，查找有无死亡的幼虫排出，或将死亡羊解剖取出虫体进行鉴定确诊。

（四）防治措施

1. 预防

成蝇出现季节，羊定期用0.005%倍特喷洒，成蝇消失季节，对全部羊群使用敌百虫或皮下注射伊维菌素等药物进行一次杀虫。尽量避免在夏季中午放牧。羊舍场地硬化，羊舍经常打扫、清毒和杀虫。羊粪等污物集中进行生物热发酵处理。

2. 治疗

防治本病应以消灭第一期幼虫为主要措施。实施药物防治一般可选在每年的10～11月进行，其方法如下。

处方1：在成蝇飞翔季节，可用10%敌百虫或敌百虫软膏涂在羊鼻孔周围，有驱避成蝇或杀死幼虫的作用。

处方2：阿维菌素，以每千克体重0.2毫克，一次皮下注射，药效可维持20天，疗效也高，是目前治疗羊鼻蝇病比较理想的药物。

处方3：敌百虫酒精溶液肌内注射疗法。用精制敌百虫60克，溶于31毫升蒸馏水和31毫升95%的酒精内。以每千克体重0.4毫升剂量，一次肌内注射，50千克以上的羊2.5毫升，对一期幼虫驱虫率可达100%。

处方4：药液鼻腔内喷射疗法。用0.1%～0.12%锌硫磷、0.03%～0.04%巴胺磷、0.012%氯氰菊酯水乳液，羊每侧鼻孔各10～15毫升，用注射器分别先向鼻孔内喷射，两侧喷药间隔时间10～15分钟。或用2%敌百虫溶液喷入鼻腔。均对杀灭羊鼻蝇早期幼虫有效。

处方5：口服药物疗法。敌敌畏，绵羊以每千克体重5毫克配成水乳剂，每天口服1次，连服2天。或用氯氰柳胺片，每千克体重5毫克，内服，可杀死各期幼虫。或用精制敌百虫，绵羊每千克体重0.12克，配成2%水溶液灌服，对第一期幼虫有良好驱虫效果，驱虫率可达100%。

处方6：熏蒸疗法。常用于大群羊防治，需在密闭的圈舍或帐幕内进行。按室内空间每立方米使用80%敌敌畏0.5～1毫升剂量，加热（放在厚铁板上等）或高压喷雾。令羊在其内，一次熏蒸羊300～400只，每次熏蒸时间不超过1小时，吸雾时间15分钟即可杀死第一期幼虫，驱虫率可达93%～95%。此法安全，且无副作用。

第九章 羊的中毒性疾病

第一节 羊中毒性疾病的原因及诊断程序和解救措施

一、中毒病的概念和毒物的种类

凡进入动物机体后能对机体产生损害的物质都可称为毒物，由毒物引起的疾病，称中毒病。毒物的种类一般可分为生物性毒物和非生物性毒物。生物性毒物包括植物性的如各种有毒植物，动物性的如毒蛇、毒蜂和某些微生物如黄曲霉菌、甘薯黑斑病霉菌等所产生的毒素。非生物性毒物包括农药、化学药物等。

二、中毒的原因

（一）药物中毒

药物中毒主要指兽医临床上，治疗药物应用剂量过大、重复给药次数过多或注射速度过快等，往往引起动物中毒，称为药物中毒。

（二）自然因素

自然因素指动物采食了有毒植物，土壤中某种元素含量超标等引起的地区性中毒。牧场和水源受工业或环境污染，农药、杀鼠药施用后导致的残留等，使动物发生了中毒。

（三）人为因素

人为因素除了兽医在临床用药不当和操作失误外，主要指发霉、变质、烹调或处理不当的饲料或农副产品，以及饲料药物添加剂应用不恰当或添加过量等，都是导致动物中毒常见的原因。此外，在羊场规模化饲养中发生的羊群中毒，大都由人为因素造成，通常也是意外事故，很多是兽医或饲养人员的无知、疏忽或误用有害药物，或者是对化学药品的贮存和管理不当造成的。

三、中毒解救的基本原则

在兽医临床上中毒的解救或叫中毒病的治疗原则与其他疾病的治疗原则，没有太大的区别。但对羊场而言，兽医准确的诊断是正确治疗中毒的唯一基础。羊场兽医能作出正确的临床诊断，须做到以下几点。

（一）全面了解病史

了解病史主要指兽医要对羊场现场及周围环境的了解，也就是要尽快初步判断中毒的原因和毒物的来源，做出暂时的临床诊断，为合理治疗提供依据，这也是做出准确诊断的关键。

（二）对中毒羊的临床症状观察

羊中毒后有它的临床特征，主要表现为黏膜发绀、呼吸困难、肌肉震颤、消化机能紊乱及神经症状等。但各种中毒病有它的临床特征，如食盐中毒，主要是消化机能紊乱和神经症状为临床特征；而有机磷农药中毒，病羊虽然临床表现为流涎（或口角流出白色泡沫），但往往以中枢神经中毒症状为主，表现为兴奋不安、抽搐、全身震颤、大小便失禁，呼吸困难等为特征。因此，对中毒羊的临床症状观察，是正确诊断的又一个关键。

（三）病理学检查与毒物的化学分析

兽医临床上为了更进一步地确诊，可对中毒严重而又接近死亡的病羊，进行解剖作病理学检查。如食盐中毒其病理特征为脑组织水肿、变性、坏死和消化道炎症，而对有机磷农药中毒最可靠的诊断是实验室检查，采集胃内容物，对可疑的饲料进行实验室毒物的化学分析。对恶意投毒的案例，还必须做出证明报告。

四、中毒解救的措施

（一）采取支持疗法作紧急处理，以维持中毒动物的生命

兽医临床上对中毒解救，特别是急性中毒病例，首先要作紧急处理，采取支持疗法以维持中毒动物的生命。支持疗法包括：预防惊厥的发生、维持呼吸机理、维持体温、治疗休克、调节电解质及体液平衡、调节心脏功能失调、缓和疼痛。要根据临床特征，有针对性地选用强心药、利尿药、抗休克药、解痉药、体液补充药和酸碱平衡调节药等予以治疗。

此外，为预防感染，可给予抗生素及皮质类固醇；可用安定剂以产生镇静作用

及消除应激效应；还可给予多种维生素，如维生素C有解毒作用，增强动物机体抗病能力，增强肝脏解毒能力，改善心肌和血管代谢机能，还有抗炎、抗过敏作用。

（二）应用解毒药（对因治疗药物）及对症治疗药物对中毒动物进行解毒和治疗

兽医临床上中毒的治疗包括排除吸收部位（胃肠道和皮肤）的毒物，降低吸收率或肝肠循环的重吸收率，采用特异性或非特异性解毒药以阻断毒物的作用，以及促进毒物的代谢性灭活和排出。

排除毒物，兽医临床上要根据毒物吸收的途径进行排除。动物主要通过消化道或皮肤与毒物接触，往往由于持续吸收毒物而死亡，所以，从胃肠道或皮肤表面排除毒物，对解救中毒动物具有重要意义。

（1）应用吸附剂排除胃肠道内的毒物　可采取诱吐、洗胃，使胃毒物在胃肠中形成不吸收物，可应用吸附物和泻药。一般来说，当动物经口摄入毒物不久，大量毒物尚存留在胃内时，由于毒性作用，多数情况下易引起动物呕吐。而羊为反刍动物，反刍动物不可能通过呕吐使胃内毒物排出。洗胃只能是对失去知觉或麻醉的动物进行，对反刍动物不易通过洗胃将毒物从消化道内排出，而且洗胃也不安全。毒物被摄入1小时后，大部分即进入小肠，因此，对不能用诱吐与洗胃方法从胃肠道排出毒物的羊，可采用不被吸收的矿物油（如石蜡油），最有效的是应用活性炭。活性炭是一种吸附效果好且吸附范围广的吸附剂。有中毒可疑而中毒原因不明时，活性炭是很好的解毒药。实际上，除氰化物外，活性炭能吸附所有的化学物质，其吸附效果不受毒物酸碱的影响，能在整个消化道中吸附毒物。兽医临床上应用活性炭时，不能与其他药物同时服用。因为活性炭能降低其他药物的作用，而其他药物的存在也会影响活性炭的吸附能力。

（2）应用泻药　泻药可促进毒物从消化道排出，这对不能呕吐的动物尤其重要。一般应用不被吸收的矿物油（如石蜡油）或盐类泻药（如硫酸镁）。

（3）应用利尿药　泻药可促进毒物从消化道排出，而利用泌尿系统排除已吸收的毒物，也是解救中毒最有效的途径。利用泌尿系统主要是促进肾脏排泄毒物的功能，这与毒物在肾小球中的滤过有关。兽医临床上为了增强肾小球的滤过能力，能使更多的毒物通过肾小球进入肾小管，可采用静脉滴注5%～10%葡萄糖液或渗透性利尿药（如甘露醇）或化学性利尿药（如呋塞米）等可增强肾小球的滤过能力，促进利尿排毒。

（三）应用特效解毒药对已吸收毒物的灭活及排除

兽医临床上对已吸收毒物的最理想灭活方法是迅速运用特效解毒药。特效解毒药是指对某些中毒病的解救起特殊治疗效果的药物。中毒病的解救是兽医内科治疗学的综合措施，包括对毒物的消除、阻止吸收、促进排出及针对中毒症状进行的对症治疗，而特效解毒药主要是针对中毒原因进行解毒的对因治疗药物。

（四）清洗皮肤和剪毛

环境污染或施用体表的杀虫剂往往从皮肤、黏膜吸收毒物。为了防止皮肤表面毒物被吸收，此时应先剪净被毛，应以清水充分冲洗，抹净。剪毛可使化学物质迅速、完全地从体表排除，这对绵羊尤为重要。

（五）放血

放血可加速毒物排泄，这也是中兽医临床上常用的一种传统的解救中毒的方法。但这种方法只能对有经验的兽医采用。放血的方法可用大号注射针，在颈静脉扎穿后，适量而可放血，适用于急性中毒的病症羊。

（六）根除毒物的来源

羊场为预防羊与毒物再接触，应将羊与毒物或潜在毒物隔离，如清除有毒或可疑的饲料、粪便、呕吐物、废渣及其他可疑毒物。羊场在未弄清中毒原因之前，最好彻底更换饲料、饮水或轮换牧场，并对栏圈进行彻底清扫。

第二节　羊主要中毒性疾病防治技术

一、氢氰酸中毒

氢氧酸中毒是由于羊采食了含有氰苷的植物或误食了氰化物后，在体内产生氢氰酸，导致组织呼吸窒息的一种急剧性中毒病。临床上以发病急促、呼吸困难、肌肉震颤、痉挛和突发死亡为特征的中毒性缺氧综合征。

（一）病因

羊采食了含氰苷的植物而中毒，如高粱苗、玉米苗、马铃薯幼苗、亚麻叶及桃、李、杏、枇杷的叶子及核仁等。另外，羊误食了氰化物农药污染的饲草和饮用了氰化物污染的水。

（二）临床症状

发病很急，羊采食含有氰苷的饲料后 15～20 分钟，表现腹痛不安，口流泡沫状液体，呼吸加快也极度困难，可视黏膜鲜红；全身衰弱无力，站立不稳或突然倒地，体温下降，后肢麻痹，肌肉痉挛；瞳孔散大，全身反射减弱或消失，直至昏迷死亡。病程一般不超过1~2小时，最急性者，突然极度不安，惨叫后倒地死亡。

（三）临床诊断

主要依据食入含氰苷植物或被氰化物污染饲料或饮水的病史。根据发病急速，呼吸困难，皮肤和黏膜发红，神经机能异常等症状；尸检后黏膜发红，血液鲜红色，凝固不良，肠管有出血性炎症，胃内充满带有苦杏仁味的内容物可作出初步诊断。确诊必须进行毒物分析。

（四）防治措施

1. 预防

严禁在生长含氰苷植物的地方放牧。用含有氰苷的饲料喂羊时，宜先加工调制，如用水浸渍24小时或发酵后再饲喂，还要少喂，一次不喂过多量。

2. 治疗

治疗原则为迅速解毒、排除毒物和对症治疗。

发病后采用特效解毒药，迅速静脉注射3%亚硝酸钠溶液，剂量为每千克体重3~10毫克，然后再静脉注射5%~10%硫代硫酸钠，剂量为每千克体重1~2毫升。另外，也可配合应用中药金银花120克，绿豆500克煎汤，温后一次灌服。同时再静脉注射10%葡萄糖250毫升，维生素C 0.3克，10%安钠咖3毫升予以辅助疗法。对病急患羊可采用耳尖和尾尖放血治疗。

二、有机磷农药中毒

有机磷农药中毒是羊接触、吸入或采食了有机磷制剂所引起的一种全身中毒性病理过程，以体内胆碱酯酶活性受到抑制，出现胆碱能神经过度兴奋为特征的中毒病。

（一）病因

羊有机磷中毒常是误食喷洒有机磷农药的牧草、农作物、青菜等；或误食被有机磷农药污染的饮水；或应用有机磷杀虫剂防治羊体外寄生虫，剂量过大或方法不当而发生中毒。

（二）临床症状

羊有机磷农药中毒时，因制剂的化学特性以及造成中毒的具体情况等不同，其所表现的症状及程度差异极大。

1. 轻度中毒

主要以毒蕈碱样症状（M 样症状）为主。当机体受毒蕈碱的作用时，可引起副交感神经的节前和节后纤维以及分布在汗腺的交感神经节后纤维等胆碱能神经发生兴奋。故病羊临床症状按其程度不同，表现为流涎、出汗、排尿失禁、腹痛、腹泻、瞳孔缩小如线状、可视黏膜苍白、呼吸困难，严重时可引发肺水肿而导致死亡。

2. 中度中毒

除有毒蕈碱样症状外，还会出现烟碱样症状（N 样症状），此时主要使分布于横纹肌的胆碱能神经发生兴奋，但在乙酰胆碱蓄积过多时，则将转为麻痹。病羊表现为肌纤维性震颤，重者发生抽搐，严重者发生呼吸肌麻痹，窒息而死亡。

3. 重度中毒

以中枢神经中毒症状为主，造成中枢神经系统机能紊乱，病羊表现兴奋不安，盲目奔跑，抽搐，全身震颤，精神高度沉郁，甚至倒地昏睡。大小便失禁，严重时发热，最后因心跳加快，呼吸中枢麻痹和循环衰竭而死亡。

（三）临床诊断

病理变化一般认为有机磷农药中毒的尸体，除其组织标本中可检出毒物和胆碱酯酶的活性降低外，缺少特征性病变。因此，临床诊断首先确定有无接触有机磷农药的病史；一般呼出气、呕吐物、分泌液，皮肤等有蒜臭味；具有胆碱能神经兴奋时所特有症状可作出初步诊断。也可采取胃内容物、可疑的饲料、饮水等，做有机磷农药的检验，并根据以上症状和检查可做出确诊。

（四）防治措施

1. 预防

在兽医临床上用有机磷制剂兽药治疗羊疾病时，一定要注意用量、浓度等，防止中毒。严格按照农药管理制度和使用方法，不在喷洒农药地区放牧。

2. 治疗

兽医临床上急救有机磷农药中毒羊的治疗原则为：立即注射特效解毒剂，尽快除去未吸收的毒物和对症治疗，其治疗方案如下。

（1）立即应用特效解毒剂　可用解磷定注射液 15 ~ 30 毫克/千克体重（或氯磷定注射液 5 ~ 10 毫克/千克体重），5% ~ 10% 葡萄糖注射液 500 毫升，静脉注射，3 ~ 4 小时 1 次。

（2）立即注射阿托品　可用阿托品注射液 10 ~ 30 毫克，其中 1/2 量静脉注射，1/2 量肌内注射。临床上以流涎、瞳孔大小情况来增减阿托品用量，黏膜发绀时暂不使用阿托品。也可用阿托品配合氯磷定进行解毒，但切记使用解磷定后不可再改用氯磷定。

（3）立即清理体表及消化道毒物　用2%小苏打水反复洗胃，再灌入盐类泻剂。可用硫酸镁或硫酸钠30～40克，加水适量一次内服或灌服。取2%碳酸氢钠1 000～2 000毫升，用胃导管反复洗胃。或用温水适量洗胃。经皮肤中毒时，肥皂水适量，清洗皮肤。

（4）对症治疗　兴奋呼吸系统可用尼可刹米，脱水明显用5%葡萄糖盐水或复方盐水补充体液，促使毒物排泄。

（5）中药治疗　甘草500克煎水，冲服滑石粉，第一次冲服滑石粉30克，10分钟后冲服15克，以后每隔15分钟冲服15克，分次冷药灌服，一般5～6次即可见效。

三、黄曲霉素中毒

黄曲霉素中毒是由于羊采食了被黄曲霉菌污染的饲料，而引发的一种中毒性疾病。以肝脏疾患为主要特征，但也可以严重破坏血管的通透性和毒害中枢神经，故中毒的羊常出现水肿和神经症状。

（一）病因

病原为黄曲霉毒素。易感染黄曲霉病的植物籽粒有玉米、花生、黄豆、棉籽等，发霉变质的饲料及其农作物秸秆中也含有大量的黄曲霉毒素，羊采食了这些已感染黄曲霉菌的籽粒和发霉变质的饲料及秸秆即可引起黄曲霉毒素中毒，常造成羊大批发病和死亡。

（二）临床症状

羊中毒的初期表现食欲减退和拒食，精神沉郁，离群呆立，有腹痛症状；随后反刍停止，常伴有腹泻，粪便呈黄色粥样，混有大量的黏液。严重病例粪中带血，出现痉挛和麻痹症状，少数病例出现神经机能紊乱。孕羊发生流产或早产。

（三）临床诊断

兽医临床上对发霉饲料中毒的诊断，主要依据喂霉败饲料病史、临床症状及实验室检查进行综合分析。首先了解饲喂的饲料情况，并现场检查饲料和饲草的质量状况。如发现有黄曲霉菌污染的饲料、饲草，依据临床症状可初步诊断。把可疑的饲料在实验室检验就可确诊。

（四）防治措施

1. 预防

注意饲料、饲草的贮存，防止发霉变质，不用发霉变质的饲料、饲草喂羊。

2. 治疗

治疗原则为促进毒物排出，根据病羊状况对症治疗。

（1）促进毒物排出　在耳尖或尾尖部放血500～1 000毫升，放血后立即补液。内服硫酸钠或人工盐进行缓泻。缓泻后可灌服淀粉浆保护胃肠黏膜。

（2）对症治疗　静脉注射葡萄糖氯化钠液1 000～1 500毫升、10%～20%葡萄糖溶液500～1 000毫升、40%乌洛托品液50～100毫升的混合液，1日2次有强心解毒作用。对有兴奋症状的羊，可给予硫酸镁、溴化钠等镇静剂。

第十章 羊的营养代谢疾病

第一节 羊营养代谢疾病的原因及诊断和防治措施

一、羊营养代谢疾病的定义和原因及特点

（一）羊营养代谢疾病的定义

营养物质是羊生命活动的基础。营养物质的缺乏或过多，以及某些与健康和生产不相适应的内外环境的影响，都可引起羊营养物质平衡失调，导致机体新陈代谢和营养出现障碍，致使机体生长发育不良，生产力、生殖能力和抗病能力降低，甚至危及生命。此外，在许多疾病过程中，也可使羊出现营养缺乏和代谢紊乱的现象。可见，所谓羊营养代谢病是营养紊乱和代谢紊乱的总称。

（二）羊营养代谢疾病发生的原因

1. 日粮配合不均衡

现代羊场养羊一个最突出的问题是日粮营养不均衡，日粮中往往缺乏某种或几种营养物质，特别是羊日粮中微量元素缺乏是一个比较普遍的现象。随着我国养羊生产的饲养方式改变，规模化饲养已逐步取代传统的粗放式饲养，高产化良种羊的引进和饲养以及杂交肉羊的培育和生产，需要营养均衡的日粮。一旦在饲料供给和日粮配合中出现问题，就可能造成营养物质摄入不足而使羊发生代谢疾病。

2. 营养物质的消化吸收受到影响

羊长期患某些慢性病，以及胃肠道和消化机能出现障碍，不仅影响营养物质的消化吸收，也影响营养物质在羊体内的合成代谢，会导致发生代谢疾病。

3. 生理情况下营养物质需要增多而得不到满足

在生理情况下，如种公羊配种期、母羊妊娠期和哺乳期、羔羊生长期所需要的营养物质大量增加，营养物质供给满足不了机体需要，就会出现代谢疾病。此外，

羊病理情况下，如发热、结核病、寄生虫病等，其体内营养消耗增多，也需要大量的营养物质补充。在病理情况下，营养物质供给缺乏，会加重病情恶化，机体也会出现营养代谢病。

（三）羊营养代谢病的特点

1. 发病缓慢病程较长

营养代谢病多呈慢性，从病因作用到呈现临床症状，一般需要数周、数月，甚至更长时间，自然情况下发病可能更慢。

2. 多为群发，发病率较高

羊场羊群营养代谢病已成为重要的群发病，这已是一个不争的事实。特别是在舍饲圈养下，如果日粮搭配不平衡，矿物质供应不足或钙磷供给不正常，都会成为营养代谢病发生的原因。

3. 种羊及羔羊容易发生营养代谢病

种羊特别是处于妊娠或泌乳阶段的母羊及羔羊，最容易发生营养代谢病。如幼龄阶段的羔羊，正处于生长发育、代谢旺盛阶段，对营养物质的需求量相对增加，以致对某些特殊营养物质的缺乏尤为敏感。如羔羊白肌病，也称肌营养不良症，是饲料中缺微量元素硒和维生素 E 而引起的骨骼肌和心肌变性，并发生运动障碍和急性心肌坏死的一种代谢性疾病。

4. 临床症状表现多样

患营养代谢病的病羊，临床症状表现多样，可出现异食癖、贫血、生长发育受阻、消化障碍、机体衰竭、生殖机能紊乱或生殖能力下降等临床表现。

5. 具有特征性的病理变化

如羔羊缺硒会发生白肌病，光照不足，易发生维生素 D 缺乏，继而致使钙磷代谢障碍，出现佝偻病；羊妊娠毒血症，呈明显的神经症状。

6. 多呈地方性流行

羊的营养来源主要从植物性饲料中所获得，而植物性饲料中微量元素的含量，与其所生长的土壤和水源中的含量有一定的关系。因此，羊微量元素缺乏或过多症的发生，往往与某些特定地区的土壤和水源中含量有密切关系，常称这类疾病为生物地球化学性疾病，也称为地方病。据调查，我国除个别地区或县为高硒地带，约有 70% 的县为低硒地区，缺硒可导致人患大骨节病、幼畜患白肌病等。在土壤含氟量高的地区或受氟污染的羊场，可发生羊的慢性氟中毒。

二、羊营养代谢病的诊断和防治措施

（一）羊营养代谢病的临床诊断方法

羊营养代谢病多呈慢性，涉及的脏器与组织比较广泛，而且典型症状出现较晚。因此，对于此类疾病的诊断，必须从饲养条件上调查，结合临床症状、化验室检验等，进行详细而全面的综合分析，才能作出正确的临床诊断。

1. 饲养条件的调查

由于营养代谢性疾病大都影响羊的生长发育、生理机能和生产性能，故其症状有许多相似之处，所以，对饲养条件的调查，对兽医临床诊断具有一定的作用。如从日粮饲料的种类及数量，能估量所含营养成分的大致多少；对舍饲羊由于青饲料不足，多发生维生素缺乏症；饲草饲料的加工调制，能帮助分析饲料中营养成分的损失程度。

2. 生理状况及生产性能的调查

羊的品种、年龄、用途以及生理的不同阶段，对营养的需要量和成分是不同的，如羊的妊娠期、泌乳期及羔羊的生长期，不仅需要营养量大，而且对蛋白质的需要也较多；肉羊育肥期更需要较高的营养水平。在这几个时期营养供应不平衡或供给量满足不了需要，就会出现营养代谢病。再如，靠粗饲料饲养的羊，缺磷比缺钙多见。

3. 临床症状识别

兽医临床上可通过调查和现场观察，以了解羊的异常表现和临床特征，常能提示重要的诊断指征。如羊异食癖，多是矿物质缺乏的先期症状；如见羔羊拱背，四肢无力，运动困难，喜卧为特征，可初步诊断为羔羊白肌病。

4. 治疗试验

兽医临床上通过补给患病羊可能缺少的营养物质，观其效果，也是一种重要的诊断方法。如初步诊断羊维生素 A 缺乏症，补给维生素 A 后，症状明显减轻，则为维生素 A 缺乏症；再如对羔羊的白肌病，可应用硒制剂治疗，注射亚硒酸钠和维生素 E 后，羔羊症状有所好转并逐渐康复，则为羔羊白肌病。

5. 病理剖检

对病死的羊或从发病羊群中选症状明显的羊进行剖检，多能给群发病提供重要诊断依据。如幼龄羊肌肉变性，外观灰黄，骨骼肌有灰白色条纹，横断面有灰白色斑点，是白肌病的特征。

6. 实验室检查

实验室检验对营养代谢病的诊断和与某些疾病的鉴别，有着重要意义。如测定血、尿中的钙、磷的浓度，能帮助分析骨软症的病因；血浆维生素 A 的测定，对确诊维生素 A 缺乏有帮助；肝及血液中的铜水平，可作为缺铜症的指标。

7. 注意与其他疾病的区别

羊营养代谢病无接触传染病史。临床症状上一般体温变化不大，除个别情况及有继发或并发病的病例外，这类疾病体温多在正常范围或偏低，羊与羊之间不发生接触性传染，这些是营养代谢病与传染病的明显区别。

（二）羊营养代谢病的防治措施

1. 给予合理的日粮营养水平

羊场应根据饲养的品种、用途和羊不同的生理阶段，做到青、粗、精饲料及矿物质饲料的合理搭配。日粮的数量和质量，既要考虑机体的生理需要，又要注意营养间的平衡；既要考虑生理阶段的一般需要，又要注意种羊配种期、母羊妊娠期和泌乳期、羔羊生长期等情况下的特殊需要。有条件的羊场，一定要按羊的饲养标准来配制日粮，这是预防羊营养代谢病的主要措施。

2. 使用营养性舔砖或复合添加剂预混料

羊场使用营养性舔砖，是一项又简单、又经济的防治羊营养代谢病的一个措施。羊用舔砖可在饲料和兽药经营门店都可买到，全年使用羊舔砖的羊场，一般不会发生羊营养代谢病。有条件的羊场还可使用羊用复合预混合饲料，特别是舍饲圈养羊的羊场，在日粮中添加羊用复合预混合饲料，一般可保证羊群不会发生营养代谢病。

3. 加强饲养管理，给羊一个适宜生长与生活的良好环境

羊舍通风不良，阳光难以照射到羊舍或照射时间过短；羊场内粪便污水横溢，卫生条件差等，都会使羊产生应激，影响机体代谢，也影响了羊的生存条件而导致营养代谢病的发生。因此，羊场应建在背风向阳，地势较高的地方。羊舍干净卫生，让羊多晒太阳，多运动等，都可预防羊不会发生营养代谢病。

4. 对饲料合理加工调制和防止霉变

羊的饲料也要合理加工调制，如秸秆饲料可进行氨化处理，可提高秸秆饲料的营养；青饲料进行青贮，可解决羊场冬春季青饲料缺乏，又补充了维生素。此外，还要做好饲料的贮存，防止霉败变质。

第二节　羊主要营养代谢疾病防治技术

一、绵羊妊娠毒血症

绵羊妊娠毒血症是怀孕后期母羊由于碳水化合物和挥发性脂肪酸代谢障碍而发生的亚急性代谢病。该病主要见于冬春季节，怀羔过多，体质瘦弱或怀孕早期过肥

的母羊。该病的死亡率可达70% ~100%。

(一) 临床特征

该病以低血糖、高血脂、酮血、酮尿、虚弱和失明为主要特征。

(二) 发病原因

1. 饲养管理条件造成

饲料单一，饲草品质差，缺乏谷物类精料、青饲料、优质青干草及矿物质饲料；或在缺乏粗饲料的情况下喂给含蛋白质和脂肪过多的精料，以及气温过低，大群羊圈养又缺乏运动等，都是导致发病的原因。

2. 母羊因素

母羊怀孕后期，特别是怀双羔或三羔以上，胎儿过大及体质瘦弱或怀孕早期过肥的母羊，在妊娠最后一个月，多在分娩前10 ~20天，母羊不能满足胎儿营养需要而发病。

3. 继发因素

怀孕母羊患病后食欲减退，机体营养消耗过多或肝功能降低等，都可继发此病。

(三) 临床诊断要点

1. 临床症状

发病早期，怀孕后期的母羊临床表现食欲差，不愿走动，离群呆立，精神沉郁，瞳孔散大，角膜反射消失，出现意识紊乱。随后病羊食欲减退或停止，精神极度沉郁，呼吸浅而快，呼出气味有烂苹果味。粪便被覆黏液，甚至带血。而后出现神经症状，如运动失调、转圈、用头抵物，视觉降低或消失，全身震颤或痉挛，头向后仰或向侧方弯，卧地、昏迷，常在1 ~3天内死亡。

2. 发病史

此病主要在冬春季节，母羊怀孕后期或怀羔过多，体质瘦弱，有营养缺乏的病史。

3. 现场诊断

根据临床症状和发病史可作出初步诊断。

(四) 防治措施

1. 预防

防止母羊妊娠早期过肥。对怀孕前期的母羊，不要让体重增加太多，营养水平在中下等为好，并要加强运动。对怀孕后期特别是怀孕多羔的母羊，多饲喂优质青干草，精料喂量根据体况而定。

2. 治疗

治疗原则可采用补糖、抗酮、纠正酸中毒和对症治疗。必要时可引产。

处方 1：5% 碳酸氢钠注射液 50 ~ 100 毫升，静脉注射，每日 1 次，连用 3 ~ 5 天。

处方 2：10% 葡萄糖注射液 100 ~ 500 毫升，维生素 C 注射液 0.5 ~ 1.5 克，10% 安钠咖注射液 5 ~ 20 毫升，10% 葡萄糖酸钙注射液 50 ~ 100 毫升，静脉注射，每日 1 ~ 2 次，连用 3 日。另用胰岛素注射液 10 ~ 50 单位，静脉补糖后皮下或肌内注射。

二、羔羊白肌病

白肌病也称肌营养不良症，也叫硒和维生素 E 缺乏症，是饲料中缺乏微量元素硒和维生素 E 而引起的骨骼肌和心肌变性，并发生运动障碍和急性心肌坏死的一种代谢障碍性疾病。羔羊易发生白肌病，种羊易发生繁殖障碍，该病在缺硒地区及冬末春初季节多发。

（一）临床特征

羔羊生后数周或 2 个月内发病。患病羔羊以拱背、四肢无力、运动困难、喜卧地为特征。死后解剖骨骼肌苍白，营养不良。

（二）发病原因

1. 饲料中缺乏维生素 E 和硒

该病主要是由于饲料中缺乏羊所需要量的硒和维生素 E，或饲料中含钴、锌、钒、银等微量元素过高，影响羊机体对硒的吸收。当饲料、饲草内硒的含量低于硒的低限营养需要量（0.1 毫克/千克饲料），以及条件性缺硒因素，如土壤内缺硒（小于 0.5 毫克/千克），某些植物种类（如三叶草等）含硒量低，长期饲喂时，就可发生硒缺乏症。此外是由于饲料中维生素 E 含量不足和维生素 E 被破坏较多，前者主要由于长期大量饲喂劣质干草、块根块茎饲料引起的，后者是因为饲草遭受雨淋、暴晒、过久贮存等原因造成的。由于机体内维生素 E 和硒缺乏时，使正常生理性脂肪发生过度氧化，组织细胞的自由基受到损害，组织细胞发生退行性病变和坏死，病变可波及全身，但以骨骼肌、心肌受损害最为严重，并引起运动障碍和急性心肌坏死。在缺硒地区，羔羊发病率很高。

2. 机体对硒和维生素 E 需要量增加及其他因素

羔羊处在快速生长发育期，母羊妊娠期和哺乳期等生理时期，对硒和维生素 E 的需要量增加，未及时补充导致缺乏。此外，饲料中含硫氨基酸缺乏，羊患胃肠道疾病和肝胆疾病等因素，均可使硒和维生素 E 的吸收减少。

（三）临床诊断要点

1. 临床症状

羔羊患病后全身衰弱，肌肉弛缓无力，有的出生后就全身衰弱，不能自行起立，急性病例常因心肌变性坏死而突然死亡；慢性病例表现为发育受阻，食欲减退，步态不稳，喜卧，站立困难，消化紊乱，常伴有顽固性腹泻。种羊主要表现为繁殖障碍，生产力下降。

2. 发病史

该病主要发生于缺硒地区、牧草干枯季节和羔羊时期，有营养缺乏的病史。该病多呈地方性流行，3～5 周龄羔羊最易患病，死亡率有时高达 40%～60%，生长发育越快的羔羊，越容易发病，且死亡越快。

3. 病理变化

主要病变部位在骨骼肌、心肌、肝脏，其次为肾脏和脑。较常受害的见于骨骼肌，如背、腰、臀、膈肌等肌肉。病变部肌肉变性、色淡、呈白色煮肉状，或呈灰黄色、黄白色的点状、条状、片状不等的坏死灶，心肌上有针尖大小的白色坏死灶，肾脏可见充血、肿胀，肾实质有出血点和灰色的斑状灶。

4. 现场诊断

可根据地方缺硒病史、临床症状、病理解剖的特殊病变，饲料分析以及用硒制剂防治的良好效果可作出诊断。生产实践中有经验的牧民把羔羊抱起，再轻轻掷下地，健壮羔羊可立即奔起，而病羔则稍停片刻后才奔起，也可作为羔羊白肌病早期诊断的参考。

（四）防治措施

1. 预防

（1）科学搭配日粮　加强饲养管理，合理加工贮存饲料饲草，饲喂青草和优质干草。羊场平时要加强母羊饲养管理，多供给豆科牧草。

（2）补硒　母羊产羔前补硒，可收到良好效果。怀孕母羊皮下注射一次亚硒酸钠，剂量为 4～6 毫克，能预防新生羔羊白肌病。对缺硒地区，每年新生羔羊，在出生 20～25 天内，用 2% 亚硒酸钠液 1 毫升，皮下或肌内注射，间隔 20 天后再注射 1.5 毫升。

2. 治疗

兽医临床上治疗原则为早期诊断、改善饲养、合理调制日粮、及时预防治疗。

处方 1：应用硒制剂进行治疗。0.1% 亚硒酸钠溶液羔羊 2～4 毫升、成年羊 5 毫升，肌内注射，每 10～20 天重复 1 次，同时用维生素 E 注射液 50～100 毫克，肌内注射，则疗效更好。

处方 2：亚硒酸钠维生素 E 注射液，羔羊 1～2 毫升，肌内注射。

处方 3：在缺硒地区，饲料中添加亚硒酸钠 0.22～0.44 毫克/千克饲料（即含硒 0.1～0.2 毫克/千克饲料），维生素 E10～20 毫克/千克饲料或 0.5% 植物油。

处方 4：应用亚硒酸钠维生素 E 预混剂（亚硒酸钠 0.4 克，维生素 E5 克，碳酸钙 1 000克），用此预混剂 500～1 000克，加 1 000千克饲料混饲。

三、佝偻病

佝偻病是羔羊在生长发育期中，因维生素 D 缺乏及钙、磷代谢障碍所致的骨营养不良。骨营养不良也是佝偻病、骨软病和纤维性骨营养不良 3 种慢性骨病的统称，都是由于饲料中钙、磷、维生素 D 缺乏或钙、磷比例失调，造成钙、磷代谢障碍的一种慢性骨病。佝偻病羔羊常见，骨软病见于绵羊，纤维性骨营养不良见于山羊。

（一）临床与病理特征

临床特征是消化紊乱、异嗜癖、跛行、骨质疏松及骨骼变形。病理特征是成骨细胞钙化作用不足、持久性软骨肥大及骨骼增大的暂时钙化作用不全。

（二）发病原因

本病的发生主要是由于饲料中维生素 D 的含量不足，或冬春季节、高纬地区羔羊日光照射不足，或长期圈养导致羔羊体内维生素 D 缺乏，直接影响钙、磷的吸收和血液内钙、磷的平衡。此外，饲料中钙、磷比例失调时，机体对维生素 D 的需要量升高而得不到补充，或饲料中维生素 A 过多，或羔羊患有消化道疾病，影响维生素 D 的吸收等多种原因的营养不良，也可诱发本病。

（三）临床诊断要点

1. 发病史

多发生于生长发育快的羔羊及多有光照不足和营养缺乏的病史。

2. 临床症状

羔羊早期呈现食欲减退，消化不良，异嗜癖，精神不活泼，经常卧地，不愿站立和运动。发育停滞，消瘦。出牙期延长，齿形不规则，出现凹凸不平，有沟，排列不齐，齿面易磨损。病情严重羔羊，口腔不能闭合，舌突出，流涎，吃食困难。最后面骨和躯干、四肢骨骼发生变形。羔羊站立时前肢腕关节屈曲，向前方外侧凸出，呈内弧形，后肢跗关节内收，呈“八”字形叉站立，运动时步态僵硬，肢关节增大。胸廓狭窄，肋骨与肋骨交界处有串珠状突起，脊柱变形，关节肿胀，呈 X

形或O形腿。间或伴有咳嗽，腹泻，呼吸困难和贫血。病程约经1～3个月，冬季耐过后若及时改善饲养管理，如补充维生素A、维生素D，照晒阳光后可以恢复，否则死亡于败血症、褥疮、消化道及呼吸道感染。

3. 现场诊断

根据羔羊年龄、饲养管理条件、慢性经过、生长迟缓、运动困难、异食癖以及牙齿和骨骼变化等临床特征，可以作出诊断。

（四）防治措施

1. 预防

科学调配母羊和羔羊的日粮。加强怀孕母羊和泌乳母羊的饲养管理，饲料中注意钙、磷配合比例，供给充足的青饲料和青干草；并增加运动和日光照射时间。羔羊饲养要注意，按需要量在饲料中添加食盐、磷酸氢钙、各种微量元素等；有条件的羊场一定要使用羊用复合预混合饲料；不管是放牧和舍饲圈养的羔羊，一定要在羊舍内悬挂营养性舔砖或矿物质舔砖，这都是防治羔羊佝偻病的最简便而有效的措施。此外，要叫羔羊多运动多晒太阳，有条件的羊场要补喂胡萝卜、干苜蓿饲料。

2. 治疗

治疗原则为改善饲养管理，补充钙、磷和维生素D。用维生素A、维生素D注射液3毫升，肌内注射，每日1次，连用3～5次。或用维丁胶性钙注射液2～3毫升，皮下或肌内注射，每日1次，连用3～5次。或用精制鱼肝油2～3毫升灌服。

四、羔羊低血糖症

羔羊低血糖症是新生羔羊由于血糖浓度降低而引起的中枢神经系统机能障碍为特征的营养代谢病。该病常见于冬、春季节，绵羊羔羊多发。

（一）临床特征

临床特征为低血糖、体温下降、软弱无力、全身发抖、精神过度兴奋或严重抑制。

（二）发病原因

主要是哺乳期母羊缺乳或拒绝哺乳，羔羊缺乳过度饥饿；或羔羊体质虚弱，吮乳困难；或羔羊患有痢疾，消化不良；肝脏疾病（影响糖异生）等。

（三）临床诊断要点

1. 发病史

此病多发生在5日龄以上的羔羊，有无乳或受寒的病史。

2. 临床症状

病羔体温下降，皮温降低；黏膜苍白，精神沉郁，不活动，行走无力，侧卧着地；呼吸微弱，呼吸次数增加；脱水，消瘦，严重时口流清涎，空口咀嚼，四肢挛缩，甚至昏迷死亡。

3. 现场诊断

根据发病史、临床特征和发病原因，用葡萄糖注射液治疗性诊断反应良好，可作出诊断。

（四）防治措施

1. 预防

加强对母羊妊娠后期和哺乳期的饲养管理，按饲养标准供给日粮，并补充优质青干草。产房冬春季节注意保暖，防止羔羊受冻。羔羊要吃足初乳，提前补饲。防止母羊患病和羔羊痢疾。对拒绝喂乳的母羊，要人工驯服或人工哺乳。

2. 治疗

兽医临床上可采取保暖、加强营养、补糖为治疗方案。主要是辅助羔羊吃乳，早期补料，必要时采取寄养或人工哺乳。用10%～20%葡萄糖注射液20毫升，静脉注射、腹腔注射或口服均可，每日2次。

第十一章 羊的普通内科病和外科病

第一节 羊的消化系统主要疾病

一、口炎

口炎又称口膜炎、烂嘴，是口腔黏膜表层和深层组织炎症的总称。按炎症性质可分为卡他性、水疱性和溃疡性等类型。

（一）临床特征

口炎的临床特征为采食与咀嚼障碍，流涎，口臭，口黏膜出现红、肿、热、痛，甚至出血、糜烂、溃疡和坏死。

（二）发病原因

由于口炎的性质不一，因此病因也不尽相同。

1. 卡他性口炎

卡他性口炎是一种单纯性或红斑性口炎，即口腔黏膜表层卡他性炎症。病因也多种多样，主要是理化性损伤或有毒物质以及传染性因素的刺激、侵害和影响所致。其中粗纤维饲料过多或带有芒刺的坚硬饲料等各种尖锐异物的直接损伤为主要原因。

2. 水疱性口炎

口黏膜上形成充满透明浆液的水疱，主要病因是采食了霉败饲料、发芽的马铃薯乃至细菌或病毒的感染。

3. 溃疡性口炎

口黏膜糜烂坏死性炎症，主要原因为口腔不洁、细菌混合感染等。

4. 继发性口炎

多发生于患口疮、口蹄疫、羊痘、霉菌性口炎、蓝舌病、过敏反应和羔羊营养不良等疾病。

（三）临床诊断要点

1. 临床症状

口炎的共同症状为流涎，采食与咀嚼障碍，继发细菌感染时口臭，口腔检查口黏膜出现炎症变化。卡他性口炎表现口腔黏膜发红、充血、肿胀、疼痛；水疱性口炎在上下唇内有很多大小不等充满透明或黄色液体的水疱；溃疡性口炎在黏膜上出现有溃疡性病灶，口内恶臭，体温升高；继发性口炎多见有体温升高及全身反应，如口蹄疫时除口黏膜发生水疱及烂斑外，趾间及皮肤也有类似的病变。

2. 类症鉴别诊断

原发性单纯性口炎，根据病灶和口腔黏膜炎症变化易于诊断。鉴别诊断与传染病引起的口炎，如口蹄疫、传染性脓疱、羊痘、坏死杆菌病、蓝舌病等相区别。

（四）防治措施

1. 预防

主要在于加强饲养管理，防止草料内异物对口腔的损伤，对秸秆或粗纤维过多的粗饲料可采取氨化、粉碎、浸泡等方法加工处理，不喂发霉变质的饲料。用2%的氢氧化钠溶液定期消毒饲槽。

2. 治疗

治疗原则为消除病因，加强护理，净化口腔，对病灶收敛和消炎，正确预防和治疗传染病引起的口炎。

处方1：除去致病原因，给以柔软饲料和清洁饮水。轻度口炎可用1%食盐或2%～3%硼酸等消毒，收敛液冲洗口腔；口腔恶臭时用0.1%高锰酸钾洗口；溃疡面涂抹碘酊、龙胆紫、碘甘油等。

处方2：病情严重的要及时应用抑菌消炎等全身疗法。5%葡萄糖氯化钠注射液500毫升，氨苄青霉素50～100毫克/千克体重，地塞米松注射液4～12毫克，静脉注射，每日1～2次，连用2～3日。

二、前胃弛缓

前胃弛缓是前胃神经兴奋性降低，收缩力减弱，使前胃食物不能正常消化和后移所致。通常属于机能性，并无炎症等病理损害，亦可作为消化不良的综合征。多见于冬末春初和舍饲羊群，山羊比绵羊多发。

（一）临床特征

羊正常的食欲、反刍、嗳气紊乱，胃蠕动减弱或停止，可继发酸中毒。因此，前胃弛缓并非是一个独立的疾病，而是全身机能紊乱的一种疾病。

（二）发病原因

病因比较复杂，一般可分为原发性和继发性两种。

1. 原发性病因

原发性前胃弛缓也称为单纯性消化不良，病因都与饲养管理及其他因素有关。

（1）饲草单一　羊长期饲喂粗纤维饲料过多，草料质量低劣，特别是冬末、春初因饲草饲料缺乏，常喂单一粗纤维粗硬、刺激性强、难以消化的粗饲料，可导致前胃弛缓。

（2）饲料变质　霉败和冻结的块根饲料都易导致消化障碍而发生本病。

（3）矿物质和维生素缺乏　青饲料缺乏，特别是缺钙后引起低血钙症，影响到神经体液调节机能，成为该病主要发病因素之一。

（4）饲养管理不当　饲养失宜，管理不当，遭受风寒暑热、潮湿侵害而发生应激反应；服用广谱抗菌药物造成瘤胃菌群紊乱（资料报道链霉素、磺胺类药物对瘤胃菌群影响小）等因素，也可导致本病的发生。

2. 继发性病因

消化器官疾病、营养代谢病、某些传染病和寄生虫病以及感冒、热性病等全身性疾病也可继发前胃弛缓。

（三）临床症状

前胃弛缓按其病情发展过程，可分为急性和慢性两种类型。

1. 急性前胃弛缓

病羊多呈急性消化不良，食欲减少或废绝，反刍减少或停止。瘤胃内容物腐败发酵，产生多量气体，左腹增大，叩触不坚实。病羊时而嗳气，气味酸臭，全身症状一般较轻。由变质饲料引起，还可发生瘤胃臌气和腹泻。

2. 慢性前胃弛缓

病羊多呈食欲减退，空嚼异嗜，反刍嗳气减少，精神沉郁，喜卧地，被毛粗乱，瘤胃蠕动次数减少，发生间歇性臌气。病至后期，粪便少而干，口臭，逆呕，呕吐物恶臭，类似粪便。病情时好时坏，体质渐渐衰弱，日渐消瘦，常因严重贫血和衰竭而死亡。若为继发性前胃弛缓，常伴有原发病的特征性症状，死前脱水，体温下降，卧地不起。

（四）临床诊断

根据病因、症状等综合判断。由于缺乏典型的临床症状，应排除瘤胃积食、瘤胃臌气、瓣胃阻塞、创伤性网胃腹膜炎等前胃病之后才可确诊。检测瘤胃内容物性状变化，可作为诊疗之依据。

（五）防治措施

1. 预防

注意饲料的配合，防止长期饲喂过硬、难消化或单一劣质的饲料，切勿突然改变饲料或饲养条件。保证羊有充足的饮水，冬天可饮温水。舍饲圈养羊要加强运动，及时治疗继发本病的其他疾病。

2. 治疗

治疗原则是排除病因，加强护理，防腐止酵，增强瘤胃机能及对症治疗。

处方 1：病初禁食 1～2 天，按摩瘤胃，一般先投泻剂，兴奋瘤胃蠕动，防腐止酵。成年羊用硫酸镁 20～30 克或人工盐 20～30 克，加石蜡油 100～200 毫升，番木鳖酊 2 毫升，大蒜酊 50 毫升，加水 500 毫升，1 次灌服。应用瘤胃兴奋剂，可用0.1%新斯的明注射液2～4 毫克，肌内注射2 小时后重复注射1 次。防止酸中毒，可灌服碳酸氢钠 10～15 克，也可用大蒜酊 20 毫升，龙胆末 10 克，豆冠酊 10 毫升，加水适量，1 次灌服。更安全有效的疗法是静脉注射复方高渗盐水溶液，即 10%氯化钠 20 毫升、生理盐水注射液 100 毫升、10%氯化钙 10 毫升，混合后 1 次静脉注射。

处方 2：对于慢性病羊，用生理盐水 1 500～2 000毫升灌服；再用 10%葡萄糖注射液 500 毫升、10%安钠咖注射液 10 毫升、5%维生素 B_1 注射液 2～5 毫升，静脉注射，每天 1～2 次，连用 3 天。

三、瘤胃臌气

瘤胃臌气又称瘤胃臌胀，主要是羊采食了容易发酵的饲料，在瘤胃内迅速发酵产气，引起瘤胃和网胃急剧臌胀，导致呼吸与循环障碍，嗳气和呼吸困难，可视黏膜发绀为特征的一种疾病。常发生于春、夏牧草生长旺盛的季节，或采食较多谷物类饲料的羊群。绵羊和山羊均可患病。

（一）临床特征

临床上以呼吸极度困难、反刍、嗳气障碍、腹围急剧增大、腹痛等症状为特征。

（二）发病原因

本病可分为原发性瘤胃臌气（泡沫性臌气）和继发性瘤胃臌气（非泡沫性或自由支体性臌气）两种。

1. 原发性瘤胃臌气

主要是所食牧草中含有生泡沫性物质，使瘤胃发酵气体生成大量稳定的泡沫，并与瘤胃内容物混合在一起，不能通过嗳气排除导致瘤胃臌胀。此外，采食较多粉碎过细的谷物饲料，可引起瘤胃内 pH 值下降，适合于带荚膜的细菌生长时，可产生稳定泡沫的细胞外多糖黏液，以及唾液分泌机能不全，也在原发性瘤胃臌气中起重要作用。在兽医临床上，本病多见于下列两种情况。

（1）采食了易发酵和发霉的饲草　羊吃了大量容易发酵的饲草饲料并采食了大量细嫩多汁的豆科植物，尤其是在开花以前，如苜蓿、三叶草、紫云英、花生蔓叶等；此外，初春放牧于青草茂盛的草地，或多食干枯青草，粉碎过细的精料，发霉变质的胡萝卜、马铃薯及山芋类都容易发病。

（2）采食了带水的青草和冰冻的饲料　采食了雨后的水草或露水未干的青草，或冰冻的饲料及秸秆，尤其是在夏季雨后清晨放牧时，羊最易患此病。

2. 继发性瘤胃臌气

绵羊发生肠毒血症也可出现急性瘤胃臌气，羊肠扭转后也可致瘤胃臌气。此外，本病还可继发于食道阻塞、前胃弛缓、创伤性网胃腹膜炎、瓣胃阻塞及某些中毒性疾病等。

（三）临床症状

1. 急性瘤胃臌气

一般呈急性发作，羊发病快而急，在采食易发酵饲料过程中或采食后不久发生。初期病羊不安，拱背伸腰、呻吟、疼痛，反刍和嗳气减少或停止，食欲废绝。此后腹围膨大，病羊站立不动，头常常弯向腹部，背也拱起。不久腹部迅速膨大，左肷部凸出，严重时右肷部也凸起，甚至高过背中线。皮肤紧张，腹部叩诊呈鼓音，腹痛明显。臌胀严重时，病羊的结膜及其他可视黏膜呈紫红色。病羊频繁起卧，甚至打滚，吼叫，最后倒地呻吟，不吃，无反刍，间有嗳气或食物反流现象，后期精神极度沉郁，不断排尿，全身痉挛，四肢颤抖，不久昏迷，因胃破裂、窒息或心脏衰竭而死亡。当发生泡沫性臌气时，可见到泡沫状唾液从口中逆流出。

2. 慢性瘤胃臌气

一般发生缓慢，病羊发作时食欲减退，腹围膨大，左肷部也凸出，但程度较轻，反刍、嗳气减少或停止，瘤胃蠕动减弱，便秘或腹泻。病羊采食后有时出现同期性瘤胃臌气，然后缓解。此后病羊逐渐消瘦和衰弱。

（四）临床诊断

对急性瘤胃臌气，因病情急剧，可根据病史，采食大量易发酵饲料发病，腹部膨胀，特别是左肷部凸起，呼吸极度困难等症状特征，易于确诊。慢性瘤胃臌气也可根据病史，腹围膨大，左肷部凸出等临床特征作出诊断。兽医临床上在临诊时，应注意与前胃弛缓、瘤胃积食、食道阻塞、创伤性网胃腹膜炎等疾病进行鉴别诊断。

（五）防治措施

1. 预防

此病大都与放牧和饲养不当有关。因此，为了预防瘤胃臌气，必须防止羊采食过多的豆科牧草。谷物类饲料不要粉碎得太细，不喂露水草和霉烂及易发酵的饲料，更要少喂难以消化和易膨胀的饲料。

2. 治疗

治疗原则是排气减压，止酵消沫，健胃消导，根据气胀的程度采用不同的疗法。

处方1：排气减压，制酵缓泻。急性瘤胃臌气病势严重者，应迅速施行瘤胃穿刺放气。套管针穿刺部位选择在左侧肷部三角窝臌气最明显的部位。首先对局部剪毛消毒，再用手术用的柳叶刀切开皮肤一小口，将套管针刺入皮下直到穿透瘤胃壁，最后将套管针栓拔出，留置套管放气。放气时应缓慢进行，用大拇指堵住套管口作间歇式放气，可防止发生脑贫血。泡沫性臌气时，有泡沫及饲料渣堵塞针管，放气效果不好时，可由套管向瘤胃内注入一些制酵剂。排气完毕后，拔出套管针后，穿刺部位缝合，并用碘酒充分消毒。

对于不是很严重的剧烈气胀患羊，可将患羊置于斜坡上，使头部位置高于后躯，用草把按摩瘤胃或用涂有松节油的木棒（也可用椿树枝），横置于口内，两端露出口角之外，以细绳系紧，让患羊不断咀嚼而促进嗳气排出。

排气减压后必须制酵缓泻，可采用松节油或鱼石脂5毫升/千克体重，薄荷油3毫升、石蜡油80～100毫升，加水适量灌服，若半小时以后效果不显著，可再灌服一次。也可采用灌服氧化镁。因氧化镁是最容易中和酸类并吸收二氧化碳的药物，对治疗臌气的效果很好，其剂量根据羊的大小而定。一般小羊用4～6克，大羊为8～12克。还可用民间验方：熟石灰120克，豆油300毫升，调匀口服；臭椿皮或叶250克，捣烂口服。

处方2：轻度气胀，可灌服植物油100毫升左右，或强迫喂食盐颗粒250克左右；也可用酒、醋各50毫升，加温水适量灌服。并反复按摩瘤胃，使气泡融合而排出。还可采用患羊口衔椿树木棍，上坡运动可促使气体排出。

四、胃肠炎

胃肠炎是胃肠黏膜及其深层组织的出血性或坏死性炎症。

（一）临床特征

胃肠炎的临床特征为严重消化机能障碍，全身症状明显和不同程度自体中毒。

（二）发病原因

在兽医临床上按其发病原因可分为原发性和继发性两种。

1. 原发性病因

多是由于长期饲喂粗硬、冰冻及发霉饲料，造成营养不良，或饮用不干净饮水导致；或羊处于不良的饲养环境中，使机体产生应激反应而使抵抗力下降导致。

2. 继发性病因

多见于各种传染病、寄生虫病及很多内科病的过程中，也继发胃肠炎。

（三）临床症状

病羊临床表现以消化机能紊乱、腹痛、腹泻、体温升高、脱水和毒血症为特征。病羊食欲减退或废绝，饮欲增加或减少，反刍减少或停止，时而嗳气，腹痛不安。初期便秘，之后腹泻，不断努责，粪便稀薄或呈水样，含有黏液、血液、脓汁和坏死组织片等病理产物。病羊体温升高达40℃，精神沉郁、消瘦、脱水、眼球下陷，严重时病羊衰竭，卧地不起，体温下降，鼻梁、耳根、角根、四肢末端变冷，甚至出现肌肉震颤、痉挛或昏迷样自体中毒病状。如不及时治疗，病羊3～5天后发生严重失水和中毒，以致昏迷死亡。

（四）临床诊断要点

兽医临床上首先应根据全身症状明显，食欲紊乱以及粪便中含有病理性产物等，可作出正确诊断。但对单纯性胃肠炎要与传染病、寄生虫病的继发性胃肠炎进行鉴别诊断。

（五）防治措施

1. 预防

着重改善羊场饲养管理，注意饲料质量，建立合理的饲养管理制度。饲喂羊群时做到定时定量，少喂勤添，先草后料。不喂霉变的饲草，禁饮不干净的水，严寒季节，给羊饮温水。防止各种应激因素的发生，积极治疗原发病。这些预防措施对防止胃肠炎的发生均有重要的意义。

2. 治疗

治疗原则为查清病因，杀菌消炎，补液解毒，预防脱水，清理胃肠，对症治疗。

处方1：抗菌消炎、排除胃肠有毒物质。2%氟哌酸注射液，每千克体重5毫克，肌内注射，每日2次连用3日。

处方2：失水严重时，用抗菌药物，另补钠、钾、糖、液及强心。可用生理盐水500毫升，10%葡萄糖酸钙注射液10～50毫升，10%氯化钾注射液10毫升，静脉注射，每日1～2次，连用3～5日。

处方3：中药治疗，黄芩、黄柏各10克，白头翁、砂仁各6克，枳壳、茯苓、泽泻各9克，黄连4克，水煎去渣，候温灌服，连用3剂。

第二节　羊的呼吸系统主要疾病

一、感冒

临床上感冒是一种急性全身性疾病，以上呼吸道黏膜炎症为主要症状，多发生于早春与晚秋及气候剧变时或其他因素导致。

（一）发病原因

感冒主要由于气候突然变化，饲养管理不当，受寒冷刺激所引起。如羊在寒冷的天气外出放牧或露宿，夏秋季被雨浇淋，又卧湿地，羊剪毛后天气突然变冷等，都会引起感冒。此外，老羊、幼羊体质虚弱也易患感冒。

（二）临床症状

病羊体温升高，精神沉郁，低头，耳尖、耳鼻端发凉，鼻镜干燥，反刍减少。流鼻涕，初期流水样清液，后期变为黄色黏稠鼻涕。有的患羊咳嗽，时有喷嚏或擦鼻现象。听诊肺泡呼吸音有时增强，有时并有湿性啰音，心音增强。如治疗不及时，数日体温下降，则可能继发支气管炎及肺炎等。

（三）临床诊断要点

兽医临床上根据发病原因及咳嗽，时有喷嚏或擦鼻现象，体温升高，流鼻涕等临床症状，可作出诊断。

（四）防治

1. 预防

主要是加强饲养管理，做好御寒保温工作，对发病因素积极采取防控措施。

2. 治疗

治疗原则为解热镇痛、消炎、祛风散寒。

处方1：安乃近2毫升或安基比林2毫升，80万青霉素2支，肌内注射，每日2次，连用3～5天。或用安痛定10毫升，地塞米松5毫克，80万青霉素2支、肌内注射，每日2次，连用3～5天。

处方2：中药治疗，荆芥、防风、桔梗各10克，羌活、前胡、枳壳各8克，柴胡12克，茯苓15克，甘草5克，共研细末，用开水冲调，1次灌服，连用2剂。

二、肺炎

肺炎一般由支气管炎症蔓延所引起，是细支气管与个别肺小叶或小叶群肺泡的炎症。

（一）发病原因

主要是寒冷因素的刺激，受寒感冒，机体抵抗力降低，受条件性病原菌的侵害，如链球菌、葡萄球菌、巴氏杆菌等的感染而引起。羊肺丝虫也可引起此病。

（二）临床症状

初期呈急性支气管炎症状，咳嗽，体温升高，呈弛张热型，高达41℃以上。呼吸呈混合型呼吸困难，叩诊胸部有局灶性浊音区，听诊肺区有捻发音。本病经及时合理治疗，一般2周左右即可恢复，若病羊体弱而治疗不及时，常可在1~2周内死亡。

（三）临床诊断要点

主要依据临床特征、体温为弛张热、短钝的痛咳、胸部叩诊呈局灶性浊音区、听诊有捻发音、肺泡音减弱或消失，可作出诊断。

（四）防治措施

1. 预防

同感冒的预防措施。对呼吸系统的其他疾病要及时发现，及时治疗，以免继发肺炎。

2. 治疗

首先是对病羊要加强护理，采用抗生素或磺胺类药物治疗，病情严重时可两种药物同时应用。

处方1：青霉素40万~60万单位，链霉素50万~100万单位，混合肌内注射，12小时1次，连用2~3天。或用卡那霉素100万单位，一次肌内注射，每日2次，连用3~4天。

处方2：根据病羊的不同临床表现，采用相应的对症疗法。如体温升高时，可肌内注射安乃近2毫升，每日2~3次。如食欲不好，用50%葡萄糖50~100毫升，25%维生素C 2~4毫升静脉注射，每日或隔日1次。止咳祛痰，成年羊用氯化铵1克、磺胺嘧啶1克、碳酸氢钠1克，幼龄羊减半，用蜂蜜调为糊状舔剂服用，或把此几种药包在面团内后用人工喂服，12 小时 1 次，其中氯化铵应另调分开服用。

处方 3：中药疗法，可用中药银翘散：金银花、薄荷各 40 克，连翘、前胡各 45 克，牛蒡子、桔梗各 60 克，杏仁 30 克，共研细末，开水冲调，一次灌服，连用 5 剂。

第三节　羊的外科主要疾病

一、腐蹄病

腐蹄病主要发生于绵羊，是一种急性或慢性接触性、传染性蹄皮炎，也称趾间腐烂。此病分布遍及全世界，侵害各年龄的羊，常见于低湿地带和湿热多雨季节。

（一）临床特征

该病以蹄角质腐败、趾间皮肤和组织腐败、化脓为特征，病原菌为结节状梭菌和坏死厌氧丝杆菌等。

（二）发病原因

本病常发生于低湿地带，多见于湿热的多雨季节。羊长期在潮湿、泥泞地方放牧，或在多荆棘下行走，或在潮湿舍棚内拥挤、相互践踏，都容易使蹄部受到损伤，细菌通过损伤的部位侵入。此外，饲养管理不当，在炎热雨季，圈舍内潮湿泥泞，蹄部受粪尿浸渍；草料中钙、磷比例不平衡，致使蹄角质疏松，弹性降低，引起龟裂、发炎；或蹄部被石子、铁器、玻璃等刺伤，感染病菌发病。

（三）临床症状

病羊跛行，多为一蹄患病，病初体温升高，食欲减退，行走困难。随着病程的发展，跛行加重。如两前肢患病，病羊往往爬行。蹄腐烂变形时，卧地不起，多数病羊跛行达数十天甚至几个月。由于影响采食，病羊变得消瘦，不及时治疗可因继发感染而引起死亡。

（四）临床诊断

兽医临床诊断可作蹄部检查，初期见蹄间隙、蹄踵和蹄冠潮湿，红肿，发热，有疼痛反应，后期溃烂，挤压时有恶臭的脓液流出。有时蹄底溃烂，形成小孔或大洞，内充满黑褐色的坏死组织及恶臭的浓汁，可导致蹄壳脱落。一般根据蹄部检查、临床症状和流行特点，可作出确诊。

（五）防治措施

1. 预防

（1）药物预防　在多雨潮湿季节或发病时，全群羊定期用10%硫酸铜溶液或10%福尔马林溶液进行浴蹄。

（2）加强饲养管理　圈舍地面要硬化，注意圈舍卫生，保持清洁干燥，尽量避免或减少在低洼、潮湿的地区放牧。羊群中发现本病时，应及时检查全群，将病羊隔离治疗，并对羊舍进行清扫消毒。加强羊蹄护理，定期修蹄，及时处理外伤的蹄子。

2. 治疗

治疗原则为修蹄除污，杀菌消炎。首先对病羊进行隔离，保持圈舍干燥，根据病情采取适当治疗措施。

处方1：轻者蹄浴治疗方法。用3%双氧水或0.2%高锰酸钾溶液500毫升，冲洗患蹄。

处方2：重症者用下列药物和清洗后外科处理措施。患病羊进行10%硫酸铜溶液蹄浴后，削蹄，除去坏死角质，病变部位实行外科处理，必要时反复削蹄和蹄浴，彻底清除病灶。除去坏死组织后，用10%氯霉素酒精溶液或青霉素水剂，也可用青霉素油乳剂局部涂抹。若脓肿部位未破，应用手术刀切开后排脓，然后用1%高锰酸钾溶液洗涤，再涂抹浓福尔马林或高锰酸钾粉。

对蹄叉腐烂、蹄底出现小洞并有脓汁和坏死组织渗出的重症病羊，先用0.2%高锰酸钾溶液或3%双氧水将蹄消毒洗净擦干，用5%碘酊消毒后，用手术刀由外向内将坏死组织和脓汁彻底清除，再灌注5%碘酊消毒，撒入土霉素粉或四环素粉，外用福尔马林松馏油（1：4）棉塞填实，然后用绷带包扎蹄部，最后用帆布片包住整个蹄子，在系部用细绳捆牢拴紧。一般2~3天换药1次，直到痊愈。

对于严重的病羊，如有继发感染时，在局部用药的同时，应全身应用抗生素或磺胺类药物，其中以注射磺胺嘧啶或土霉素效果较好。

二、结膜炎

结膜炎是指眼结膜受外界刺激和感染而引起的炎症，也是最常见的一种眼病。按炎症性质可分为卡他性、化脓性、蜂窝组织炎性、伪膜性和滤泡性结膜炎等型，临床上常见于前两种。

（一）发病原因

结膜对各种刺激有敏感性，常由于外来的或内在的轻微刺激而引起，主要由以下因素造成。

1. 机械性刺激

主要见于各种异物对眼结膜的刺激，如灰尘、昆虫等落入结膜囊内或黏在结膜面上。

2. 化学刺激

主要由于羊舍内有大量氨气存在时的刺激，这是羊患结膜炎的一个主要因素。此外，各种化学药品或农药误入眼内以及石灰粉、熏烟的刺激。

3. 物理性刺激

如火焰灼烧、紫外线的刺激。

4. 传染性因素

多种微生物经常潜伏在结膜囊内，当结膜的完整性遭到破坏时，易引起感染而发病。

（二）临床症状

结膜炎的临床共同症状是流泪、羞明、结膜充血、结膜水肿、眼睑痉挛、渗出物及白细胞浸润。但不同类型的结膜炎有不同的临床表现。

1. 卡他性结膜炎

这是临床上最常见的病型，可分为急性和慢性两种。

（1）急性型　轻时结膜及穹隆部稍肿胀，呈鲜红色，分泌物较少，初似水，继则为黏性液。重度时，眼睑肿胀、热痛、羞明、充血明显，还出现血斑。炎症一般可波及球结膜。有时角膜面也见轻微的浑浊。若炎症侵及结膜下时，则结膜高度肿胀，疼痛也剧烈。

（2）慢性型　由急性转来，症状不明显。充血轻微，结膜呈暗赤色、黄红色或黄色。羞明很轻或见不到。经久病例，结膜变厚呈丝绒状，分泌物少。

2. 化脓性结膜炎

因感染化脓菌或在某种传染病经过中发生，也可以是卡他性结膜炎的并发症。一般症状都较重，常由眼内流出多量纯脓性分泌物，因而上、下眼睑常被黏在一起。化脓性结膜炎常波及角膜而形成溃疡，且常有传染性。

（三）临床诊断

依据病羊眼结膜有遭受各种外界因素刺激和病原感染的病史，根据临床特征及症状，即可做出诊断。

（四）防治措施

1. 预防

改善羊场卫生条件，注意羊舍通风，圈舍内要经常打扫，及时清除粪便。及时隔离有结膜炎症状的病羊，对羊舍定期消毒，控制传染性结膜炎的发生。

2. 治疗

治疗原则为及时除去病因，减少刺激，抗菌消炎。

处方1：急性病例，用生理盐水或2% ~3%硼酸，适量洗眼；再用地塞米松眼药水或氧氟沙星眼药水，滴眼，每日3~4次。

处方2：慢性病例，先冷敷患眼，用0.5% ~1%硝酸银溶液，滴眼每日1~2次，用药10分钟后，再用生理盐水冲洗。

第四节　羊的产科主要疾病

一、难产

羊正常分娩所需要的时间绵羊为1.5小时，山羊为3小时。如果超出正常分娩时间，就会出现难产。难产又叫分娩受阻，是指母羊在分娩过程中胎儿排出困难，不能将胎儿顺利地由阴道排出来，需要人工辅助称为难产。难产也是常见病，多发病，如处理得当，母仔存活，处理失误，母仔双亡。

（一）发病原因

难产的原因主要是母体与胎儿两个方面。母羊妊娠期间管理不当，缺乏运动，母羊过肥，过瘦等，可使母羊子宫阵缩无力，影响胎儿娩出。母羊产道狭窄、骨盆狭窄、产道变形，也影响胎儿产出。胎儿过大、双胎、胎儿姿势异常、死胎等，均可导致母羊发生难产。

（二）临床症状

难产多发生于妊娠母羊超过预产期。母羊表现不安，不时阵缩或努责，阴道流出胎水、污血或黏液，母羊时而回顾腹部和阴部，但经1~2天不见产羔。有的母羊外阴部夹着胎儿的头或腿，长时间也不能产出。随着难产时间延长，母羊病痛加重，呻吟、卧地，呼吸也加快，但阵缩减弱。难产后期母羊阵缩消失，卧地不起，甚至昏迷。

（三）临床诊断要点

根据母羊的预产期和临床症状可作出诊断。但在临床检查时，要注意母羊努责和宫缩情况，母羊有无腹壁疝和子宫疝，判断羊机体的机能状态和产力，初步诊断是否发生难产。此外，还要判断预后，才能拟定正确的治疗方案。

（四）防治措施

1. 预防

预防难产的关键是加强母羊的饲养管理。生产实践中要满足后备母羊的营养需要，促进其生长发育，加强运动，防止过肥。对妊娠母羊注意补充干草和精料，舍饲圈养要加强运动。

2. 治疗

兽医临床上对于难产的母羊必须进行全面检查。治疗措施主要是助产。助产原则是诊断准确，处置果断。首选药物助产、牵引助产和矫正后助产。无效时选用剖宫产术和截胎术。生产中当母羊分娩开始阵缩超过 4 ~5 小时以上，而未见羊膜绒毛膜在阴道外或在阴门内破裂（一般绵羊需 15 分钟至 2. 5 小时，双胎间隔 15 分钟；山羊需 0. 5 ~4 小时，双胎间隔 0. 5 ~1 小时），母羊停止阵缩，或阵缩无力时，已发生难产。必须迅速进行人工助产，以防羊羔死亡。其助产方法如下。

（1）药物助产　母羊分娩时子宫阵缩和腹肌收缩乏力，不能将胎儿排出。阴道检查子宫颈口已开张，产道也无异常，胎势、胎位正常时，可采用药物催产。

处方：用缩宫素注射液或垂体后叶素注射液 10 ~20 单位，皮下或肌内注射，半小时 1 次。再用 10% 葡萄糖注射液 100 ~500 毫升或 10% 葡萄糖酸钙注射液 50 ~100 毫升，静脉注射。

（2）人工助产

① 助产前准备。先保定母羊，使羊侧卧，前躯稍高，以便于矫正胎位，助产者手臂、用具消毒；母羊阴户外周用 1 ∶ 1 000的新洁尔灭溶液进行清洗。

② 确定胎位是否正常，判断胎儿死活。如胎儿正产时，助产者手入阴道可摸到胎儿嘴巴、两前肢，而且两前肢中间夹着胎儿的头部；当胎儿倒产时，助产者手入产道可发现胎儿尾巴、臀部、后蹄。助产者用手指压迫胎儿，如有反应，表示胎儿尚活。

③ 矫正胎儿。牵引助产常见的难产有胎儿的胎势、胎位和胎向发生异常。可对母羊采用前低后高姿势，将胎儿暴露的部分送回去，将手伸入产道进行纠正，必要时可以反复拉出胎儿和送回，这样可矫正胎儿，然后将胎儿拉出产道。

④ 双羔的难产助产。多胎母羊，应注意怀孕只数，在助产中认真检查。当母羊怀双羔时，如遇到双羔同时各将一肢伸出产道，形成交叉的情况，由此形成的难产，应分清情况。先辨明关系，触摸腕关节确定前肢，触摸跗关节确定后肢。若遇两肢交叉，将另一只羊羔的肢体推回腹腔后，先整顺一只羊羔的肢体，将其拉出产道，然后再将另一只羊羔的肢体整顺拉出。在实施助产中，切忌将两只羔羊的不同肢体误认为同只羊羔的肢体。

⑤ 剖腹产急救。母羊子宫颈扩张不全或子宫闭锁；或当胎儿过大或畸形严重，胎势、胎位、胎向异常，难以矫正，以及严重的产道狭窄，不能矫正的子宫捻转，

子宫破裂等，均要进行剖腹产急救胎儿，保护母羊安全。

⑥ 截胎术。胎儿过大且已经死亡，牵引助产无效，可施行截胎术。术中注意防止损伤子宫和阴道。

二、子宫炎

子宫炎也就是子宫内腹炎，是由于母羊分娩、人工助产或胎衣不下、子宫脱出等导致细菌感染而引起的子宫黏膜炎症，是常见的生殖器官疾病，也是导致母羊不孕的主要原因之一。

（一）发病原因

主要由于分娩、助产、子宫脱出、胎衣不下、流产、死胎滞留在子宫内，或由于人工授精和接产过程中消毒不严，或继发于一些传染病和寄生虫病等。

（二）临床症状

1. 急性病例

病羊体温升高、食欲减少、疼痛、呻吟、磨牙，前胃弛缓，反刍减弱或停止，并有轻度臌气。母羊表现拱背、努责，排尿姿势时时出现，阴户内流出黏性或黏液脓性分泌物，严重时分泌物呈红色或棕色，且有臭味，病羊严重后可呈现昏迷，甚至死亡。

2. 慢性病例

病情减轻，常无明显的全身症状，有时体温升高。从阴门常排出透明、浑浊或脓性絮状物。发情期紊乱，屡配不孕，或受孕后又流产。如不及时治疗，可发展为子宫坏死，全身症状恶化，发生败血症或脓毒败血症。

（三）临床诊断

从发病原因及临床症状上可作出诊断。

（四）防治措施

1. 预防

羊场要保持圈舍和产房的清洁卫生，对产房要注意消毒。对临产母羊，要对阴门及周围部位进行消毒。在人工授精和助产时，对器械和术者手臂要严格消毒。此外，要及时正确地治疗相关原发病，如流产、难产、胎衣不下、阴道炎等，以防造成子宫损伤和感染。对分娩后的母羊可进行产后药物预防。可注射青霉素每千克体重2万~3万单位，链霉素每千克体重10~15毫克，注射用水5~10毫升，肌内注射，每日2次，连用3日。

2. 治疗

严格隔离病羊，积极改善饲养管理的同时，及早进行全身和局部处理，常能取得较好疗效。治疗原则为抗菌消炎，防止感染扩散，促进分泌物排净。

处方1：子宫冲洗和灌注。选用生理盐水、0.1%高锰酸钾溶液、0.1%复方碘溶液等，每天或隔天冲洗子宫，至排出的液体透明为止。洗涤后可灌注青霉素每次80万单位，链霉素0.5~1克，两者合用，加盐水20~30毫升即可。应用子宫收缩剂，促进渗出物排出，用缩宫素注射液5~10单位，皮下或肌内注射。

处方2：对于急性子宫炎，用青霉素80万单位，链霉素50万单位，肌内注射，1日2次，连用3~5日。缩宫素注射液30~50单位，肌内或静脉注射。

三、乳房炎

乳房炎是由于病原微生物而引起乳腺和乳头局部发炎，而且乳汁理化特性也发生改变的一种疾病。其主要特征为乳腺发生各种不同性质的炎症，乳腺组织发生病理学变化。乳房发热、红肿、疼痛，影响泌乳机能和产乳量。多见于泌乳期的绵羊、山羊。常见的有浆液性乳房炎、卡他性乳房炎、脓性乳房炎和出血性乳房炎。山羊可患坏疽性乳房炎，为地方流行炎症，多发生于产羔后4~5周。

（一）发病原因

引起羊乳房炎的病原微生物，常见的细菌以金黄色葡萄球菌为主，其次为乳房链球菌、无乳链球菌、化脓链球菌和伪结核菌等。该病多由营养不良，圈舍卫生不良，乳头咬伤、擦伤，挤奶消毒不严，停乳不当等因素均可导致乳房炎发生。此外，乳房炎可继发于产褥热、子宫内膜炎、产后脓毒血症、胎衣不下、结核病等过程中。

（二）临床症状

乳房炎的主要症状为乳汁异常，乳量减少，乳汁变性，其中混有血液、脓汁等，乳汁内有絮状物，褐色或淡红色。急性乳房炎临床炎症明显，乳房局部肿胀、硬结、热痛，局部坚实，产奶量减少。病羊全身症状明显，食欲减退，反刍停止，精神沉郁，挤乳或羔羊吃乳时，母羊抗拒、躲避，炎症延续，体温高达41~42℃，如不及时治疗，炎症转为慢性。慢性乳房炎病程较长，由于乳房内有大小不等的结节或硬肿块，严重的出现化脓。脓性乳房炎可形成脓腔，使腔体与乳腺相通，若穿透皮肤可形成瘘管。

（三）临床诊断

根据临床症状一般就可确诊。

（四）防治措施

1. 预防

乳用母羊要定时挤奶。母羊分娩前如乳房过度肿胀，应减少精料及多汁饲料。注意羊舍清洁卫生，定期清扫、消毒。奶用羊挤奶时用温水洗净乳头及乳房，再用干毛巾擦干。可用0.1%新洁尔灭溶液经常擦洗乳头及乳房，以除去污物。平时要注意防止乳房受伤，如有损伤及时治疗。

2. 治疗

治疗原则为抗菌消炎、消除肿胀。

处方1：乳房注射药物疗法。病初可选用青霉素40万单位、链霉素0.5克，用注射用水5毫升溶解后注入乳房。注射前应挤净乳汁，注射后轻揉乳房腺体部，使药液分布于乳房腺体中，每天1次，连用3天。为促进炎症吸收消散，除在炎症初期可应用干净毛巾浸湿冷敷外，2～3天后可采用热敷疗法。

处方2：排脓消毒。对化脓性乳房炎及开口于深部的脓肿，宜先排脓再用3%过氧化氢（双氧水）或0.1高锰酸钾溶液冲洗，再以0.1%～0.2%雷夫奴尔纱布条引流，同时用抗生素配合全身治疗。

第五节　新生羔羊主要疾病

一、新生羔羊假死

新生羔羊假死又称为新生羔羊窒息，指羔羊刚出生后，呼吸发生障碍或完全停止，而心脏尚在跳动，如抢救不及时，可导致死亡。

（一）发病原因

见于母羊分娩时间过长，如老龄母羊、体弱母羊产力不足，产道干燥与狭窄；还见于胎儿过大，难产，母羊严重贫血或伴有热性病，血液循环不良，刺激胎儿过早发生呼吸反射，使羊水吸入胎儿呼吸道等，都能引起新生羔羊窒息。此外在严寒季节产羔，新生羔羊受冻也可导致。

（二）临床症状

因窒息的程度不同，可分轻度和重度。轻度窒息表现呼吸微弱而短促，结膜发绀，舌脱垂于口外，口鼻内充满黏液，四肢活动能力很弱，但角膜反射存在；重度窒息，表现呼吸停止，结膜苍白，全身松软，反射消失，心跳微弱。

（三）临床诊断

根据临床症状及发病因素可作出诊断。

（四）防治措施

1. 预防

母羊分娩前要圈入分娩栏，并有专人护理，正确助产，及时处理难产与羊羔口鼻内黏液。冬春季节产羔，分娩栏要有保暖设施，以防冻僵羔羊。

2. 治疗

治疗原则为及时清理羔羊呼吸道，兴奋呼吸。兽医临床上可采取以下救治方法。

方法1：发现产下的羔羊为假死状态，迅速用干净柔软的毛巾擦净羔羊口鼻羊水，然后倒提羔羊，不断抖动，拍打颈部及臀部，使呼吸道的羊水流出。如羊羔还不呈现呼吸，可进行人工呼吸，用手有规律地按压羔羊胸部或腹部，并拉动四肢，每分钟60次。人工呼吸使羔羊呼吸恢复后，常在短时间内又复停止，故应坚持一段时间，直至出现正常呼吸为止。还可用浸有氨溶液的棉球放入羔羊鼻孔口，刺激鼻黏膜，诱导呼吸。

方法2：使用药物治疗。25%尼可刹米注射液0.5毫升，皮下、肌内或静脉注射，也可选脐血管注射效果较好。或用山梗菜碱注射液1～3毫克，皮下或静脉注射。

方法3：对冻僵羔羊的救治技术。在严寒季节分娩下的羔羊，分娩栏如不保暖，可导致羔羊因受冻呼吸迫停，周身冰冻，此称“冻僵”羔羊。遇有冻僵羔羊，应立即移入暖室进行温水浴。洗浴时将羔羊头部露出水面，切忌呛水，水温由38℃逐渐升至42℃，水浴时间为20～30分钟。同时，结合急救假死羔羊的办法，使其复苏。

二、初生羔羊消化不良

羔羊消化不良是哺乳期羔羊常见的一种疾病。主要是由羔羊胃肠机能紊乱造成的，临床表现为消化机能障碍，机体消瘦和不同程度地腹泻。该病多发生于1～3日龄的初生羔羊，哺乳前期的羔羊均可发生。羔羊消化不良，不仅影响生长发育，而且极易招致死亡，羊场兽医应对本病引起足够的重视。

（一）发病原因

1. 先天性因素

兽医临床上羔羊消化不良的患病日龄，最早者可于出生后开始吮食初乳不久，或经1~2天后发病，到2~3月龄以后逐渐减少。可见羔羊消化不良的发生，不仅与羔羊在胎儿发育期的条件，而且也与外界环境对羔羊机体的影响有关。现普遍认为母羊妊娠期饲养管理粗放，特别在妊娠后期，饲料中营养物质不足，直接影响胎儿的生长发育和母乳的质量，是初生羔羊消化不良的先天性因素。

2. 后天性因素

对分娩母羊和初生羔羊护理不当，圈舍过于潮湿寒冷，卫生条件不良；母羊乳头不洁，乳汁不足，营养缺乏，初乳不足；人工哺乳时，不能定时、定量、定温等，也是初生羔羊消化不良的后天因素。

3. 中毒性消化不良的病因

一般是由于单纯消化不良的治疗不当或不及时，致使肠内发酵、腐败产物所形成的有毒物质被吸收，或是微生物及其毒素的作用而引起机体中毒的结果。

4. 其他因素

遗传因素和应激因素对羔羊消化不良的发病，也具有一定作用。

（二）临床症状

羔羊消化不良，根据临床症状和疾病经过，通常分为单纯性消化不良和中毒性消化不良两种。

1. 单纯性消化不良

单纯性消化不良主要表现为消化与营养的急性障碍和轻微的全身症状。病初羔羊体温一般正常或偏低，腹泻，粪便变稀。随着时间的延长，粪便变为灰黄色或灰绿色，其中混有气泡和黄白色的凝乳块，气味酸臭。有轻度腹胀和腹痛，心跳和呼吸加快。如持续腹泻不止，严重时脱水，被毛无光，眼球塌陷，站立不稳，全身颤抖。

2. 中毒性消化不良

中毒性消化不良主要呈现严重的消化障碍和营养不良以及明显的身体中毒等全身症状。病羔表现精神极度沉郁，眼光无神，食欲减退或废绝，体温偏低，衰弱后躺地不起，头颈后仰。体温升高时，全身震颤或痉挛，严重时呈水样腹泻，粪中混有黏液和血液，气味腐臭。肛门松弛，排粪失禁。眼球塌陷，皮肤无弹性。心衰变弱，呼吸浅表，可视黏膜苍白而带有浅黄色。羔羊患病后期，体温下降，喜卧，鼻镜及四肢发凉，直至昏迷而死亡。

（三）临床诊断要点

羔羊消化不良，主要根据病史、临床症状、病理解剖变化及病羊微生物群系的检查进行诊断。现场剖检时可见消化不良的羔羊尸体消瘦，皮肤干燥，被毛蓬松，眼球深陷，尾根及肛门被粪便污染。中毒性消化不良时，浆膜、黏膜见有出血变化。

（四）防治措施

1. 预防

预防羔羊消化不良的措施，主要是改善饲养，加强护理，注意卫生。

（1）加强对怀孕母羊的饲养管理　要保证怀孕母羊特别是在怀孕后期的母羊，供给充足的营养物质，应增喂富含蛋白质矿物质及维生素的优质饲料。对哺乳母羊应保持乳房的清洁，并给以适当的舍外运动。

（2）注意对初生羔羊的护理　初生羔羊必须在生后 1 小时内能吃到初乳，对体质较弱的羔羊，可人工辅助吃到初乳；母乳不足时，可采取人工哺乳。人工哺乳要做到定时、定量、定质，且应保持适宜的温度。羊场要有专门的产羔舍，并要保暖、干燥、清洁，防止羔羊受寒感冒。此外，对产羔舍要定期消毒。

2. 治疗

兽医临床上对本病的治疗应采取综合治疗措施。

处方 1：施行饥饿疗法。首先将患病羔羊关在干燥、清洁、保暖的单独羊舍内，为缓解胃肠道的刺激作用，可施行饥饿疗法。对羔羊禁食 8 ~ 10 小时，此时可饮生理盐酸水溶液，其配方为氯化钠 5 克、33% 盐酸 1 毫升、凉开水 1 000毫升，或饮以温茶水 100 ~ 150 毫升，每天 3 次。

处方 2：应用缓泻剂。为排除胃肠内容物，对腹泻不甚严重的病羔，可应用油类或盐类缓泻剂，如灌服石蜡 30 ~ 50 毫升。

处方 3：促进羔羊消化。可一次灌服人工胃液 10 ~ 30 毫升，其配方为胃蛋酶 10 克、稀盐酸 5 毫升、加水 1 000毫升混合；或用胃蛋白酶、胰酶、淀粉酶各 0.5 克，加水适量 1 次灌服，每日 1 次，连用 3 日。

处方 4：抗生素疗法。为防止肠道感染，特别是中毒性消化不良的羔羊，可选用抗生素进行治疗。呋喃唑酮（痢特灵）0.02 ~ 0.05 克，每天 2 次，内服，连用 3 天；链霉素 0.1 ~ 0.2 克，混水或加牛乳灌服，每天 3 次，连用 3 日。

处方 5：防止羔羊脱水。病初时可饮用复方盐水或糖盐水；脱水严重的病羔可用 5% 葡萄糖生理盐水 500 毫升、5% 碳酸氢钠 50 毫升，10% 樟脑磺胺钠 3 毫升，混合静脉注射。

三、羔羊瘫软综合征

据梅海峡、崔金良、高杰等人研究初报（2012），在河南、安徽等地饲养的山羊羔羊中发生一种以软瘫、腹胀，个别羔羊便秘或腹泻为特征的羔羊疾病，特别在规模较大的养羊户中羔羊发病率较高，死亡率达 40% ~ 90%，而且该病在一些地方羊场中发病率明显增多，给养羊场（户）造成极大的经济损失。

（一）流行病学调查

据调查显示，本病一年四季均有发生，但以冬末和春季发病较多。规模养羊场和较大养羊户中发病率高，散养羊户发病率稍低；舍饲养羊发病率高于放牧羊；杂交母羊所产羔羊发病率最高，本地羔羊发病率较低。据对养羊户的饲养情况调查发现，很多养羊户的羊舍非常简陋，羊群密度大，很多羊挤在一个很小的羊舍内；羊舍阴暗潮湿，空气污浊。多数养羊户是有什么料喂什么料，饲料单一，或者几种原料简单混合，喂配合饲料的养羊户很少，而喂全价配合料的羊群发病率低。羊群很少驱虫或不驱虫。杂交羔羊初生重在 3 千克左右，而本地羔羊初生重在 2 千克左右，但杂交母羊产奶量并不比本地母羊高，母乳不足亦是造成杂交羔羊发病率较高的原因之一。

（二）临床症状

新生羔羊 3～5 天发病率最高，绝大部分羔羊是突然发病，发病早期体温正常。主要表现精神沉郁，反应迟钝，黏膜苍白，常发出尖叫声。耳、鼻冰凉，四肢无力，有时后两肢拖地行走，吸乳困难，强力驱赶步态不稳似醉酒样四处乱撞，继而表现卧地不起，全身瘫痪，腹部发胀（99%），不能吮乳。严重时病羔空口咀嚼，眼球与肌肉震颤，角弓反张，四肢挛缩，有的病羔呈阵发性痉挛或前肢无目的运动，或平卧着地。大便失禁，60%～80% 发病羔羊排出黄色带黏液的粪球或黏液性粪便。病羔 1～2 天后，体温下降至 36℃ 以下或不能测出体温，最后在昏迷中死亡。病程 3～5 天不等，急性型如能及时治疗大部分能迅速康复，病程较长羔羊死亡率较高，转为慢性者因不能吮乳或管理不当多数死亡。

（三）病理解剖

对病死羔羊解剖，可见肺部尖叶和心叶实变，心肌松弛，左右心室扩张；部分病死羔羊大肠黏膜出血，大肠及直肠内有黄色或灰白色球型或乳状黏液性物质。肾脏稍肿大。肋骨柔软可弯曲成“U”形，病程较长的可见肋骨与肋骨交界处有增大的球型结节。

（四）病因与病原诊断

1. 病原学诊断

对濒死期羔羊进行扑杀后，无菌采集其直肠、结肠、小肠内容物涂片检查，染色镜检可见不同数量的小杆菌和梭菌，经细菌分离、生化鉴定为大肠杆菌和魏氏梭菌。将这两种细菌等量混合，口腔接种初生羔羊（每只 2 毫升），观察 7 天不见发病，但接种发病羔羊可使病情严重。

2. 血液生化测定

为查清该病的发病原因，采集20只7～10日龄临床健康羔羊全血和20只7～10日龄发病羔羊全血和20只康复羔羊全血，分离血清，进行二氧化碳结合力和血糖、血钾、血钠、血钙、血氯含量测定。结果表明，发病羔羊血糖含量是健康羔羊血糖含量的32.19%，发病羔羊血钾含量是健康羔羊血钾含量的143%，治疗康复羔羊血糖、血钾基本恢复正常水平。由此可见低血糖高血钾是该病主要原因之一。

3. 高钙测定

采集5只临床健康羔羊肋骨和11例发病死亡羔羊肋骨，测定骨钙含量。发现病死羔羊骨钙含量较临床健康羔羊骨钙含量低30%～55%不等。

（五）临床治疗试验

为探索对该病的有效防治方案，通过近三年的探索，主要采取以下治疗方案。

1. 加强饲养管理

对母羊群实行定期驱虫，饲喂全价饲料。冬季对母羊增加运动量，增加日照时间；羔羊出生后每只补乳100毫升，新生羔羊发病率由原来的80%以上降低到10%左右。

2. 发病羔羊治疗方案

（1）补糖加抗菌法　静脉注射10%～25%葡萄糖＋维生素C＋庆大霉素。

（2）补糖补钙抗菌法　静脉注射10%～25%葡萄糖＋葡萄糖酸钙＋庆大霉素。

（3）胰高血糖疗法　肌内注射、皮下注射或静脉注射胰高血糖素，每次0.5～1.0毫克。

（4）口服葡萄糖＋葡萄糖酸钙法　每只羔羊口服葡萄糖、葡萄糖酸钙各20克。

（5）口服瘫痢灵　主要成分为葡萄糖＋葡萄糖酸钙＋维生素＋胰高血糖素＋止痢药等。

3. 治疗试验结果

从临床试验证明，单纯补糖（1）临床治愈率在80%左右，对发病早期效果明显，中后期效果欠佳。补糖补钙（2）效果较好，但需要静脉输液，工作量大。胰高血糖法（3）效果较快，但停药后易反复。口服葡萄糖＋葡萄糖酸钙法（4）起效慢，一般12小时以后见效果，对严重病例不能起到急救效果。口服瘫痢灵（5）一般用药后2～3小时见效，标本兼治，特别是对严重病例和急救均有明显效果，临床治疗1 000余例，治愈率在98%以上。

（六）小结和讨论

1. 病因和发病规律调查证明

山羊在规模饲养时，由于大部分养殖户按传统饲养方法，羊舍简陋，驱虫不到位，饲料单一，缺乏微量元素、维生素，特别是维生素 A、维生素 D，微量元素碘、铜、硒等缺乏。钙、磷比例失调，造成母羊营养缺乏，泌乳量不足，羔羊缺乳，形成低血糖和缺钙。特别是冬季羊群活动量小，阳光照射少，补饲跟不上，是冬春季节羔羊发病率高的主要原因。

2. 病原分离证明

虽然发病羔羊均能分离到大肠杆菌、魏氏梭菌，但对健康羊不能复制病例。发病羔羊 60% ~80% 出现消化不良症状，可能还是缺乏维生素 A，造成羔羊肠道炎症，从而出现腹泻或黏液球便，但该病原可使发病羔羊病情加重，死亡率增高。

3. 生化测定证明

低血糖、高血钾是造成羔羊发病的主要原因之一。从人医临床证实，人高血钾表现腹胀，低血糖表现头晕、无力。由此可推断发病羔羊腹胀症状是由于高血钾造成的。无目的运动、四肢无力是低血糖造成的。

4. 骨钙测定证明

尽管血钙含量测定值不低，但骨钙含量测定值发病羔羊比健康羔羊低 30% ~ 50% 不等，可认定为羔羊骨钙缺乏维生素 D_3、钙有关。

（七）结论

从此报道试验可证实，初生羔羊瘫软症是由维生素、微量元素缺乏以及低血糖、高血钾、低骨钙和细菌继发感染共同造成的，并不是由某单一因素引起的，而是由多种因素引起的综合征。由此可见，规模养羊防治该病的发生，必须采取综合防治措施，重点在对怀孕母羊的饲养管理上，以及栏圈建设上必须建标准化羊舍等方面。在兽医临床治疗上也不能看做是单纯的羔羊低血糖症。此病例的试验研究，对兽医临床实践中的诊断防治都具有一定的启示，而且对国内兽医临床诊疗、兽医学的教科书的改革是一个案例。

参考文献

［1］湖北省畜牧兽医局编印．兽医政药政法规政策选编．2009

［2］湖北省畜牧兽医局编印．兽药经营质量管理规范指导手册．2010

［3］曾振灵．兽药手册．北京：化学工业出版社，2012

［4］山西农业大学．兽医学（第二版）．北京：农业出版社，1980

［5］南京农业大学．家畜传染病学（第二版）．1986

［6］北京农业大学．家畜寄生虫学．北京：农业出版社，1987

［7］刘俊伟，魏刚才．羊病诊疗与处方手册．北京：化学工业出版社，2011

［8］钱存忠．新编羊场疾病控制技术．北京：化学工业出版社，2009

［9］周淑兰，曹国文，付利芝．羊病防控百问百答．北京：中国农业出版社，2010

［10］袭新威，李勇．饲料添加剂实用手册．上海：上海科学技术出版社，2001

［11］李观题．马头山羊标准化高效饲养技术．北京：化学工业出版社，2012，1

［12］李观题，李娟．标准化规模养羊技术与模式．北京：化学工业出版社，2012，7

［13］魏刚才等．养殖场消毒技术．北京：化学工业出版社，2009

［14］高生智，詹发茂等．庆阳市羔羊死亡调查情况报告．中国畜牧业，2012，18

［15］律海峡，崔金良等．羔羊瘫软综合征研究初报．中国畜牧业，2012，14